Σ BEST シグマベ

シグマ基本問題集

生 物

文英堂編集部 編

BIOLOGY

文英堂

特色と使用法

◎ 『シグマ基本問題集 生物』は，問題を解くことによって教科書の内容を基本からしっかりと理解していくことをねらった日常学習用問題集である。編集にあたっては，次の点に気を配り，これらを本書の特色とした。

→ 学習内容を細分し，重要ポイントを明示

◗ 学校の授業にあった学習をしやすいように，「生物」の内容を49の項目に分けた。また，テストに出る重要ポイントでは，その項目での重要度が非常に高く，必ずテストに出そうなポイントだけをまとめた。必ず目を通すこと。

→ 「基本問題」と「応用問題」の２段階編集

◗ 基本問題 は教科書の内容を理解するための問題で，応用問題 は教科書の知識を応用して解く発展的な問題である。どちらも小問ごとに できたらチェック 欄を設けてあるので，できたかどうかチェックし，弱点の発見に役立ててほしい。また，解けない問題は ガイド などを参考にして，できるだけ自分で考えよう。

→ 定期テスト対策も万全

◗ 基本問題 のなかで定期テストで必ず問われる問題には テスト必出 マークをつけ，応用問題 のなかで定期テストに出やすい応用的な問題には 差がつく マークをつけた。テスト直前には，これらの問題をもう一度解き直そう。

→ くわしい解説つきの別冊正解答集

◗ 解答は答え合わせをしやすいように別冊とし，問題の解き方が完璧にわかるようくわしい解説をつけた。また，テスト対策 では，定期テストなどの試験対策上のアドバイスや留意点を示した。大いに活用してほしい。

もくじ

◆ 別冊正解答集

1 生命の起源

- **地球の誕生**…約46億年前，微惑星の衝突によって形成された。

- **ミラーの実験**…当時原始大気と考えられて
いたCH_4（メタン）・NH_3（アンモニア）・H_2O
（水）・H_2（水素）から放電や熱による化学反
応でアミノ酸ができることを確かめた。
（現在では原始大気の主成分はCO_2，N_2，
H_2O，SO_2などと考えられている。）

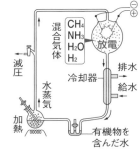

- **生命の誕生**…有機物から生命が誕生するに
は「秩序だった代謝を行う能力」・「膜で仕
切られたまとまり」・「自己複製する能力」が必要。

- **化学進化**…「原始地球上において生命が発生する条件がそろい，**無機物
から有機物ができ**，長い時間をかけて化学反応によって**生命が誕生す
るための材料が生成した**」という最初の生命が発生するまでの過程。

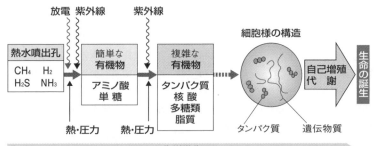

- **RNAワールドからDNAワールドへ**…原始の生命では**RNA**が遺伝情
報の保持と触媒作用をもっていたが，しだいに**遺伝情報の保持はDNA**
が，**触媒作用はタンパク質**が担うようになった。

- **原始生物の誕生**…約40〜38億年前，原始的な生命体の誕生。嫌気的な
環境で有機物を取り込んで分解する生物や硫化水素・水素などを利用
する**化学合成細菌**，酸素を発生しない光合成を行う**光合成細菌**。

- **最古の化石**…オーストラリアの約35億年前の地層から発見され，原核
生物のものであると考えられている。

基本問題 ·· 解答 ➡ 別冊 *p.2*

できたら
チェック

1 生命の誕生 ◀テスト必出

☐ 文中の空欄に，最も適切な語句または数を記せ。

地球は今からおよそ①(　　　)億年前に誕生した。原始地球の海では，無機物からアミノ酸・糖・塩基などの②(　　　)ができた。長い時間をかけた化学反応によって生物に必要な有機物が生成されていく過程を③(　　　)という。海底には熱水とともに CH_4・H_2S・H_2・NH_3 が噴出する④(　　　)という場所があり，生命に必要な有機物はおもにここで生成されたと考えられている。

③によって生成・蓄積した有機物から生命が誕生するためには，外界と自己を隔てる⑤(　　)・秩序だった⑥(　　)能力・自分と同一な個体をふやす⑦(　　)能力の獲得が必要だった。

2 生命の起源に関する研究

生命の起源について，次の問いに答えよ。

☐ (1) 原始大気の成分と考えられていた CH_4・H_2O・H_2・NH_3 などの簡単な物質から，放電によって有機物が生成されることを実証した科学者は誰か。

☐ (2) 現在考えられている原始大気の主成分でないものは次のどれか。

ア CO_2　　イ N_2　　ウ O_2　　エ H_2O　　オ SO_2

3 原始生命の自己複製系

原始生命体を構成する物質について，次の問いに答えよ。

☐ (1) 自己複製に必要な遺伝情報と，化学反応を担う触媒の両方の役目を同じ物質が果たしていた時代があったと考えられている。そのような世界を何というか。

☐ (2) (1)に対して，現在のようにDNAが遺伝情報を担い，タンパク質が代謝を担う世界を何というか。

できたら
チェック

応用問題 ·· 解答 ➡ 別冊 *p.2*

4 ◀差がつく ミラーの実験にならい，容器にメタン・水蒸気・水素を入れて実験を行ったところ，いくつかの有機物は合成されたが，アミノ酸や核酸の塩基は合成されなかった。どうしてそうなったのか，説明せよ。

2　生物の変遷

● 地質時代と生物の変遷

地質時代		動物界の変遷		植物界の変遷	
	紀				
新生代	第四紀　約260万年前	ヒトの出現	哺乳類時代	草原の拡大	被子植物時代
	新第三紀 古第三紀　約6600万年前	人類の出現		被子植物の繁栄	
		哺乳類の多様化			
中生代	白亜紀　約1.4億年前	アンモナイト類・恐竜類の繁栄と絶滅	ハ虫類時代	被子植物出現	裸子植物時代
	ジュラ紀	鳥類の出現		裸子植物繁栄	
		アンモナイト類繁栄			
	約2.0億年前	ハ虫類(恐竜類)繁栄			
	三畳紀　約2.5億年前	哺乳類出現			
		ハ虫類発達			
古生代	ペルム紀　約3.0億年前	三葉虫絶滅	両生類時代		シダ植物時代
		紡錘虫絶滅			
	石炭紀　約3.6億年前	両生類繁栄		木生シダ類の大森林(石炭の原料)	
		ハ虫類出現			
	デボン紀　約4.2億年前	両生類出現(陸上進出)	魚類時代	裸子植物出現	
		昆虫類出現(陸上進出)			
	シルル紀　約4.4億年前	サンゴ繁栄		シダ植物出現(陸上進出)	
		魚類出現			
	オルドビス紀　約4.9億年前	三葉虫繁栄	無脊椎動物時代	(オゾン層形成)藻類繁栄	藻類時代
	カンブリア紀　約5.4億年前	脊椎動物出現			
		バージェス動物群			
先カンブリア時代	約6.5億年前	エディアカラ生物群		藻類出現	
	約11億年前	無脊椎動物出現			
	約21億年前	真核生物出現			
	約30億年前	シアノバクテリア出現(O_2が大量に発生)			
	約40億年前	最初の生物(原始的な原核生物)出現			
	約46億年前	(地球の誕生)			

● **地質時代**…最古の地層が形成されてから今日まで。**先カンブリア時代，古生代，中生代，新生代**の4つに分けられ，さらに**紀，世，期**に細分。

● 先カンブリア時代
① 独立栄養生物の出現(光合成細菌出現→シアノバクテリア出現・光合成で酸素を放出)→海底に大量の酸化鉄沈殿，縞状鉄鉱床を形成)
〔ストロマトライト〕 シアノバクテリアの微化石と砂や泥からなる層状化石。
② 好気性細菌の出現…酸素による大量絶滅の中，生活範囲を拡大。
③ 真核生物出現…嫌気性原核細胞内に核ができ，原始真核細胞誕生。
〔共生説〕 好気性細菌→ミトコンドリア，シアノバクテリア→葉緑体
④ 多細胞生物出現…エディアカラ生物群は最古の多細胞生物化石群。
● 生物の上陸…約5億年前，オゾン層の形成→有害な紫外線が減少し，生物の上陸の条件整う。シルル紀に植物，次いで動物が陸上に進出。

基本問題 .... 解答 ➡ 別冊 *p.2*

5 独立栄養生物の出現 ◀テスト必出

□ 文中の( )内に最も適した語を答えよ。

約①(　　)億年前，初めて光のエネルギーで有機物を合成する②(　　)栄養生物の光合成③(　　)が現れた。つづいて，光合成色素である④(　　)をもち，二酸化炭素と⑤(　　)で有機物を合成する⑥(　　)が誕生した。⑥の光合成で⑤が分解されて生じる⑦(　　)は海水中の⑧(　　)を酸化して現在の縞状鉄鉱床をつくり，さらには大気中に出てその濃度を増し，やがて上空に⑨(　　)層を形成した。⑦は多くの細菌にとって有毒であったが，なかには，この⑦を利用してエネルギー効率が約19倍も高い呼吸を行う⑩(　　)性細菌が登場した。

6 真核生物の起源

□ (1) 地球上に初めて誕生した生物は，細胞のつくりから何生物に分類されるか。
□ (2) 大形化した(1)に核膜が生じ，真核生物になった。真核生物のミトコンドリアや葉緑体は，別の独立した生物が進化の過程で取り込まれたものだと考えられている。このような考えを何というか。
□ (3) (2)の説で①ミトコンドリアと②葉緑体の起源とされる生物は次のどれか。
ア　嫌気性細菌　　イ　好気性細菌　　ウ　シアノバクテリア

📖 ガイド (3)ミトコンドリアや葉緑体が細胞の中で担うはたらきをもつ生物を選ぶ。古細菌は，細胞壁を構成する物質などによって分類される原核生物の一群(→*p.34*)。

7 生物の進化と大気中の気体濃度の変化

右のグラフは，地球が誕生してから現在に至るまでの大気中の各気体の濃度変化を表している。以下の問いに答えよ。

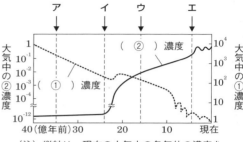

(注) 縦軸は，現在の大気中の各気体の濃度を 1 としたときの相対値としている。

□ (1)　グラフ中の①と②にあてはまる気体を，次のア～エから1つずつ選べ。

　　ア　H_2　　　イ　N_2
　　ウ　O_2　　　エ　CO_2

□ (2)　次の**A**と**B**のできごとが起こったと考えられている時期を，グラフ中のア～エから1つずつ選べ。

　　A　シアノバクテリアが繁栄した。

　　B　オゾン層が形成され，陸上で生活する植物や動物が出現した。

応用問題 ●● 解答 ➡ 別冊*p.3*

8　地球の地質時代についてまとめた次の表について，問いに答えよ。

地質時代区分		植物	動物
①(　　)	第四紀		カ(　　)
	古第三紀・新第三紀	ア(　　)	哺乳類の繁栄
②(　　)	白亜紀		キ(　　)
	ジュラ紀	イ(　　)	ク(　　)
	三畳紀		
③(　　)	ペルム紀		ケ(　　)
	石炭紀	ウ(　　)	両生類の繁栄 ハ虫類の出現
	デボン紀		
	シルル紀	陸上植物の出現	コ(　　)
	オルドビス紀	エ(　　)	
	カンブリア紀		
④(　　)		オ(　　) 原始生命の出現	

□ (1)　表の①～④の時代区分の名称を答えよ。

□ (2)　表のア～コに下記のできごとを入れて，表を完成させよ。

　　a シダ植物の森林発達　　**b** 海藻類の発展　　　**c** 三葉虫の絶滅

　　d 被子植物の繁栄　　　　**e** 裸子植物の繁栄　　　**f** 魚類の出現

　　g 人類の発展　　　　　　**h** 原核生物の出現

　　i 鳥類の出現　　　　　　**j** アンモナイト・恐竜の繁栄と滅亡

□ (3)　次のできごとは，それぞれ今から約何年前か。

　　①　古生代の終わり　　　　②　新生代の始まり

□ (4)　次の①・②の地層に見られる多細胞動物の化石群と地質時代の名称を答えよ。

　　①　オーストラリアにある約6.5億年前の地層

　　②　カナダのロッキー山脈にある約5.4億年前の地層

□ (5)　(4)の①と②の化石に見られる動物群の大きな違いを答えよ。

　📖 ガイド　(4)(5)約46億年間の地球の歴史のうち，古生代の始まりは約5.4億年前である。それ以前の動物群の世界には，「捕食－被食の関係」がまだなかったと考えられている。

9　**◀差がつく**　生物の進化に関して，次の文を読み，問いに答えよ。

　地球誕生後，初期の生物のなかから浅い海で光のエネルギーを利用する生物が現れた。そのなかから①酸素を発生する光合成を行う生物が現れ，地球の環境と生物の構成は大きく変化していくことになった。

　葉緑体を獲得した生物は，最初，藻類として水中で大繁栄をとげたが，やがて約4億年前，②その一部が陸上へ進出し，③コケ植物門など陸上植物へと進化した。同じ頃，動物界の脊椎動物門の生物も陸上に進出し，その後④陸上の環境に適応，両生類からハ虫類，鳥類，および哺乳類へと進化してきた。

□ (1)　下線①について，最初に酸素を発生する光合成を始めた生物は何か。また，その生物が化石として残っている層状の岩石を何というか。

□ (2)　(1)の生物の出現によって，当時の地層に特徴的に見られる鉱石は何か。

□ (3)　下線②について，植物の陸上進出が可能になった原因は何か。地球の大気環境の変化に着目して，答えよ。

□ (4)　下線③について，コケ植物にはなくシダ植物と種子植物にある組織系は何か。

□ (5)　下線③について，裸子植物と被子植物の胚珠の違いを40字以内で書け。

□ (6)　下線④について，ハ虫類・鳥類・哺乳類の胚発生時に共通する構造は何か。

　📖 ガイド　(3)植物の光合成に必要な大気中の物質の変化，生存にとって有害な条件が除かれることになった変化を考える。

3　遺伝情報の変化

★ テストに出る重要ポイント

- **遺伝的変異**…同種の個体間で見られる形質の違い(変異)のうち，遺伝するもの。

- **突然変異**…放射線や紫外線，化学物質などにより，DNAの塩基配列や染色体の数や構造が変化してしまうこと。
  ↳ *p.28*
  ① **置換**…ある塩基が別の塩基に置き換わること。指定するアミノ酸が変化する場合，変化しない場合，終止コドンになる場合などがある。
  ② **挿入**…1つのヌクレオチドが新たに加わること。コドンの読み枠がずれる**フレームシフト**が起こり，それ以降のアミノ酸配列が大きく変化する。
  ③ **欠失**…1つのヌクレオチドが失われること。挿入と同様にフレームシフトが起こる。

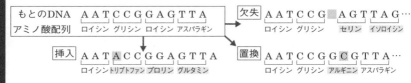

もとのDNA　AATCCGGAGTTA
アミノ酸配列　ロイシン　グリシン　ロイシン　アスパラギン

欠失　AATCCG■AGTTAG…
ロイシン　グリシン　セリン　イソロイシン

挿入　AATACCGGAGTTA
ロイシントリプトファン　プロリン　グルタミン

置換　AATCCGGCGTTA…
ロイシン　グリシン　アルギニン　アスパラギン

- **鎌状赤血球貧血症**…赤血球の形が細長くなり，血管がつまったり，赤血球が壊れるなど重い貧血となる。突然変異遺伝子をホモでもつと発症。
  ↳ 鎌状赤血球症ともいう。
  ↳ *p.13*
  ① **アミノ酸の変異**…ヒトのヘモグロビンのポリペプチドβ鎖のうち6番目にあるグルタミン酸がバリンに。
  ② **遺伝子の変異**…DNAの塩基がCTC→CACに1塩基変わっただけ。

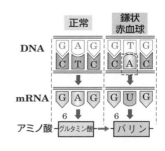

- **遺伝的多型**…同種の集団内に1%以上の割合で存在する塩基配列の個体差。

- **一塩基多型(SNP)**…遺伝的多型のうち，1塩基単位の塩基配列の違い。
  ↳ スニップ
  この違いは約0.1%の割合で存在し，ゲノムに多様性をもたらしている。

基本問題 .... 解答 ➡ 別冊*p.4*

できたら チェック

10 突然変異

□ 右の図は DNA の塩基配列の一部を示したものである。正常な DNA の塩基配列が, 突然変異により図の①～③のように変化した。①～③ではどのような種類の突然変異が起こったか。次のア～ウからそれぞれ 1 つずつ選び, 記号で答えよ。

正常 —————————
　　　T G A C G C T C T
① —————————
　　　T G A C G 　 T C T
② —————————
　　　T G C A C G C T C T
③ —————————
　　　T G A A G C T C T

ア　置換　　　イ　欠失　　　ウ　挿入

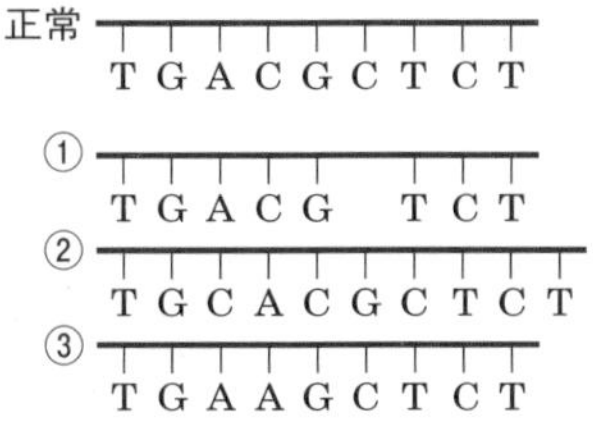

11 鎌状赤血球貧血症　◀テスト必出

次の文を読み, 以下の問いに答えよ。

鎌状赤血球貧血症は①(　　　)大陸に多く見られる病気で, ②(　　　)の β 鎖を構成する 6 番目の③(　　　)が突然変異によってグルタミン酸からバリンに変化しているために赤血球が鎌状に変化する遺伝病である。この原因は, 正常な③に対応する DNA の塩基配列 CTC が変化したために起こるものである。

mRNA の遺伝暗号表では, バリンを指定するコドンは, GUU, GUC, GUA, GUG である。

□ (1)　文中の空欄に最も適切な語句を記せ。

□ (2)　グルタミン酸を指定している mRNA のコドンを記せ。

□ (3)　鎌状赤血球症でバリンを指定している mRNA のコドンを記せ。

📖 ガイド　鎌状赤血球貧血症は, **DNA** の塩基配列中の 1 塩基が変わることでアミノ酸が変わり, 生じる遺伝病である。

12 一塩基多型

□ 文中の空欄に, 最も適する語句を記せ。

同一の種でも個体によって異なる塩基配列が存在し, 集団内で 1% 以上の割合で見られるとき, これを①(　　　)という。

アルコールは, ヒトの体内ではおもに肝臓ではたらく酵素により分解され, この酵素には活性型と不活性型がある。この酵素の活性の違いは 1 つの塩基の違いによって生じる。このような塩基の違いを①の中でも特に②(　　　)という。

応用問題 ●●●●●●●●●●●●●●●●●●●●●●●●●●●●●●●●●●●●●●● 解答 ➡ 別冊*p.5*

⑬ 〈差がつく〉 DNAの塩基の変化は合成されるタンパク質にさまざまな形の変化を現す。次に示すDNAの塩基配列はあるタンパク質をコードしている遺伝子の鋳型鎖の一部である。mRNAの遺伝暗号表を参考にして，以下の問いに答えよ。

　　　　TAC　ATG　AGG　ACG（塩基の読み取り方向→）
　　　　　　 ☆1　　 ☆2　　★

		第2字目の塩基				
		U （ウラシル）	**C** （シトシン）	**A** （アデニン）	**G** （グアニン）	
第1字目の塩基	U	フェニルアラニン フェニルアラニン ロイシン ロイシン	セリン セリン セリン セリン	チロシン チロシン （終止） （終止）	システイン システイン （終止） トリプトファン	U C A G
	C	ロイシン ロイシン ロイシン ロイシン	プロリン プロリン プロリン プロリン	ヒスチジン ヒスチジン グルタミン グルタミン	アルギニン アルギニン アルギニン アルギニン	U C A G
	A	イソロイシン イソロイシン イソロイシン メチオニン(開始)	トレオニン トレオニン トレオニン トレオニン	アスパラギン アスパラギン リシン リシン	セリン セリン アルギニン アルギニン	U C A G
	G	バリン バリン バリン バリン	アラニン アラニン アラニン アラニン	アスパラギン酸 アスパラギン酸 グルタミン酸 グルタミン酸	グリシン グリシン グリシン グリシン	U C A G

（第3字目の塩基）

□ (1)　この塩基配列に対するアミノ酸配列を記せ。

□ (2)　★印の塩基（G）が突然変異によって次のア～ウのように置換した場合について，この塩基配列から合成されるはずのポリペプチドに生じる変化を記せ。
　　ア　G→A　　　イ　G→T　　　ウ　G→C

□ (3)　★印以外に☆印の塩基でも1塩基の置換によって，このタンパク質に大きな影響が及ぶ場合がある。その塩基の置換を示せ。

　　📖 **ガイド**　1塩基置換でも，それによって終止コドンが生じる場合は，タンパク質が合成されなくなるなど，影響が大きく出る。

4 染色体と減数分裂

- **有性生殖**…2種類の**配偶子**(精子や卵などの生殖細胞)が合体して新しい個体をつくる。

- **染色体**…染色体はDNAが何重にも折りたたまれたものであり，DNAとタンパク質からなる。体細胞の染色体には同じ形・大きさのものが対で含まれており，**相同染色体**という。

- **遺伝子座**…遺伝子はそれぞれ染色体上の決まった位置(**遺伝子座**)に存在する。

- **ホモとヘテロ**…1つの遺伝子座にある遺伝子が，対をなす相同染色体と同一である場合を**ホモ接合体**，異なる場合を**ヘテロ接合体**という。

- **減数分裂の特徴**
  ① 精子や卵細胞などの配偶子形成時に行われる細胞分裂。
  ② 2回の連続した分裂➡1個の母細胞から4個の娘細胞(生殖細胞)。

- **第一分裂**
  ① 間期に染色体の複製が起こる。
  ② 相同染色体が対合して**二価染色体**になる。
  ③ 相同染色体のそれぞれが分かれて両極へ移動し，$2n→n$になる。

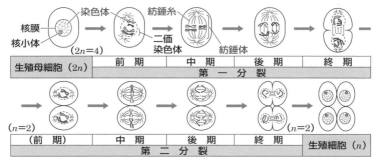

- **第二分裂**
  ① 第一分裂と第二分裂の間に間期はない。
  ② 分裂の様式は，**体細胞分裂の過程とほぼ同じ**。
  ③ 核相nの2個の細胞がそれぞれ分裂して，nの生殖細胞が4個できる。
  └ 染色体のセット数に関する核内の状態

● 性染色体と常染色体

① **性染色体**…性を決定する染色体。雌雄で数や形が異なることがある。

② **常染色体**…性染色体以外の染色体。体細胞では，すべての相同染色体が対になっているため，2Aで表す。

● 性決定…雄ヘテロ型と雌ヘテロ型がある。

① **雄ヘテロ型**…雌は**XX**，雄は**X**染色体が1本で**XY**か**XO**。

② **雌ヘテロ型**…雌は**Z**染色体が1本で**ZW**か**ZO**，雄は**ZZ**。

〔雄ヘテロ型〕

XY型	♀2A＋XX ♂2A＋XY	ショウジョウバエ,ヒト
XO型	♀2A＋XX ♂2A＋X	トノサマバッタ

〔雌ヘテロ型〕

ZW型	♀2A＋ZW ♂2A＋ZZ	カイコガ,ニワトリ
ZO型	♀2A＋Z ♂2A＋ZZ	ミノガ

基本問題 ●●●●●●●●●●●●●●●●●●●●●●●●●●●●●●●●●●●●●● 解答 ➡ 別冊 *p.5*

解答 ➡ 別冊 *p.5*

**できたら
チェック**

⑭ 有性生殖

☐ 有性生殖に関する文として正しいものはどれか。次のア～カからすべて選び，記号で答えよ。

　ア　2種類の配偶子が合体することで，新しい個体をつくる。

　イ　個体の一部や細胞から新しい個体をつくる。

　ウ　有性生殖の例として，アメーバの分裂があげられる。

　エ　有性生殖の例として，バッタの受精があげられる。

　オ　子の遺伝情報は，親と全く同じである。

　カ　子の遺伝情報は，両親の遺伝情報を組み合わせたものである。

📖 **ガイド**　ア　接合する2つの配偶子について，大きさや形に明らかな違いがあるものを異形配偶子という。

⑮ 染色体

☐ 次の記述は，染色体と遺伝子に関するものである。空欄に適語を入れよ。

　染色体は，①(　　　)がヒストンという②(　　　)に巻きついて何重にも折りたたまれたものである。同じ形・大きさの染色体を③(　　　)という。ある遺伝子の染色体上の位置は決まっており，これを④(　　　)という。1対の③上の同じ④にある遺伝子が同一である個体を⑤(　　　)，異なる遺伝子である個体を⑥(　　　)という。

16 体細胞分裂と減数分裂

以下の文は，細胞の分裂に関するものである。あとの問いに答えよ。

細胞の分裂には，生殖細胞が形成されるときに起こる①(　　　)と，生殖細胞以外の体細胞がふえるときに起こる②(　　　)の2種類がある。

①は，連続した③(　　　)回の分裂を行い，1個の母細胞から④(　　　)個の娘細胞を生じるが，②では，1回の分裂で，1個の母細胞から⑤(　　　)個の娘細胞を生じる。

□ (1) 文中の(　)内に適する語または数を入れよ。

□ (2) ①と②の分裂で，母細胞と娘細胞の染色体数を比較すると，それぞれどうなっているか。

□ (3) ①の分裂を観察するのに適した材料はどれか。下から選び，記号で答えよ。

ア　ネズミの肝細胞　　　　　　　イ　ユリの葯(やく)

ウ　タマネギの根の先端部の細胞　エ　ユスリカのだ腺(だ液腺)

□ (4) 右の図は，①，②の最初の分裂の前期のようすである。①の分裂の前期の像は，A，Bのどちらか。

A　　　　　B

📖 ガイド　(4)減数分裂では，相同染色体どうしが接着(対合)するようすが見られる。

17 減数分裂の過程　◀テスト必出

次の図は，ある動物の精巣内に見られる細胞分裂の分裂像を示したものである。次の問い(1)〜(7)に答えよ。ただし，A〜Eの順序は分裂過程と一致していない。

相同染色体

ア

A　　　　　B　　　　　C　　　　　D　　　　　E

□ (1) Eのアの名称を示せ。

□ (2) A〜Eを分裂の順序どおりに並べよ。

□ (3) 第一分裂中期にあたるものはどれか。

□ (4) 第二分裂後期にあたるものはどれか。

□ (5) 二価染色体が見られるものはどれか。

□ (6)　この動物の場合，完成した精子は何本の染色体をもつか。

□ (7)　以下の文で，この分裂の記述として誤っているものはどれか。

　　ア　2回の連続した分裂が起こる。

　　イ　第一分裂のときも第二分裂のときも染色体の複製が起こる。

　　ウ　第一分裂で染色体数が半減する。

　　エ　この動物の体細胞は$2n$で，つくられた精子はnである。

📖 ガイド　(3)(4)中期と後期の染色体の動きは，第一分裂でも第二分裂でも同じである。中期
　　　　…赤道面に染色体が並ぶ。後期…染色体が両極へ移動する。
　　　　(5)二価染色体というのは，相同染色体どうしが対合したもの。

18 性染色体と性決定

　右の図は，キイロショウジョウバエの雌雄の
体細胞の染色体を示したものである。これに関
する次の(1)～(4)の文の（　）に適当な語を入れよ。

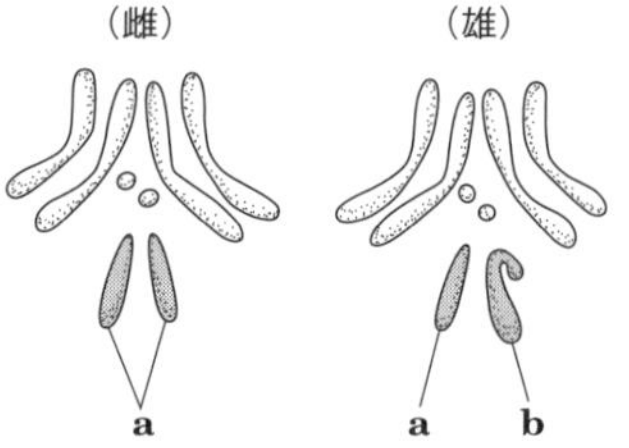

（雌）　　（雄）

□ (1)　右の図の染色体のうち，**a**，**b**を除く雌雄
　　共通の染色体を①（　　）といい，**a**，**b**の染
　　色体を②（　　）という。

□ (2)　**a**，**b**のうち，雌雄共通に含まれている**a**は③（　　）染色体といい，雄にのみ
　　含まれている**b**を④（　　）染色体という。

□ (3)　このように，②について，雌では③を2本，雄では③を1本もっている場合，
　　その性決定様式を雄⑤（　　）型の⑥（　　）型といい，ヒトもこのような性決定
　　を行う。

□ (4)　これに対して，ニワトリのように，雄の②がホモの場合を⑦（　　）型といい，
　　⑧（　　）型とZW型の2種類が存在する。

応用問題 ･･････････････････････････････ 解答 ➡ 別冊 *p.6*

19 ◀差がつく▶　有性生殖について，次の問い(1)，(2)に答えよ。

□ (1)　生殖のために形成され，2つが合体することで新個体をつくる生殖細胞を一
　　般に何というか。

□ (2)　有性生殖の利点を50字以内で答えよ。

20 【差がつく】減数分裂の観察について，次の各問いに答えよ。

□ (1) 観察材料として，次のどれが適切か。

　　ア　ツクシから落ちた多数の胞子

　　イ　ユリのおしべについた黄色の花粉

　　ウ　ムラサキツユクサの若い葯

　　エ　ムラサキツユクサのおしべの毛

□ (2) 染色体の観察には，次のうち，どの染色液が使われるか。

　　ア　ヨード溶液　　　イ　酢酸オルセイン溶液　　　ウ　BTB溶液

　　エ　中性赤溶液

□ (3) あるバッタの雄のからだを使って減数分裂を観察したい。からだのどの部分を使うとよいか。

□ (4) (3)のバッタの雄の染色体数は2n＝19である。この動物の1個の生殖母細胞から4個の精子がつくられるとき，それぞれの染色体数は次のア～エのどれが正しいか。

　　ア　n＝10とn＝9が2個ずつ　　　イ　n＝19が4個

　　ウ　2n＝19が2個ずつ　　　　エ　n＝9が4個

□ (5) ある植物の染色体数は2n＝6で示され，第一分裂の後期は図Aで示されている。これが第二分裂の後期になると，どのように観察されるか。図B中に図Aにならってかけ。

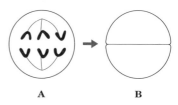

A　　　　B

21 次の文は，減数分裂の過程を順不同で述べたものである。問いに答えよ。

　A　相同染色体のおのおのが両極に移動する。

　B　細い染色体が赤道面に並ぶ。

　C　染色体は凝縮して太いひも状となり，相同染色体どうしが対合する。

　D　各染色体がそれぞれ両極へ移動する。

　E　対合した相同染色体が赤道面に並ぶ。

　F　DNAの複製が行われる。

□ (1) 第一分裂前期のようすを示したものは，A～Fのどれか。

□ (2) 第一分裂後期のようすを示したものは，A～Fのどれか。

□ (3) A～Fの現象で，体細胞分裂にも見られる現象はどれか，すべて答えよ。

5　遺伝子の組み合わせの変化

テストに出る重要ポイント

◉ **遺伝の法則の発見**…メンデルがエンドウの対立形質に注目して交配実験を行って発見。➡**顕性と潜性，分離の法則，独立の法則**。

◉ **一遺伝子雑種の遺伝**…1組の対立形質(特徴となる形や性質)についての遺伝。例 種子の形(丸・しわ)

〔**顕性と潜性**〕　対立形質をもつ純系の親どうしを交雑すると，F_1には両親のいずれか一方の形質だけが現れる(**顕性形質**)。現れない形質を**潜性形質**という。

〔**分離の法則**〕　形質を決定する1対の遺伝子は，配偶子形成時に1つずつに分かれ，別々の配偶子に入る。➡右の図の$F_1(Aa)$の場合，配偶子は$A : a = 1 : 1$の比でつくられる。

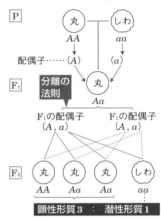

◉ **二遺伝子雑種の遺伝**…異なる2組の対立形質についての遺伝。例 種子の形(丸・しわ)と子葉の色(黄・緑)

〔**独立の法則**〕　2対の対立遺伝子は，互いに独立して配偶子に入る。➡下の図の$F_1(AaBb)$の場合，配偶子は$AB : Ab : aB : ab = 1 : 1 : 1 : 1$の比でつくられる。

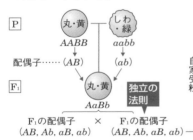

F_2	AB	Ab	aB	ab
AB	〔AB〕	〔AB〕	〔AB〕	〔AB〕
Ab	〔AB〕	〔Ab〕	〔AB〕	〔Ab〕
aB	〔AB〕	〔AB〕	〔aB〕	〔aB〕
ab	〔AB〕	〔Ab〕	〔aB〕	〔ab〕

自家受粉

丸・黄〔AB〕：丸・緑〔Ab〕：しわ・黄〔aB〕：しわ・緑〔ab〕＝**9：3：3：1**

◉ **検定交雑**…顕性形質個体(AAまたはAa)の遺伝子型を調べるために**潜性ホモ接合体**と交雑すること。検定交雑の結果より，

　子がすべて顕性形質➡検定個体は顕性ホモ接合体(AA)
　子が顕性：潜性＝1：1➡検定個体はヘテロ接合体(Aa)

- **連鎖**…同じ染色体に2つ以上の遺伝子が存在すること。連鎖している遺伝子群(**連鎖群**)は，**減数分裂や受精のときいっしょに行動する**ので，メンデルの独立の法則が成り立たない。

- ***AaBb*の配偶子のでき方**
  ① **連鎖していない場合**　2対の対立遺伝子が別々の染色体にある場合，4種類の配偶子ができる。➡***AB*，*Ab*，*aB*，*ab***
  ② **連鎖している場合**　2対の対立遺伝子が同じ染色体にある場合(*A*と*B*，*a*と*b*が連鎖)，2種類の配偶子ができる。➡***AB*，*ab***

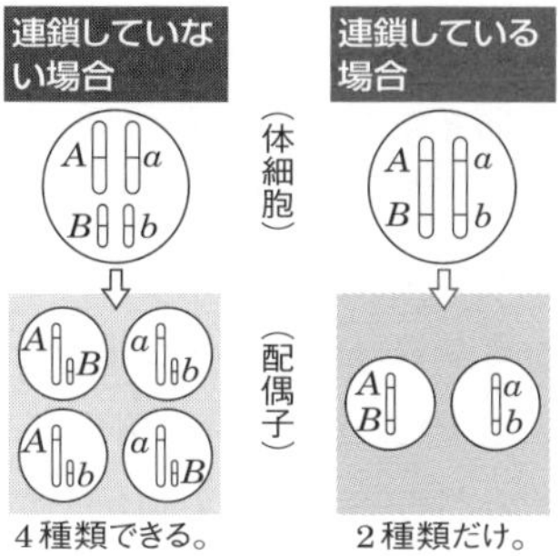

- **遺伝子の組換え**…減数分裂の**第一分裂前期**に相同染色体の一部で乗換えが起こり，遺伝子も入れかわる(**組換え**)。➡*A*と*B*，*a*と*b*が連鎖していても，組換えによって*Ab*や*aB*をもつ配偶子ができる。

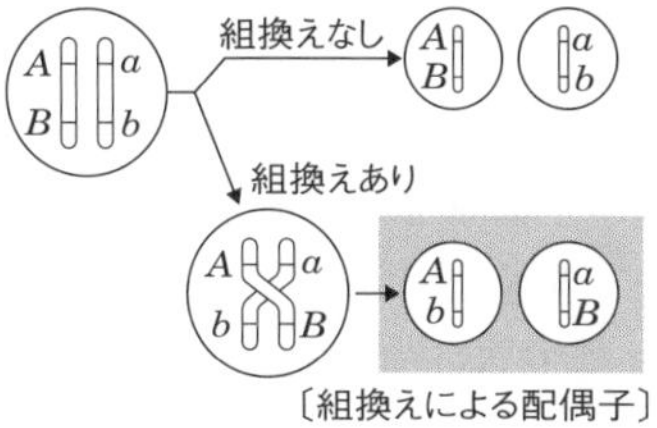

- **組換え価**…組換えの起こった割合。

$$\text{組換え価〔\%〕} = \frac{\text{組換えを起こした配偶子数}}{\text{配偶子の総数}} \times 100$$

実際には，検定交雑の結果から次式で求められる。

$$\text{組換え価〔\%〕} = \frac{\text{組換えを起こした個体数}}{\text{検定交雑によって得られた総個体数}} \times 100$$

- **染色体地図**…同一染色体にある各遺伝子の位置関係を表したもの。**モーガン**が考案。組換え価が大きいほど**遺伝子間の相対的な位置は遠い**。

- **三点交雑**…同一染色体にある3つの遺伝子の組換え価をもとに，遺伝子の配列順序と位置関係を調べる方法。
  例 (右図)*A*－*B*間2%，*B*－*C*間3%，*A*－*C*間5%の場合。

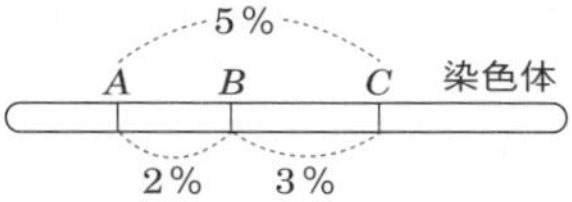

基本問題 ･･･ 解答 ➡ 別冊*p.6*

22 遺伝と遺伝用語

> できたら
> チェック

次の文中の（　）に適当な語を入れよ。

□ (1) 遺伝子をどのようにもつかは，*AA*，*Aa*，*aa*のようにアルファベットの大
文字と小文字の記号で表される。このように，遺伝子の記号で表したものを
①（　　　）といい，丸・しわなどのように実際に現れる形質を②（　　　）という。
また，*AA*，*aa*のような同じ遺伝子をもつ場合を③（　　　）接合体，*Aa*のよう
な異なる遺伝子をもつ場合を④（　　　）接合体と呼んでいる。

□ (2) *Aa*のように，対立関係にある遺伝子を⑤（　　）接合にもつ場合，*Aa*の遺伝
子のどちらか一方の遺伝子が形質として現れており，現れる形質を⑥（　　）形
質，現れない形質を⑦（　　）形質と呼ぶ。

23 一遺伝子雑種の遺伝　◀テスト必出

エンドウについて，純系で子葉が黄色のものと，純系で子葉が緑色のものを親
（P）として交雑したところ，下の図のような結果を得た。子葉を黄色にする遺伝
子を*Y*，緑色にする遺伝子を*y*として，次の問いに答えよ。

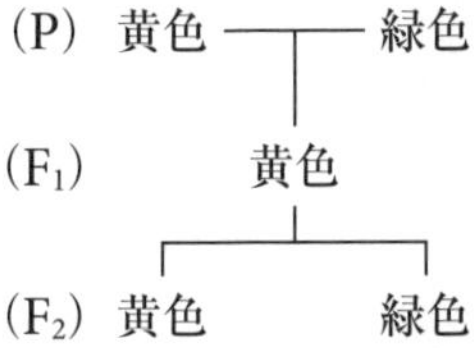

□ (1) 顕性形質は何色か。また，それはなぜわかるのか。

□ (2) Pの遺伝子型を答えよ。

□ (3) F₁がつくる配偶子の遺伝子型とその割合を答えよ。

□ (4) F₂全体の遺伝子型とその割合を答えよ。

□ (5) F₁とPの緑色のものとの交雑によって生じる次の
世代の表現型と，その分離比を示せ。

(P)　黄色 ─────── 緑色

(F₁)　　　　　黄色

(F₂)　黄色　　　　　　緑色

> 📖ガイド　純系の個体は遺伝子をホモにもつ。したがって，この場合，親（P）の遺伝子型は，
> 黄色（*YY*），緑色（*yy*）である。

24 二遺伝子雑種の遺伝①　◀テスト必出

エンドウの，丸形の種子で子葉の色が黄色のものと，しわ形で緑色のものとを
親（P）として交配させると，F₁はすべて丸形で黄色のものが得られた。種子の形
を現す遺伝子を*A*・*a*，子葉の色を現す遺伝子を*B*・*b*とし，それぞれ別々の染色
体にあるものとして，次の各問いに答えよ。

□ (1) Pの交配を，遺伝子記号を使って遺伝子型で示せ。

□ (2) F₁の遺伝子型を示せ。

☐ (3)　F_1 がつくる配偶子の遺伝子型とその分離比を求めよ。

☐ (4)　F_2 のうち，丸形で緑色の形質のものの遺伝子型の種類をすべてあげよ。

☐ (5)　F_2 を種子の形(丸：しわ)と子葉の色(黄色：緑色)に分けて，それぞれの分離比を簡単な整数比で示せ。

☐ (6)　F_2 において，2つの遺伝子について完全に潜性ホモ接合体の個体は，全体の何%を占めるか。

　　📖 ガイド　(6)完全に潜性ホモ接合体というのは，遺伝子型 *aabb* の個体のこと。

25　二遺伝子雑種の遺伝 ② ◀ テスト必出

　独立に遺伝する2組の対立形質がある。いま，遺伝子型が *aaBB* で示される個体と，*AAbb* で示される個体をPとして F_1 を得た。さらに，この F_1 から F_2 を得た。以下の問いに答えよ。ただし，F_1 には両親のいずれか一方の形質のみが現れるものとする。

☐ (1)　F_1 の遺伝子型を答えよ。

☐ (2)　F_2 の表現型は全部で何種類あると考えられるか。

☐ (3)　F_2 で顕性形質を両方もつ個体は何%いると考えられるか。

26　遺伝子と染色体

　次の各文の(　)内に適当な語または数を入れよ。

☐ (1)　キイロショウジョウバエの体色とはねの形の遺伝子は，同一染色体にあるので，2つの遺伝子は①(　　　)している。また，体細胞には8本の染色体があるので，遺伝子の②(　　　)の数は，③(　　　)である。

☐ (2)　上の(1)の場合，体色とはねの形の遺伝子は行動をともにするので，メンデルの④(　　　)の法則には従わない。

☐ (3)　生物の遺伝子の数は非常に多いのに対して，⑤(　　　)の数はあまり多くない。したがって，1つの染色体に多くの遺伝子が存在していて，配偶子をつくり，受精や発生をするとき，それらの遺伝子は行動をともにする。

27 独立と連鎖 ◀テスト必出

スイートピーには，花の色が紫(B)のものと赤(b)のものがあり，花粉には長い(L)ものと丸い(l)ものがある。この2つの対立遺伝子が，①から⑤の関係にあるとき，$BbLl$の個体に検定交雑を行うと，表ア～オのどの結果と一致するか。それぞれ答えよ。

□ ① B, b, L, l が独立した染色体にある。
□ ② Bとl，bとLが完全連鎖している。
□ ③ BとL，bとlが完全連鎖している。
□ ④ BとL，bとlが連鎖していて，組換えが生じる。
□ ⑤ Bとl，bとLが連鎖していて，組換えが生じる。

	紫・長	紫・丸	赤・長	赤・丸
ア	1 :	1 :	1 :	1
イ	1 :	0 :	0 :	1
ウ	0 :	1 :	1 :	0
エ	8 :	1 :	1 :	8
オ	1 :	8 :	8 :	1

📖 ガイド　完全連鎖とは，遺伝子間の距離が短く，組換えが生じないときの遺伝子間の関係。

28 組換え

2つの対立遺伝子Aとa，Bとbについて，問いに答えよ。

□ (1) Aとb，aとBが連鎖していて，$AaBb$どうしでF_1をつくるとき，雌雄とも40%の組換えが行われた。F_1の表現型とその分離比を求めよ。
□ (2) AとB，aとbが連鎖していて，$AaBb$どうしでF_1をつくるとき，雌のみ20%の組換えがあり，雄では組換えが起こらないとすると，F_1の表現型の分離比はどうなるか。

29 連鎖と組換え ◀テスト必出

スイートピーには，花の色が紫(B)のものと赤(b)のものがあり，花粉には長い(L)ものと丸い(l)ものがある。紫・長の個体($BBLL$)と赤・丸の個体($bbll$)を親(P)として交配したところ，子(F_1)はすべて紫・長であった。このF_1を検定交雑したところ，図のような結果を得た。これについて，問いに答えよ。

□ (1) F_1の遺伝子型を答えよ。
□ (2) 花の色と花粉の形を現す遺伝子間の組換え価は何%か。
□ (3) F_1のつくる配偶子とその割合を示せ。
□ (4) F_1の自家受粉によってできるF_2の表現型の分離比を示せ。

(F_1) ——————— 赤・丸

紫・長	紫・丸	赤・長	赤・丸
702	98	102	698

📖 ガイド　(3)検定交雑によって得られた子の表現型の分離比は，検定個体がつくった配偶子の遺伝子型の分離比と一致する。

30 染色体地図　◀テスト必出

次の文を読んで，あとの問いに答えよ。

同一染色体にある 3 つの遺伝子について，検定交雑によって互いの組換え価を求め，各遺伝子の相体的な位置を調べる方法を①（　　）交雑という。遺伝子間の距離が長いほど組換え価の値は②（　　）くなるので，これを利用して染色体での遺伝子の位置を求め，図に示したものを③（　　）といい，④（　　）という学者が⑤（　　）という生物で最初に作成した。この生物の幼虫の⑥（　　）の細胞には，巨大染色体である⑦（　　）が見られる。染色体には，⑧（　　）という染色液でよく染まる縞模様があり，この縞模様の位置は遺伝子の位置に対応している。

□(1)　（　）内に適する語を入れよ。

□(2)　⑦の染色体は，相同染色体どうしが接着している。このことから考えて，体細胞の染色体数とくらべ，⑦の染色体の数はどうなっているか。

□(3)　4 つの顕性遺伝子 A, B, C, D が連鎖していて，A と C の間の組換え価は 1%，B と D の間の組換え価は 8% であった。いま，純系 $AB \times ab$ の F_1 に純系 ab を検定交雑した場合を〔$AB \times ab$〕$\times ab$ のように示すことにすると，〔$AB \times ab$〕$\times ab$ の結果は，$AB : Ab : aB : ab = 19 : 1 : 1 : 19$ となり，〔$CD \times cd$〕$\times cd$ の結果は，$CD : Cd : cD : cd = 49 : 1 : 1 : 49$ であった。以上の結果から，遺伝子相互の位置を示す染色体地図を右の図上に完成せよ。1 目盛りは組換え価 1% とする。

$A \quad C$

応用問題 ●● 解答 ➡ 別冊 *p.9*

31　エンドウの種子の形と子葉の色に関する表現型で，どちらも顕性の形質を発現しているもの（丸・黄〔AB〕）には 4 種類の遺伝子型がある。これらの遺伝子型を求めるために，潜性のホモ接合体の個体の（しわ・緑）を交配させた。下の表は，このときの結果を示している。これについて，各問いに答えよ。表中の〇印は F_1 にその表現型が出現したことを示している。

□(1)　潜性のホモ接合体の個体であるしわ・緑は，どのような遺伝子型で表されるか。

□(2)　①〜④の遺伝子型は，それぞれ次のア〜エのどれか。

	丸・黄	丸・緑	しわ・黄	しわ・緑
①	〇	−	−	−
②	〇	〇	−	−
③	〇	−	〇	−
④	〇	〇	〇	〇

ア　$AABB$　　イ　$AABb$　　ウ　$AaBB$　　エ　$AaBb$

32 **◀差がつく** 以下の問いに答えよ。

スイートピーの花に関する遺伝子である紫花(A)と赤花(a)，および花粉の形に関する遺伝子である長花粉(B)と丸花粉(b)に注目して両親$AABB$と$aabb$との間でF_1をつくった。さらにF_1どうしを交雑してF_2をつくった。ただし遺伝子AとBおよびaとbは連鎖している。以下の問いに答えよ。

□(1)　F_1の遺伝子構成がどんなモデルになっているか。適切なものを図から1つ選び，記号で答えよ。

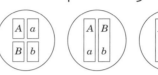
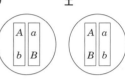

□(2)　これらの遺伝子が完全連鎖していて組換えは起こらないとするとF_2での表現型とその分離比はどうなるか。適切なものを1つ選び，記号で答えよ。

　ア　〔AB〕：〔Ab〕：〔aB〕：〔ab〕＝ 9：3：3：1
　イ　〔AB〕：〔Ab〕：〔aB〕：〔ab〕＝ 0：3：1：0
　ウ　〔AB〕：〔Ab〕：〔aB〕：〔ab〕＝ 3：0：0：1

□(3)　これらの遺伝子が不完全連鎖しており，F_1と検定交雑して得られた子の表現型の分離比が

　〔AB〕：〔Ab〕：〔aB〕：〔ab〕＝ 8：1：1：8

となった場合，組換え価を求めよ。

📖ガイド　(1)連鎖しているとあるので，2つの対立遺伝子は同一染色体上にあるといえる。

33 遺伝子の連鎖に関する次の各問いに答えよ。

キイロショウジョウバエでは，体色に関する遺伝子(正常体色A・黒体色a)と，はねの形に関する遺伝子(正常翅B・痕跡翅b)とが連鎖している。このキイロショウジョウバエの正常体色・正常翅($AABB$)と黒体色・痕跡翅($aabb$)との交雑でできたF_1($AaBb$)を検定交雑すると，次の代は正常体色・正常翅，正常体色・痕跡翅，黒体色・正常翅および黒体色・痕跡翅の個体がそれぞれ，180，35，33，165個体得られた。

□(1)　F_1の遺伝子の位置関係を右の図に記せ。
□(2)　検定交雑の結果から組換え価を求めよ。
□(3)　組換え価の大小は何によって決まるか。

6 進化のしくみ ①

- **進化**…生物が世代を重ねていく間に，形質が変化すること。

- **遺伝子プール**…ある生物種の集団がもつ遺伝子の集合全体。

- **遺伝子頻度**…遺伝子プール内の対立遺伝子の割合。

- **ハーディ・ワインベルグの法則**…次のような条件を満たすとき，集団内の遺伝子頻度は，世代を重ねても変化せず安定している。
  ①**集団が十分大きい**，②**外部との個体の出入りがない**，③**突然変異が起こらない**，④**自然選択がはたらかない**，⑤**交配が任意に行われる**。
  逆に，進化はこれらの条件が満たされない場合に起こるといえる。

  数式で表すと，
  集団内の遺伝子頻度が $A : a = p : q$ である
  とき $(p + q = 1)$，任意交配の結果は，
  $(pA + qa)^2 = p^2AA + 2pqAa + q^2aa$
  $\begin{cases} A \text{の遺伝子頻度} = p^2 + pq = p(p+q) = \boldsymbol{p} \\ a \text{の遺伝子頻度} = pq + q^2 = q(p+q) = \boldsymbol{q} \end{cases}$
  となるので，世代を重ねても変化しない。

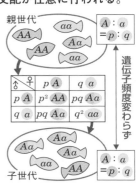

- **ハーディ・ワインベルグ平衡**…ハーディ・ワインベルグの法則が成立しているとき，世代を重ねても集団内の遺伝子頻度が変化しないこと。

- **遺伝的浮動**…集団が小さいと，有利でも不利でもない形質が偶然に選択されて遺伝的頻度が増加することがある。

- **びん首効果**…何らかの原因で集団の個体数が大幅に減り，遺伝的浮動の影響が出やすくなり遺伝子頻度がもとの集団とくらべ変化すること。

- **中立説**…**木村資生**が提唱。突然変異のほとんどは，有利でも不利でもない中立なものが大半を占めている。

- **中立進化**…自然選択されない分子レベルの変化のこと。

- **分子進化**…DNAの塩基配列やタンパク質のアミノ酸配列に見られる変化。分子進化の多くは，個体の生存や繁殖には影響しない。

基本問題 •• 解答 ➡ 別冊*p.9*

できたら
チェック

34 現在の進化学 ◀ テスト必出

□　次の文中の空欄に適する語を下より選んで記号で答えよ。

　数万年，数十万年におよぶ長い時間をかけて生物の形質が変化していくことを進化という。

　1800年代に，いろいろな①(　　)が提唱され，生物は進化すると考えられるようになった。現在では進化を多角的にとらえようとするさまざまな試みがなされている。生物の行動や生態を進化の観点から研究する社会生物学，集団における②(　　)頻度とその構成や変動を研究する③(　　)遺伝学などである。一方，地層中から発見される生物の遺骸や生痕である④(　　)は今でも進化や系統を知る重要な手がかりとして研究されている。

　ア　化石　　イ　変異　　ウ　遺伝子　　エ　集団　　オ　社会　　カ　進化論

35 進化学に関する用語

□　進化について述べた次の文のなかで，正しいものはどれか。

ア　中立説は日本の木村資生によって提唱された説で，分子レベルの進化は自然選択よりも偶然によって生じると唱えた。

イ　DNAの塩基配列が変化する分子進化では，そのほとんどが個体の生存に大きな影響を与えてしまう。

ウ　遺伝的浮動(機会的浮動)とは，環境の変化によって子孫を多く残せる形質が異なってくるために，集団内の遺伝子の遺伝子頻度が変動していくことを示す用語である。

エ　生物学的な意味における進化には，運動能力や生物個体の形態の変化など，1世代内の成長や発達も含まれる。

36 遺伝子頻度

　遺伝子頻度に関した次の文を読んで，以下の問いに答えよ。

　ハーディ・ワインベルグの法則に従うある植物の集団の対立遺伝子 A および a は，それぞれ30％および70％の割合で存在する。この生物の遺伝子の頻度は世代を経ても変化することなく，$AA : Aa : aa = ①(　　) : ②(　　) : ③(　　)$ となる。このことを④(　　)という。

　ある年，この集団内に病気が流行し，aa の遺伝子をもつ個体の半分が種子を

つくらなかった。よって，この年にできた種子の遺伝子型の比は$AA:Aa:aa=$⑤（　　）：⑥（　　）：⑦（　　）となる。

　しかし，実際の生物集団では，病気の流行などのような<u>自然選択とは関係なく集団の遺伝子頻度が偶然に変化する</u>ことが知られている。

- □ (1)　文中の空欄に，最も適切な数値(整数のパーセントで示す)または語句を記せ。
- □ (2)　下線部について，このような現象を何というか。
- □ (3)　(2)の現象の大きいのは，次のア～ウのうちどのような個体数の集団か。

　　　ア　大きい集団　　　　イ　中程度の集団　　　　ウ　小さい集団

- □ (4)　(3)のような集団で(2)の現象が大きく現れることを何というか。

　📖ガイド　ハーディ・ワインベルグの法則に従う集団では，世代を重ねても遺伝子頻度は変化しない。ある原因で個体数が急激に減少すると遺伝子頻度が変化しやすくなる。

応用問題 ‥‥‥‥‥‥‥‥‥‥‥‥‥‥‥‥‥‥‥‥ 解答 ➡ 別冊p.10

37　**◀差がつく** 　ダーウィンの進化理論を，メンデル遺伝学を用いて生物統計学的に裏づけたものとして，ハーディ・ワインベルグの法則がある。次の各問いに答えよ。

- □ (1)　次の文ア～キは，この法則に関して説明したものである。間違っているものを２つ選べ。
　　ア　遺伝子頻度と遺伝子型頻度との関係を示したものである。
　　イ　顕性と潜性の対立形質をもつ場合のみ成立する。
　　ウ　世代を経ても遺伝子頻度は変化しない。
　　エ　集団の大きさが大きく，個体数が多い場合に成り立つ。
　　オ　外部との出入りがないことが条件である。
　　カ　突然変異が起こったり，自然選択が起こっても成り立つ法則である。
　　キ　雌雄間の交配が自由に行われる集団で成り立つ法則である。

- □ (2)　ハーディ・ワインベルグの法則が成り立つ動物集団が存在すると仮定する。ある対立遺伝子Aとaの頻度がそれぞれpと$q(p+q=1)$である。この集団の1200個体を調べたところ，遺伝子型aaを示すものが48個体あった。この結果から，対立遺伝子Aの頻度pおよび対立遺伝子aの頻度qを小数第２位まで求めよ。

　📖ガイド　(2)遺伝子型aaの頻度は$q \times q = q^2$。この値が$\dfrac{48}{1200}$であることから，まず，対立遺伝子aの頻度qを求める。

7　進化のしくみ ②

★テストに出る重要ポイント

▶ **変異**…同種の個体の形質の違い。変異には遺伝子の突然変異によって生じ次世代に遺伝する**遺伝的変異**と，生育環境の違いによって生じた**環境変異**がある。

① **遺伝子突然変異**…DNAの塩基に変化が生じる(置換・欠失・挿入など)。

② **染色体レベルの突然変異**…染色体の数や構造に変化が生じる。

染色体の数の変化			染色体の構造の変化
倍数体	染色体の数が基本数(*n*)と倍数関係にある個体。なお，二倍体も倍数体に含まれている。 例 種なしスイカ(三倍体)，パンコムギ(六倍体)	欠失	染色体の一部が失われる。
		逆位	染色体の一部が切り取られて逆向きに再びつながる。
異数体	染色体の数が正常の個体と比較して増加もしくは減少している個体。 例 ヒトのダウン症(第21染色体が1本多い)	重複	染色体の一部が重複する。
		転座	染色体の一部が切断されて別の染色体につながる。

▶ **自然選択(自然淘汰)**…集団内の突然変異が生存に有利な形質である場合，遺伝して世代を重ねるごとにその遺伝子をもつ個体が集団全体にふえる。例 **工業暗化**…イギリスの工業地帯で樹皮の暗色化(大気汚染で地衣類が死滅)➡オオシモフリエダシャク(ガの一種)が，目立って鳥に捕食されやすい淡色型から黒色型中心に。

▶ **適応放散**…共通の祖先をもつ生物がさまざまな異なる環境に適応して多様な系統に分かれること。例 有袋類(コアラ，フクロモグラなど)

▶ **相同器官**…形やはたらきは違うが，基本的構造や発生の起源が同じ。相同器官をもつ生物種は共通祖先から進化。例 鳥の翼とヒトの腕

▶ **相似器官**…形やはたらきが似ていても，基本的構造や発生の起源が異なる。例 鳥の翼とチョウの翅，脊椎動物の眼とイカの眼

▶ **収れん**…同じような環境において，同じような自然選択が起きた結果，異なる生物が似た形態をもつようになること。

- **種分化**…1つの種から新しい種ができたり，複数の種に分かれること。
- **隔離**…地理的あるいは生殖的に隔離が起こることで種分化が進む。

　　地理的隔離…地形の変動により海や山などで分断された集団で個別に突然変異や自然選択による変化が進む。

　　生殖的隔離…隔離された集団の間で生殖器官の構造や生殖時期に違いが生じ，集団間の交配ができなくなる。

- **小進化と大進化**
  ① **小進化**…種が形成されない小さな形質の変化。
  ② **大進化**…新しい種が形成されるレベル以上の進化。
- **共進化**…互いに影響しあっている複数の種が，ともに進化すること。

基本問題 .... 解答 ➡ 別冊*p.10*

38　進化の証拠
できたらチェック

進化の証拠に関する以下の各問いに答えよ。

□ (1)　次の①〜④の組み合わせを，相同器官と相似器官とに分類せよ。

　　① イヌの前肢と鳥類の翼　　② サツマイモとジャガイモ，それぞれのいも

　　③ コウモリの翼とアゲハの翅(はね)

　　④ サボテンのとげとエンドウの巻きひげ

□ (2)　イルカとサメのように，全く別の生物でありながら，同じような環境に適応することで似た形質をもつようになることを何というか。

□ (3)　北米のウマの化石を年代順に並べてみると，ウマの進化の過程をたどることができる。

　　① 初期のウマから現在のウマの歯と指を比較したときに見られる変化をそれぞれ述べよ。

　　② ①の変化は，初期のウマから現在のウマへ，どのような生活の変化があったからと考えられるか。

39　種分化 ◀テスト必出

□　文中の空欄に，最も適する語句を次ページのア〜オより選べ。

　　生物の集団の生息域が行き来できないほど分断されることを①(　　)という。①の結果，集団間の交配がなくなり，それぞれの環境に適応して行動や生殖器官の構造などに変化が生じ，再び両者の個体が出会っても子孫を残せない状態にな

ることを，②(　　　)という。①や②が蓄積し，1つの種から新しい種ができたり，複数の種に分かれることを③(　　　)という。③のように，新しい種ができるような進化を④(　　　)といい，③に至らない程度の小さな変化を⑤(　　　)という。

　ア　生殖的隔離　　　イ　地理的隔離　　　ウ　小進化
　エ　大進化　　　　　オ　種分化

📖 **ガイド**　生物集団が分かれ，交配ができなくなることで集団間の変異が蓄積する。

40 共進化

☐ 次の文に関する以下の問いに答えよ。

　生物は環境に適応し，進化することがある。この現象は非生物的な環境のみでなく，捕食者と被食者，寄生者と宿主など，互いに影響を与えあう生物間においても見られ，共進化と呼ばれている。共進化の例として適するものを次のア～ウからすべて選び，その根拠をそれぞれ答えよ。

　ア　ヤブツバキとツバキシギゾウムシ　　　イ　スズメガとラン
　ウ　ハナアブとミツバチ

応用問題 .... 解答 ➡ 別冊 *p.11*

41 **◀差がつく**　次の文の下線の部分が正しければ○，間違っていれば正しく訂正せよ。
（できたらチェック）

☐ ① 獲得形質は遺伝子(DNA)を変化させるが1世代限りのものであり，次世代へは遺伝しない。

☐ ② DNAの塩基配列に変化が生じる突然変異を，染色体レベルの突然変異という。

☐ ③ ヒトのダウン症は第21染色体が正常より1本多く，倍数体と呼ばれる。

☐ ④ 突然変異のうち，染色体の一部が別の染色体につながるのは逆位と呼ばれる。

☐ ⑤ 集団内に突然変異が生じ，その形質が生存に有利であった場合，世代を重ねるごとにこの遺伝子をもった個体がふえ，やがて集団全体がこの形質(遺伝子)に置き換わることがある。これを環境変異という。

☐ ⑥ オーストラリア大陸に見られる固有の生物種は地理的隔離の例である。

☐ ⑦ 地理的隔離が長く続く間に遺伝子が変化し，生殖器官の構造や生殖時期などが変化して，交配できなくなる。これを生殖的隔離という。

📖 **ガイド**　⑥⑦オーストラリア大陸とアジアの大陸や島々とでは，海で隔てられた状態が長い年月の間続くことでそれぞれ固有の進化が見られるようになった。

8 生物の分類法と系統

◎ **種とは**…生物分類の基本単位。共通の形態や特徴をもち，交配して，生殖能力をもつ子孫をつくることができる生物群を生物学的種という。地球上で名前のついている生物種は約190万種。

◎ **分類の方法**

> 系統分類(自然分類)…**進化の道すじ(系統)に沿った分類。**体制，生殖・発生の仕方，生活様式，遺伝子の塩基配列などを比較。系統を樹形図で表したものを系統樹という。
>
> 人為分類…わかりやすい形式や人間の都合による単純な分類。

◎ **分類の段階**…集団のもつ共通性で段階的にピラミッド形に分類。類似した種をまとめたものを属，近縁の属をまとめたものを科というように，生物を種・属・科・目・綱・門・界・ドメインの**8段階**にまとめる。
<small>└→各分類段階の下位に「亜」または上位に「上」をつけて，細分化することもある。</small>

◎ **学名**…**リンネが考案した世界共通の種の名前。**

① 属名と種小名とで表記(二名法)。例 ハッカネズミの学名…*Mus musculus*(*Mus*が属名，*musculus*が種小名)

② ラテン語またはラテン語化。イタリック体で表示することが多い。

③ 1つの種に有効な学名は1つ。1度命名されたら原則変更できない。

◎ **分子情報にもとづいた系統**

① **分子系統樹**…DNAの塩基配列やタンパク質のアミノ酸配列などの分子の違いや共通性と系統の関係を用いて作成した系統樹。

② **分子時計**…DNAの塩基配列やアミノ酸配列の変化の速度。分子進化(→*p.25*)における変化の速度は，遺伝子やタンパク質ごとにほぼ一定になる。

◎ **生物の分類体系**

① **五界説**…原核生物と真核生物に大別し，真核生物を原生生物界と菌
<small>└→原生生物界を単細胞生物の界とした。</small>
界・植物界・動物界に大別。**ホイタッカーやマーグリスらが提唱。**
<small>藻類などを原生生物界に含めた。→</small>

② **三ドメイン説**…**ウーズが提唱。**rRNAの塩基配列の解析により，**細菌(バクテリア)，アーキア(古細菌)，真核生物(ユーカリア)**に大別。五界説の原核生物を細菌とアーキアに分けた。

基本問題 •••••••••••••••••••••••••••• 解答 ⇒ 別冊 *p.11*

できたら
チェック。

㊷ 生物の分類　◀テスト必出

□　次の文の(　)に適する語を語群から選んで入れよ。

生物を系統分類(自然分類)するときの基本単位は①(　　)である。世界共通の
①の名を②(　　)名という。近縁な①をまとめて③(　　)、③をまとめて④(　　)、
さらに⑤(　　)、綱、門、界というように分類には段階があり、哺乳類は綱、霊
長類は⑤にあたる。そして近年rRNAの塩基配列を解析した結果をもとに提唱さ
れた最も大きな分類の単位が⑥(　　)である。

　ア　ドメイン　　イ　種　　ウ　科　　エ　類　　オ　学　　カ　属
　キ　オペロン　　ク　目　　ケ　肢

㊸ 分類の方法

□　次の分類に関する記述のうち、最も正しいものはどれか。

①　シャムネコとペルシャネコはいずれもイエネコという同じ種の動物どうしで
　あり、自然交配で生殖能力のある子をつくることができる。
②　エンドウは草本植物なので、木本植物のネムノキよりも草本植物のノアザミ
　のほうが近縁である。
③　細胞壁がある生物はすべて植物である。
④　イソギンチャクは海底に固着して生活するので植物界に属する。
⑤　学名は分類にもとづいて名づけられるので、シマヘビとカナヘビは同じ属に
　分類されることがわかる。

㊹ 分類体系

□　次の文の(　)に適する語を答えよ。

ホイタッカーは、原核生物を含むすべての生物を分類するにあたって、生物は
原核生物界(モネラ界)、①(　　)、菌界、動物界、および植物界からなるという
②(　　)説を提唱した。

その後、ウーズらは、遺伝子の塩基配列を比較することで、すべての生物を大き
な3つの生物群に分ける分類体系を提唱した。この説では、原核生物は、大腸
菌やコレラ菌が属する③(　　)、好酸菌やメタン菌(メタン生成菌)などが属する
④(　　)の2つに分類されている。もう1つの生物群は、①、菌界、動物界、植
物界をまとめて⑤(　　)とした。

応用問題 •• 解答 ➡ 別冊*p.12*

45 ムラサキツユクサを植物図鑑で調べたところ,「ムラサキツユク
サ科)*Tradescantia ohiensis*」とあった。

□ (1) 「ムラサキツユクサ」は和名(標準和名)だが,世界共通の種名である *Trades-cantia ohiensis* を何というか。また,このような記載法を何というか。

□ (2) (1)の記載法を考案したスウェーデンの学者の名前を答えよ。

□ (3) (1)で *Tradescantia* と *ohiensis* はそれぞれ何の名称か。

□ (4) ツユクサ科の科とは生物の分類段階の1つである。生物の分類段階を次のように表すとき,①・②に適当な語を入れよ。

界—①(　　　)—綱—②(　　　)—科—属—種

📖 **ガイド**　この2つの部分を合わせて「種名」なので,*ohiensis*については違う言い方をする。

46 ヘモグロビンの α 鎖のアミノ酸の生物種ごとの違いを表に示した。

□ (1) 下の右図のように,DNAの塩基配列やアミノ酸配列などのデータを利用し,生物の進化の道すじを枝分かれした樹状に表した図を何というか。

□ (2) ヒトとウサギ,ヒトとイモリが分岐した年代はどちらが古いか。

□ (3) 下の右図で,あ・うに該当する動物名をそれぞれ表から選んで答えよ。

□ (4) サメが他の5種と分岐した年代が4.2億年前とすると,いがヒトやあと分岐した年代はおよそ何年前か。

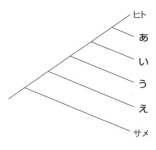

A	B	C	D	E	F	
	75	84	84	85	79	**A** サメ
		69	49	71	25	**B** ウサギ
			71	74	62	**C** イモリ
				75	37	**D** カモノハシ
					68	**E** コイ
						F ヒト

📖 **ガイド**　違いが多いほど分岐してからの時間が長く,違いの数と分岐からの時間は比例関係にあると考えられている。

9 原核生物・原生生物・菌類

○ **原核生物**…原核細胞からなる単細胞生物または群体。**核膜はなく**,DNAは細胞質内に存在。ミトコンドリア・葉緑体を欠くがリボソームと細胞壁は存在。真核細胞より小形。**細菌とアーキアの2系統**。

① 細菌(バクテリア)

細菌

細胞膜 細胞壁

DNA べん毛

{ 従属栄養…乳酸菌,大腸菌,根粒菌

独立栄養 { 光合成(紅色硫黄細菌,シアノバクテリア) 窒素固定も行う。

化学合成(硝酸菌,亜硝酸菌,硫黄細菌)

② アーキア(古細菌)…極限環境に生息する種が多い(超好熱菌,メタン菌,高度好塩菌)。細胞膜や細 ←メタン生成菌ともいう。 胞壁の成分が細菌と異なる。真核生物と近縁。

シアノバクテリア

細胞膜

細胞壁

DNA

チラコイド

○ **原生生物**…真核細胞からなる単細胞生物および単純な構造の多細胞生物。系統的に多様。

① **原生動物**…単細胞で従属栄養。例 アメーバ,ゾウリムシ

② **藻類**…細胞内共生によって葉緑体を獲得。光合成を行う。
  例 クロレラ(緑藻類),アサクサノリ(紅藻類),コンブ(褐藻類),シャジクモ(シャジクモ類)

③ **粘菌類**…アメーバ状の単細胞の個体が集合して1つの体をつくる。
  例 ムラサキホコリ(変形菌),キイロタマホコリカビ(細胞性粘菌)

④ **卵菌類**…多核の菌糸体をつくる。セルロースの細胞壁をもつ。
  例 ミズカビ

○ **菌類**…真核細胞で従属栄養生物(**体外消化**を行う)。からだが菌糸からでき,胞子のつくりかたと子実体(胞子を形成する器官)で分類。
  例 アカパンカビ(子のう菌類),シイタケ(担子菌類)

基本問題 •• 解答 ➡ 別冊*p.12*

47 原核生物の分類　◀ テスト必出

　原核生物の分類について，次の(1)，(2)の各問いに答えよ。

□ (1)　次の記述は，**A** 細菌(バクテリア)，**B** アーキア(古細菌)，**C** 両方のいずれ
に該当するか。

① 核膜がない。

② 細胞壁の構成成分としてペプチドグリカンがある。

③ 極限の環境に生息する種類も多い。

④ 酸素を発生する光合成を行う種類もいる。

⑤ 系統的に真核生物に近縁である。

⑥ リボソームがある。

□ (2)　次の生物は，(1)の**A**，**B**のどちらに分類されるか。

①　大腸菌　　　②　メタン菌　　　③　高度好塩菌

④　シアノバクテリア　　　⑤　乳酸菌

48 原生生物・菌類の分類

□　次の空欄に適する語を語群より選び，記号で答えよ。

　原生生物のうち，ゾウリムシのように単細胞で従属栄養の生物を①(　　)とい
う。また，葉緑体をもち，光合成を行うものを②(　　)という。さらに，ムラサ
キホコリカビやタマホコリカビのような③(　　)やミズカビのような④(　　)が
含まれる。

　ア　藻類　　　　イ　卵菌類　　　ウ　原生動物　　　エ　粘菌類

応用問題 •• 解答 ➡ 別冊*p.13*

49　◀ 差がつく　次の図①～③は原生生物界の生物である。以下の問いに答えよ。

①　　　　　　　　　　　②　　　　　　　　　　　③

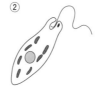

□ (1)　①～③の生物名を答えよ。

□ (2)　①～③のうち独立栄養生物を選び，記号で答えよ。

10　植物の分類

● **陸上植物**…光合成色素は**クロロフィルaとb**，カロテン，キサントフィル類で共通。維管束の有無（根・茎・葉の分化）や種子形成で分類。

① **コケ植物とシダ植物は精子**を形成し，**造卵器内で受精**。

② **種子植物は子房の有無により裸子植物と被子植物**に分類され，いずれも**胚珠内で受精**。

③ **被子植物は重複受精**を行い，胚乳の核相は$3n$（→*p.131*）。

門	維管束	一般的特徴	生物例
コケ植物	なし	植物体本体は配偶体（配偶子をつくる） 胞子体は配偶体上に存在	スギゴケ（セン類…茎葉体） ゼニゴケ（タイ類…葉状体）
シダ植物	あり （仮道管）	植物体本体は胞子体（胞子をつくる） 配偶体（前葉体）は独立	ワラビ，ゼンマイ，ベニシダ，スギナ，マツバラン，ヘゴ
裸子植物	あり （仮道管）	胚珠が裸出 胚乳n	イチョウ・ソテツ（精子形成） アカマツ，スギ，シラビソ
被子植物	あり （道管）	胚珠は子房に包まれる 重複受精 胚乳$3n$	**単子葉類**…ユリ，イネ，ラン **双子葉類**…サクラ，バラ，キク，ツツジ

基本問題　　　　　　　　　　　解答 ➡ 別冊*p.13*

50　陸上植物の分類　**テスト必出**

次の記述は，**A** コケ植物，**B** シダ植物，**C** 裸子植物，**D** 被子植物のいずれに該当するか。あてはまるものすべてを記号で答えよ。

① 植物体本体が配偶体　　② 種子をつくらない
③ 維管束をもたない　　　④ 根・茎・葉に分化
⑤ 重複受精をする　　　　⑥ 胚乳の核相がnである
⑦ 水は道管を移動する　　⑧ 花粉を形成する

📖 **ガイド**　系統樹を描いたとき，シダ植物より上か下で，維管束の有無，根・茎・葉が分化しているかが分かれる。

51 植物の分類

□　次の表は，陸上植物の分類についてまとめたものである。空欄に適切な生物名または用語を語群より選べ。

分類群	体制	受精する場所	生物例
コケ植物	①(　　)	③(　　)	スギゴケ，⑤(　　)
シダ植物	②(　　)		ベニシダ，⑥(　　)
種子植物		④(　　)	スギ，⑦(　　)

ア　維管束あり（根・茎・葉に分化）
イ　維管束なし（茎葉体または葉状体）　　ウ　造卵器内　　エ　胚珠内
オ　ワラビ　　カ　イネ　　キ　ゼニゴケ

応用問題 ･･････････････････････ 解答 ➡ 別冊*p.13*

52　右の図は光合成を行う生物の系統樹である。各問いに答えよ。なお，A〜Cは光合成色素であるクロロフィルの種類で区別される。

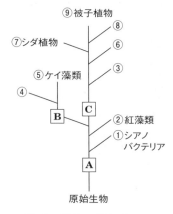

□(1)　③，④，⑥，⑧に該当する植物群の名称を答えよ。

□(2)　①〜⑨のなかで原核生物に含まれるものをすべて選び，記号で答えよ。

□(3)　次のa〜eの植物はどの植物群に属するか。①〜⑨の記号で答えよ。

　　a　コンブ　　　b　ユレモ　　c　スギナ
　　d　トサカノリ　e　ソテツ

□(4)　仮道管がよく発達している植物を①〜⑨から2つ選び，記号で答えよ。

📖**ガイド**　光合成細菌以外の光合成を行う生物に共通の色素はクロロフィルaである。aだけをもつもののほか，aのほかにbをもつものとcをもつものに大別される。維管束の仮道管が発達している植物はシダ植物と裸子植物である。

11 動物の分類

テストに出る重要ポイント

● 動物の分類…発生・形態・遺伝子の塩基配列を比較して行う。

三胚葉動物

旧口動物

新口動物

脱皮動物	冠輪動物	

線形動物
例 センチュウ

節足動物
例 ホタル，エビ

扁形動物
例 プラナリア

環形動物
例 ミミズ，ゴカイ

軟体動物
例 タコ，シジミ

脊索動物

棘皮動物
例 ウニ

原索動物
例 ナメクジウオ，ホヤ

脊椎動物
例 メダカ，カエル，ヒト

脊椎を形成

脱皮して成長

脱皮しないで成長

脊索を形成

原口が口になる

原口とは別の部分が口になる

側生動物	二胚葉動物

海綿動物
例 カイメン

刺胞動物
例 ミズクラゲ，サンゴ

3つの胚葉を形成

内胚葉と外胚葉を形成

動物の共通祖先（襟鞭毛虫類 えりべん）

基本問題 ●●●●●●●●●●●●●●●●●●●●●●●●●●●●●●●●●●●●● 解答 ➡ 別冊 p.14

53 動物の分類

できたらチェック○

次の①～③の生物例から記述に合致しないものを2つずつ選び，記号で答えよ。

□ ① 軟体動物である。

　a ナマコ　　b ナメクジ　　c サザエ　　d イカ　　e イソギンチャク

□ ② 節足動物である。

　a フジツボ　　b サナダムシ　　c トンボ　　d ミミズ　　e ミジンコ

□ ③ 原口が肛門になる。

　a ウニ　　b ヤドカリ　　c ヒトデ　　d メダカ　　e ハマグリ

動物の系統 ◀ テスト必出

□ 下の図は，動物の分類群の系統関係を示したものである。a～iの欄は，それより上の分類群に共通に見られる特徴を示している。次のア～コから適当なものを選べ。

ア 核膜で仕切られた核をもつ

イ からだは体節からなる

ウ からだは多細胞となる

エ 脊椎をもつ

オ 脊索をもつ

カ 外骨格をもつ

キ 原口は肛門となる

ク 原口は口となる

ケ 胚発生の際に3胚葉を形成する

コ 胚発生の際に2胚葉を形成する

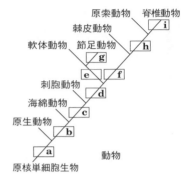

📖 ガイド 三胚葉性の動物は原口が肛門になる系統と，原口が口になる系統に大別される。

応用問題 ●●●●●●●●●●●●●●●●●●●●●●●●●●●●●●●●●●● 解答 ➡ 別冊 **p.14**

 55 ◀ 差がつく 下の図は動物のおもな門の分類と系統関係を示している。また，どの特徴に着目するかによって異なったまとめ方ができることも示している。

□(1) 図中A～Eのそれぞれに対して，最も適切な用語を選び，記号で答えよ。

ア 二胚葉性　　イ 三胚葉性

ウ 無胚葉　　　エ 旧口動物

オ 新口動物

□(2) ①～⑩に属する動物例を次のなかから1つずつ選び，記号で答えよ。

a アサリ　　b ナマコ　　c ダニ

d ヤマビル　　e カイチュウ

f ナメクジウオ　　g ワニ　　h ヒドラ

i サナダムシ　　j カイロウドウケツ

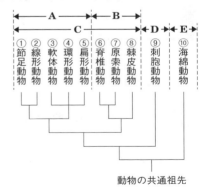

12 人類の進化と系統

- ▶ **原始哺乳類から霊長類へ**…ツパイに似た原始哺乳類の仲間から初期の霊長類誕生。
- ▶ **霊長類の特徴**…樹上生活への適応が知能の発達につながる。

ツパイ

① 腕渡りが可能な肩関節の回転。
② 枝をつかむ指…親指が他の指と向かい合い(**拇指対向性**)，**平爪**(ひらづめ)に。
③ 視覚の発達…両目が前方を向き**立体視**。色覚の獲得。

- ▶ **ヒトの特徴**…最大の特徴は<u>直立二足歩行</u>。
① 脊椎・脳…**S字状の脊柱**，垂直に支えられた頭骨，脳容積の増加（大後頭孔が真下にある。）
② 顔・歯…眼窩上隆起(がんかじょうりゅう)の退化，放物線に近い**歯列**，**犬歯の小形化**
③ 骨格・手足…横に広い**骨盤**，長い下肢(足)，**手の発達**

- ▶ **ヒトへの進化**

700万年前…サヘラントロピス(最古の化石人類。猿人)。
300～400万年前…アフリカの草原で**地上生活をする直立二足歩行**の猿人(アウストラロピテクス)誕生。(150万年前頃絶滅)
250万年前…原人(ホモ・エレクトス)出現。石器や火を使用。
40万年前…旧人(ホモ・ネアンデルターレンシス)が出現。
20万年前…アフリカの旧人から新人(ホモ・サピエンス)へと進化。

〔**単一起源説**〕　それ以前に世界中へ広がっていた原人ではなく，約10万年前にアフリカを出た新人が，現在のヒトの祖先となったとする説。

基本問題 …………………………………………………… 解答 ⇒ 別冊*p.14*

56 サルの仲間の特徴　◀テスト必出

ヒトの進化について重要なサルの仲間の特徴について，各問いに答えよ。

- □ (1) ヒトを含むサルの仲間を総称して何類というか。
- □ (2) 手の爪が平爪になっているが，このほかに物をつかんだりつまみやすくなっている手の特徴を1つあげよ。
- □ (3) 両目が前方を向いていることは，どのような利点があるか。

□ (4)　これらの特徴はどのような生活に適応して進化したと考えられるか。

📖 **ガイド**　視覚や手先の感覚を通じて入る外部の情報が増大，これに対応するため大脳が発達。

57 サルからヒトへ ◀テスト必出▶

ヒトの起源に関して説明した次の文を読んで，(1)～(3)の問いに答えよ。

　約①(　　)万年前に恐竜が絶滅した後，ハ虫類にかわってさまざまな②(　　)類が繁栄した。そのなかで，夜行性の原始的な哺乳類であるツパイの仲間からサルの仲間の③(　　)類が進化した。③類は森の樹上に生活の場を開拓し，昆虫食から④(　　)食へと変化した。正面を向いた両眼，発達した脳，器用な手などヒトのもつ特徴はいずれも③類の仲間の特徴でもある。化石の研究やDNAなどの分子による分岐年代の研究から，ヒトが類人猿から分かれたのは約700万年前の⑤(　　)と考えられている。直立二足歩行ができた最古の人類とされる⑥(　　)や，森を出て草原(サバンナ)へ進出した⑦(　　)に続き，⑧(　　)など多くの絶滅した人類が誕生し，現代の新人が登場した。しかし，ヨーロッパのネアンデルタール人(旧人)やアジアのジャワ原人が現生の新人に進化したのではない。約10万年前に⑨(　　)大陸を出たホモ・サピエンスが急速に世界に広がり，現代人すべての祖先となった，という考えが現在支持されている⑩(　　)起源説である。

□ (1)　空欄の①～⑩に適する語を答えよ。

□ (2)　現存している類人猿を4種あげよ。

□ (3)　直立二足歩行をするヒトでは，類人猿と異なる骨格の特徴が見られる。各文中の選択肢から，正しい語を選べ。

　①　脊柱は(まっすぐ・S字状)で，(垂直・斜め)に頭骨を支えている。

　②　骨盤は幅が(広く・狭く)，丸くて(長い・短い)。

　③　手は足よりも(短い・長い)。

できたら
チェック
応用問題 •• 解答 ➡ 別冊 *p.15*

58 ◀差がつく▶ 類人猿と人類(ゴリラとヒト)の頭部と歯を比較した右の図を見て，人類と類人猿の違いを3つあげよ。

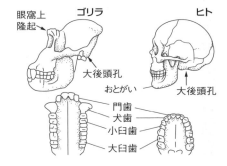

13　細胞の構造とはたらき

◉ 電子顕微鏡で観察した細胞の構造

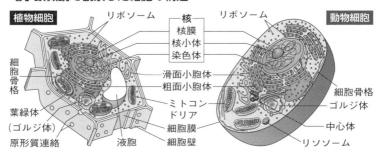

◉ 真核生物と原核生物

{ 真核生物…核膜で包まれた核をもつ真核細胞からなる。

原核生物…核膜のない原核細胞からなる。細菌とアーキア。
　　　↳*p.34*

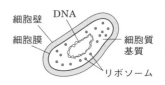

◉ 細胞小器官のつくりとはたらき

① **核**…核膜，染色体(遺伝子DNAを含む)，核小体からなる。

② **細胞膜**…リン脂質とタンパク質からなる。物質の出入りを調節。

③ **ミトコンドリア**…酸素を用いて**呼吸**を行い，**ATP**を合成。

④ **葉緑体**…光合成を行い，デンプンなどの有機物を合成。

⑤ **リボソーム**…RNAとタンパク質からなる。**タンパク質を合成**。

⑥ **小胞体**…1枚の膜からなる。タンパク質の輸送やさまざまな代謝。

⑦ **リソソーム**…1枚の膜からなる。加水分解酵素を含み，**細胞内消化**を行う。

⑧ **ゴルジ体**…扁平な袋が重なっており**物質の分泌**に関与。動物で発達。

⑨ **中心体**…細胞分裂時に，紡錘体の形成に関与する(微小管→*p.58*の起点)。動物と一部の植物に見られる。

⑩ **細胞壁**…セルロースを主成分とする。細胞の保護と形の保持。

⑪ **液胞**…内部には細胞液がある。老廃物の貯蔵と浸透圧の調節。

⑫ **細胞質基質(サイトゾル)**…細胞小器官の間を満たす液体。種々の酵素を含む。

基本問題 ·· 解答 ➡ 別冊 *p.16*

59 細胞内の構造と機能 ❰テスト必出❱

できたらチェック

右の図は，電子顕微鏡で見られる植物細胞の構造を模式的に示したものである。これについて，次の各問いに答えよ。

□ (1)　図中の**A**〜**G**の名称を答えよ。

□ (2)　下の①〜④の各文は次の**A**〜**D**のどれにあてはまるか。それぞれ記号で答えよ。

A リボソーム　　　**B** 小胞体

C リソソーム　　　**D** ゴルジ体

①　1枚の生体膜からなり，リボソームを付着したものと，していないものがある。

②　加水分解酵素を内部に含み，細胞内消化に関わる。

③　タンパク質とRNAで構成され，タンパク質合成に関わる。

④　1枚の生体膜からなる扁平な袋が重なったもので，物質の分泌に関わる。

□ (3)　次のア〜エの細胞小器官のうち，原核生物がもつものを記号で答えよ。

ア　リボソーム　　　イ　小胞体　　　　ウ　ミトコンドリア

エ　ゴルジ体

📖 **ガイド**　真核生物は生体膜からなる多くの細胞小器官をもつ。ただし，リボソームは膜構造をもたない。

60 細胞を構成する物質 ❰テスト必出❱

細胞を構成する物質に関する次の問い(1)，(2)に答えよ。

□ (1)　下の①〜④の各文は次の**A**〜**D**のどれにあてはまるか。記号で答えよ。

A 糖　　　**B** 脂質　　　**C** タンパク質　　　**D** 核酸

①　アミノ酸が多数結合してできた物質。さまざまな生命活動で重要なはたらきを担う。

②　エネルギー源として利用される物質で，細胞膜の構成成分としても重要である。

③　ヌクレオチドが多数結合してできた物質。

④　動物や植物でエネルギー貯蔵物質としての役割をもち，植物の細胞壁の主成分にもなっている。

□ (2)　水に関しての説明で正しいものを次のア～エから選び，記号で答えよ。

　　　ア　水は比熱が高く，温度変化をやわらげる。

　　　イ　水は電気的なかたよりのない無極性分子である。

　　　ウ　細胞内ではタンパク質に次いで2番目に多く含まれる成分である。

　　　エ　水は細胞膜を全く透過することができない。

61 細胞を構成する元素

　　細胞を構成する物質および元素に関する問い(1)，(2)に答えよ。

□ (1)　以下の物質を構成する元素をそれぞれ元素記号で答えよ。

　　　①　グルコース　　　②　脂質　　　③　タンパク質　　　④　DNA

□ (2)　動物体内におけるFeの説明としてあてはまるものを次のア～エから選び，記号で答えよ。

　　　ア　骨のおもな構成成分である。

　　　イ　ヘモグロビンに含まれ，酸素の運搬に関わる。

　　　ウ　細胞内では陰イオンの形で存在する。

　　　エ　神経の興奮で重要な役割をもつ。

62 細胞を構成する物質

　　右下のグラフは，細菌の細胞を構成する物質の割合である。これについて，以下の各問いに答えよ。

□ (1)　A，Bにあてはまるものは何か答えよ。

□ (2)　Cは細胞膜の構成成分として重要な物質であるが，何か答えよ。

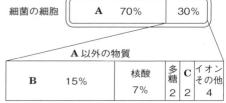

□ (3)　動物細胞と植物細胞について構成する物質を比較すると，大きな違いが見られる。その説明として正しい文を次のア～エから選び，記号で答えよ。

　　　ア　植物細胞には細胞壁があるため，動物細胞にくらべてタンパク質が多い。

　　　イ　植物細胞には細胞壁があるため，動物細胞にくらべて多糖が多い。

　　　ウ　植物細胞には葉緑体があるため，動物細胞にくらべてタンパク質が多い。

　　　エ　植物細胞には葉緑体があるため，動物細胞にくらべて多糖が多い。

応用問題 ••• 解答 ➡ 別冊*p.17*

63 細胞小器官のつながりについて次の文を読み，各問いに答えよ。

　タンパク質は，真核生物では①（　　）内の遺伝物質である②（　　）の塩基配列を転写した③（　　）の遺伝情報（遺伝暗号）にもとづき，核のまわりに広がる細胞小器官の④（　　）に付着した⑤（　　）で合成される。合成されたタンパク質は，④を経由して，⑥（　　）へと運ばれる。ここでさまざまな修飾を受けた後，細胞外に分泌される。

（できたらチェック。）

☐ (1)　文中の空所に適する細胞小器官または物質名を答えよ。

☐ (2)　下線部について，タンパク質が運ばれるしくみを右の図1，2に描き込んで示せ。タンパク質は▲で表すこととし，図1には⑤でつくられたタンパク質が④を出るしくみ，図2は④を出たタンパク質が⑥に入るしくみを描くこと。

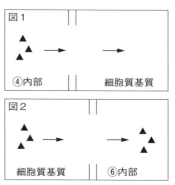

64 **◀差がつく**　原核細胞と真核細胞には，核膜の有無だけではなくさまざまな違いがある一方で，祖先を共有することからさまざまな共通性も見られる。次の各問いに答えよ。

☐ (1)　以下の①〜③の観点について，原核細胞と真核細胞の共通点を説明せよ。

　　① 遺伝情報を保持する物質

　　② タンパク質合成の流れ（セントラルドグマ）

　　③ 「エネルギーの通貨」と呼ばれる物質

☐ (2)　真核細胞と原核細胞に関する説明として正しいものを次のア〜エから選び，記号で答えよ。

　　ア　どちらも細胞内に生体膜でできた細胞小器官をもつ。

　　イ　原核細胞には細胞壁をもつものはない。

　　ウ　細胞の大きさはどちらもほとんど変わらない。

　　エ　どちらもリボソームをもち，タンパク質合成を行う。

14 細胞膜のはたらき①

◉ **細胞膜の構造**…リン脂質の二重層の中に**タンパク質**が存在している(**流動モザイクモデル**)。
　　　　　　　　　　　　　　各分子は膜の中を移動できる。

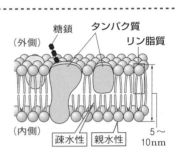

糖鎖　タンパク質
(外側)　　　　　リン脂質

(内側)　疎水性　親水性　5〜10nm

◉ **細胞膜の選択的透過性**…細胞膜が特定の物質を選択的に透過させる性質。

◉ **受動輸送**…濃度勾配に従った，**拡散**による物質の移動。

◉ **能動輸送**…ATPのエネルギーを用いて濃度勾配にさからって物質を移動させるはたらき。

◉ **輸送タンパク質**…細胞膜を介した物質輸送に関わるタンパク質

① **チャネル**…イオンなどを**受動輸送**で通す。例 カリウムチャネル

▶**アクアポリン**…水を通すためのチャネル。

② **ポンプ**…イオンなどを**能動輸送**する(エネルギーが必要)。

③ **担体(輸送体)**…比較的低分子のアミノ酸や糖などを運搬。
　　　　　　　↑キャリアーとも呼ばれる。

◉ **浸透と浸透圧**

　{ **浸透**…**半透膜**を通して，小さい分子(溶媒；水)が移動する現象。
　{ **浸透圧**…浸透を起こさせる力。

➡① 浸透圧は濃度が高い溶液ほど高い。

② 水は，浸透圧の低い溶液(薄い)から高い溶液(濃い)へと移動する。

◉ **細胞の浸透現象**

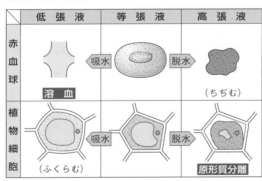

	低 張 液	等 張 液	高 張 液
赤血球	吸水　溶 血	脱水	(ちぢむ)
植物細胞	吸水　(ふくらむ)	脱水	原形質分離

● **低張液**…細胞内部よりも浸透圧が低い溶液。

● **等張液**…細胞内部と浸透圧が等しい溶液。

● **高張液**…細胞内部よりも浸透圧が高い溶液。

基本問題 ••• 解答 ➡ 別冊*p.17*

65 細胞膜の構造とはたらき ◀テスト必出

右の図は，細胞膜の構造を模式的に示したものである。これについて，次の各問いに答えよ。

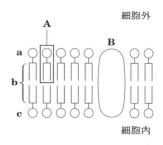

- □ (1) 図中の**A**，**B**の物質の名称を答えよ。
- □ (2) 図中の**a**，**b**，**c**について，それぞれ親水性か疎水性か答えよ。
- □ (3) 糖鎖をつけて細胞の標識となるものは**A**，**B**のどちらか。
- □ (4) 細胞膜は**A**の二重層の中に**B**が存在し，**A**も**B**も互いに膜内を比較的自由に移動できるような構造をしている。このような構造を何というか。

📖 ガイド (1)**A**は脂質の一種。
(4)**A**と**B**はそれぞれ膜の中で流動的に動くことができる。

66 細胞膜の性質 ◀テスト必出

次の文の（　）内に適する語を記せ。

- □ (1) 半透膜を隔てて，濃度の異なる水溶液が接しているとき，水が膜を通って移動する現象を①（　　　）といい，水分子が移動する方向は，溶液の濃度の②（　　）ほうから③（　　　）ほうへである。このときの，水が移動する力のことを④（　　　）という。④は，溶液の濃度の差が大きいほど⑤（　　）。
- □ (2) 細胞膜は，小さな分子は通すが，大きな分子は通さない⑥（　　）という性質がある。しかし，細胞膜はセロハン膜のように完全な⑥は示さず，細胞の生理状態によって特定の物質のみを透過させる⑦（　　）という性質をもつ。⑦には，物質の移動にエネルギーを必要とする⑧（　　）と，エネルギーを必要とせず，物質が濃度の高いほうから低いほうへ移動する⑨（　　）とがある。
- □ (3) ⑧の例としては，赤血球でNa^+を血しょう中へくみ出し，K^+を細胞内へ取り入れることが知られており，この結果，赤血球中には⑩（　　）が多く存在している。

📖 ガイド (1)水の浸透方向は，低濃度側→高濃度側である。
(2)特定の物質を透過させるはたらきには，エネルギーを必要とする能動輸送と必要としない受動輸送がある。

67 物質輸送とタンパク質　◀テスト必出

　生体膜における物質の輸送に関する各問いに答えよ。

□ (1)　膜を貫通し，開閉する管のようなタンパク質で，イオンなどの小さいが電荷をもった物質の受動輸送に関わるものを何というか。

□ (2)　(1)のうち，水分子の輸送に関わっているタンパク質の名称を答えよ。

□ (3)　イオンなどの能動輸送に関わるタンパク質を何というか。

□ (4)　(3)のうち，細胞内外のナトリウムイオンの濃度勾配を生み出しているタンパク質を何というか。

　📖ガイド　グルコースは細胞内に多いが，ナトリウムイオンは細胞外に多い。担体（輸送体）と呼ばれるタンパク質はこれら2種類の物質を輸送することができる。

68 細胞の浸透現象

　次の文を読んで，あとの問いに答えよ。

　タマネギのりん葉の表皮の小片を濃度の異なる3種類のスクロース水溶液①15％，②8.5％，③3.4％に入れ，5分後に光学顕微鏡で観察したところ，

ア　　　　　イ　　　　　ウ

各小片の細胞は濃度の違いによって模式図ア～ウのようになっていた。

　また，ヒトの血液を濃度の異なる食塩水0.9％，3％または蒸留水に入れ，すぐに光学顕微鏡で観察すると，0.9％食塩水中の赤血球には変化は見られなかったが，3％食塩水中の赤血球は収縮していた。蒸留水中の赤血球は膨張したのち，細胞膜がこわれて細胞内容物が流出した。

□ (1)　スクロース水溶液①～③で処理されたタマネギのりん葉の表皮細胞は，それぞれどのようになるか。模式図のア～ウより選べ。

□ (2)　植物の細胞がイのような状態になることを何というか。

□ (3)　下線部の現象を何というか。

□ (4)　タマネギのりん葉片を水に入れておき，顕微鏡で観察すると細胞の膨張が見られたが，赤血球を水に入れたときのような内容物の流出は見られなかった。その理由を簡単に示せ。

□ (5)　タマネギの細胞や赤血球に見られたこのような現象は，細胞膜のどのような性質によるものか。簡単に説明せよ。

□ (6)　3％食塩水のように，細胞よりも浸透圧が高い溶液のことを何というか。

　📖ガイド　細胞壁は，溶質も溶媒も通す全透膜である。

応用問題 •• 解答 ➡ 別冊 *p.18*

69 〈**差がつく**〉 右のグラフはある植物細胞を10％エチレングリコール溶液に
浸したときの細胞質の体積変化を表して
いる。物質にはその化学的性質によって
脂質二重層の膜を透過しやすいものと透
過しにくいものがある。これについて，
以下の問いに答えよ。

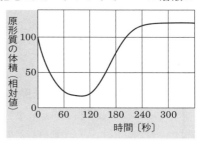

□(1) 脂質二重層に対する物質の透過性に
ついて述べた次のア〜ウのうち，誤っ
ているものを答えよ。

ア 酸素分子O_2は小さい分子なので透過しやすい。

イ ステロイドホルモンは脂質に溶けやすい物質なので透過しやすい。

ウ ナトリウムイオンNa^+は単原子イオンで小さいので透過しやすい。

□(2) 脂質二重層をほとんど透過しない物質も，必要に応じて細胞内に取り入れた
り，細胞外に分泌したりすることができる。これはなぜか説明せよ。

□(3) 次のア〜ウのうち，エネルギーを使って物質を輸送している例として誤って
いるものはどれか。すべて答えよ。

ア 植物の細胞を濃いスクロース溶液に浸すと，原形質分離が起こる。

イ ヒトの腎臓の細尿管では，グルコースの再吸収が起こる。

ウ 淡水で生活する魚(硬骨魚)は，えらから積極的に塩類を吸収する。

□(4) アフリカツメガエルの卵の細胞膜にはアクアポリンがない。アクアポリン遺
伝子を導入して細胞膜にアクアポリンをもつようにした卵を蒸留水に浸すと，
どのようなことが起こるか。正しいものを次のア〜ウから選べ。

ア 水が細胞内に流入し，やがて卵が破裂してしまう。

イ 水が細胞から流出し，卵の大きさが小さくなる。

ウ 特に変化は見られない。

□(5) グラフからエチレングリコールの細胞膜の透過性に関してわかることを説明
せよ。

📖 **ガイド** (1)電荷をもつ物質は脂質二重層の膜をほとんど透過しない。
(4)溶質が膜を透過せず水だけが出入りできるとき，内外の濃度が均一になる方向に
水が移動する。

15 細胞膜のはたらき②

● **エキソサイトーシス(開口分泌)**…細胞内に形成した小胞を細胞膜と融合させ，内部の物質を細胞外に分泌する。

エキソサイトーシス
細胞膜（細胞外）→分泌
（細胞内）
分泌小胞 →細胞膜と融合

● **エンドサイトーシス(飲食作用)**…物質を包み込むことで細胞膜から小胞を形成し，細胞内に取り込む。細菌などの大きなものを取り込む**食作用**と，小さな物質を取り込む**飲作用**がある。

エンドサイトーシス
小胞
（細胞内）

● **細胞接着**…タンパク質のはたらきにより，細胞どうしが接着している。

① **密着結合**…タンパク質により細胞が縫い合わされたように接着。細胞間(細胞間隙)にすき間ができず物質の通過を妨げる。

② **固定結合**…細胞どうしの結合にはたらく膜タンパク質が細胞内で細胞骨格と結合していて，組織の形態保持にはたらく。

  ┌ **接着結合**…カドヘリン（細胞間接着タンパク質）が細胞内部でアクチンフィラメントと結合している。
  └ **デスモソーム**…細胞どうしを強固に固定するボタンのような構造。

③ **ギャップ結合**…中空のタンパク質によって細胞がつながる。小さい分子やイオンが直接細胞質から細胞質へ移動できる。

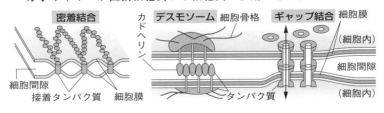
密着結合 **デスモソーム** 細胞骨格 **ギャップ結合** 細胞膜
カドヘリン （細胞内）
細胞間隙
接着タンパク質 細胞膜 タンパク質 細胞間隙
（細胞内）

● **カドヘリン**…細胞どうしを接着させる膜タンパク質。同じ種類のものどうしが結合するため，細胞の識別にもはたらく。

  ▶ **インテグリン**…細胞外基質に対して錨のようにはたらくタンパク質。

● **原形質連絡**…植物細胞で，隣り合う細胞どうしの細胞壁を貫通してできる細胞質のつながり。

基本問題 ●●●●●●●●●●●●●●●●●●●●●●●●●●●●●●●●●● 解答 ➡ 別冊*p.19*

70 細胞膜と物質輸送 ◀ テスト必出

できたらチェック○

細胞は，膜タンパク質を使った物質輸送だけでなく，小胞を使った物質輸送も
行っている。これについて，以下の問いに答えよ。

□ (1) 細胞膜を透過できない大きな物質を小胞を用いて細胞内に取り込むはたらき
　　　を何というか。

□ (2) (1)のような作用をもつのは赤血球，白血球，血小板のうちどれか。

□ (3) (1)とは逆に，細胞内の小胞から物質を細胞外へ分泌するはたらきを何という
　　　か。

□ (4) (3)によって分泌される物質として適切でないものを選び記号で答えよ。
　　　ア　ホルモン　　イ　神経伝達物質　　ウ　消化酵素　　エ　グルコース

71 細胞間結合

□ 細胞間結合に関する次の文の空欄にあてはまる語句を答えよ。

多細胞生物の組織を構成する細胞は，さまざまな種類の細胞間結合により接着
している。①(　　　)結合は特殊なタンパク質による細胞間結合で，細胞の間(細
胞間隙)を物質が移動するのを防ぐはたらきもある。固定結合は②(　　　)という
タンパク質で細胞どうしが接着しており，接着結合と呼ばれる結合や③(　　　)と
いうボタン状の構造による結合があり，いずれも②などのタンパク質が細胞内部
で④(　　　)とつながり，細胞の形態を支えている。⑤(　　　)結合は中空のタンパ
ク質で隣接する細胞の細胞質どうしを直接連結しているが，これは，植物細胞の
⑥(　　　)と同様のしくみといえる。

応用問題 ●●●●●●●●●●●●●●●●●●●●●●●●●●●●●●●● 解答 ➡ 別冊*p.19*

できたらチェック○

72 ◀ 差がつく 細胞間結合に関する次の問い(1)，(2)に答えよ。

□ (1) カドヘリンにはさまざまな種類があり同じものどうしが結合するが，そのこ
　　　とが細胞間結合においてどのような重要な意味があるか答えよ。

□ (2) ギャップ結合が細胞間の情報伝達においてどのような役割を果たしているか
　　　説明せよ。

📖 ガイド　ギャップ結合では，隣り合う細胞の細胞質がつながっているので小さい分子は自由
　　　　　に移動できる。

16 タンパク質の構造とはたらき

- **タンパク質**…アミノ酸がペプチド結合で鎖状につながった高分子。

- **アミノ酸**…炭素原子(C)に**アミノ基**(-NH₂)と**カルボキシ基**(-COOH)が結合した分子。**R**(側鎖)の部分の違いで異なるアミノ酸になり、タンパク質を構成するアミノ酸は**20種類**。例 Rが水素(H)の場合は**グリシン**

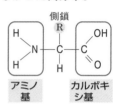

- **ペプチド結合**…隣り合うアミノ酸での、アミノ基とカルボキシ基間の脱水結合。多数のアミノ酸がつながったものを**ポリペプチド**という。

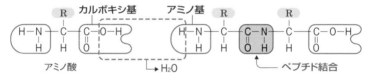

- **タンパク質の分子構造**

① **一次構造**…アミノ酸配列(アミノ酸の並び順)。

② **二次構造**…ポリペプチドがつくる立体構造。α**ヘリックス**(らせん構造)と β**シート**(ジグザグ構造)。

③ **三次構造**…二次構造を含んだポリペプチド全体の立体構造。

④ **四次構造**…複数のポリペプチドが組み合わさった立体構造。

一 次 構 造	二 次 構 造	三 次 構 造	四 次 構 造
アミノ酸の種類と配列順序	ポリペプチドの部分的な立体構造	ポリペプチド全体の立体構造	2個以上の三次構造による立体構造
	αヘリックス(らせん状) βシート(ジグザグ状)		

- **タンパク質の特徴**…熱や酸・アルカリによって分子の立体構造が変化(**変性**)すると、そのはたらきを失う(**失活**)。

- **タンパク質のはたらき**…①酵素 ②物質輸送 ③情報伝達と受容体 ④筋収縮(→*p.121*) ⑤生体防御(免疫グロブリン)

基本問題 .... 解答 ➡ 別冊 *p.20*

73 タンパク質 ◀テスト必出

次の文はタンパク質の構造について述べたものである。

　タンパク質は，①（　　　）種類のアミノ酸が②（　　　）結合によってつながってできたポリペプチドが特定の立体構造をつくる高分子である。構成単位となるアミノ酸は窒素原子を含む③（　　　）基と炭素を含む④（　　　）基をもつ。

　ポリペプチドでの⑤（　　　）の配列をタンパク質の一次構造と呼ぶ。ポリペプチドのらせんや，ジグザグ構造を二次構造という。ポリペプチドが折り畳まれて，特定の形になったものを三次構造という。複数のポリペプチドが組み合わさって構成されるタンパク質分子の構造を⑥（　　　）構造という。

☑ (1)　①～⑥の空欄に，最も適切な語句を記せ。

☑ (2)　タンパク質の性質と分子構造について，誤りの文を1つ選べ。

　ア　タンパク質は熱によって変性しやすいが，酸，アルカリでは変性しにくい。

　イ　タンパク質は，アミノ酸が鎖状につながった高分子である。

　ウ　タンパク質は20種類あるアミノ酸によって構成される。

　エ　タンパク質のアミノ酸配列は，遺伝子によって決まっている。

応用問題 .... 解答 ➡ 別冊 *p.20*

74 ◀差がつく　タンパク質は右の図のような分子の基本構造をもつ20種類のアミノ酸が鎖状につながってでき，この並びによってタンパク質の立体構造や性質が決まる。

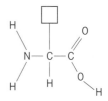

☑ (1)　右の図中のアミノ基とカルボキシ基を丸で囲め。

☑ (2)　右の図を使って，ペプチド結合を図示せよ。

☑ (3)　5つのアミノ酸が結合したポリペプチドは，何通りの組み合わせがあるか。

75 次のA～Eのうち，タンパク質の性質とはたらきについて正しい文はどれか。

A　タンパク質の熱変性は，タンパク質を構成するアミノ酸が分解されて起こる。

B　酸やアルカリによってタンパク質が変性するのは，タンパク質を構成するアミノ酸の配列が変化するからである。

C　生体で化学反応を触媒する酵素の主成分はタンパク質である。

D　タンパク質のうち，アクチンやミオシンは筋収縮で受容体としてはたらく。

E　免疫ではたらく抗体はタンパク質で，細菌を殺す酵素としてはたらく。

17 酵素

- **酵素**…生体内の化学反応を促進する触媒(**生体触媒**)。おもに**タンパク質**からなる。はたらくための**最適温度**や**最適pH**がある。

- **基質特異性**…酵素が反応を促進する物質(**基質**)は，その酵素の活性部位と立体構造が合致した特定の物質だけである。

- **補助因子**…酵素には主体となる**タンパク質**のほかに，タンパク質以外の物質(補助因子＝**補酵素**，**金属**)が必要なものもある。

- **補酵素**…補助因子の1つで**比較的低分子の有機物**。透析によって分離することができ，一般に**熱に強い**。

  [例] 呼吸の脱水素反応での補酵素：NAD$^+$

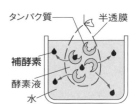

- **酵素反応の速度**…反応速度は酵素濃度や基質濃度によって変わる。

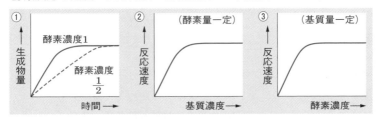

  ① 生成物の**最大量は基質量で決まる**。酵素濃度が高いほど反応速度が**大きくなり**，グラフの傾きが大きくなる。

  ②，③ 基質濃度も酵素濃度も，高いほうが反応速度が増大するが，一方が他方に対して**過剰**になると，反応速度は増大しなくなる。

- **競争的阻害**…基質と似た物質が活性部位に結合すると，触媒作用が阻害される。基質濃度が高いと影響は小さい。

- **アロステリック酵素**…活性部位とは異なる部位で基質以外の物質と結合し，はたらきが変化する酵素。
  └ アロステリック部位という。

- **フィードバック調節**…一連の反応の最終産物が初期の反応の酵素活性を変化させて反応全体の調節にはたらく。

基本問題 ·· 解答 ➡ 別冊 *p.20*

できたら
チェック。

76 酵素のはたらく条件 ◀テスト必出

□　次の文の空欄に，最も適切な語句を記せ。

　　酵素は①（　　　）を主成分とする生体触媒である。反応の活性化エネルギーを②（　　　）ので，生体でのさまざまな化学反応が速やかに行われる。酵素の分子の立体構造によって特定の基質のみに作用する③（　　　）性が見られる。また，温度に対しては，反応速度が最も高くなる④（　　　）がある。④をこえると酵素の活性が下がり反応速度が小さくなる。さらに高温になり，酵素のはたらきが失われるのは①の熱⑤（　　　）によるもので，これを⑥（　　　）という。反応速度が最大となるpH条件を⑦（　　　）といい，胃ではたらく消化酵素の⑧（　　　）が最もよくはたらく条件はpH2程度の強酸性である。

77 酵素と補酵素

□　酵素のタンパク質成分と補酵素を透析によって分離し，それぞれを次のような組み合わせで混ぜ合わせたときに酵素の活性はどのようになるか。

(1)　非加熱タンパク質と非加熱補酵素　　(2)　非加熱タンパク質と加熱補酵素

(3)　加熱タンパク質と非加熱補酵素　　　(4)　加熱タンパク質と加熱補酵素

📖ガイド　補酵素は一般的に熱に強いが，タンパク質成分は熱に弱い。

78 酵素の反応速度と外的条件
　　次の各問いに答えよ。

□(1)　図1は，温度と酵素濃度を一定にして，基質濃度を変化させたときの反応速度の変化を示している。①〜⑤から，最も適しているものを選べ。

□(2)　基質と酵素濃度を一定にして，温度を10℃から50℃まで変化させると，反応速度はどうなるか。図示せよ。

□(3)　ペプシンとアミラーゼをいろいろなpHのもとではたらかせると，反応速度の変化はそれぞれ図2のどれになるか。

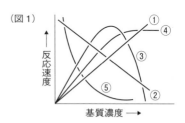

（図1）

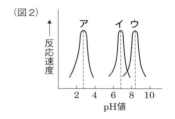

（図2）

79 酵素反応の速度 ◀テスト必出

□ 次の文の空欄に入る最も適切な文はそれぞれア, イのどちらか。

酵素反応の反応速度は, 酵素と基質の濃度によって決まる。基質濃度にくらべて酵素濃度が低い場合には, 酵素濃度の変化に対して①(　　)が, 基質濃度に対して酵素濃度が十分に高い場合には酵素濃度の変化に対して②(　　)。逆に酵素濃度に対して基質濃度が低い場合には, 基質濃度の変化に対して③(　　)が, 酵素濃度に対して基質濃度が十分に高い場合には基質濃度の変化に対して④(　　)。

ア 反応速度が変化する　　イ 反応速度は変化しない

80 アロステリック酵素

□ 酵素反応の調節について正しい文は次のうちどれか。

ア 補酵素と結合して活性をもつ酵素タンパク質を, アロステリック酵素という。

イ アロステリック酵素のはたらきを調節する物質は, 活性部位に結合して基質との結合を阻害する。

ウ アロステリック酵素では, 酵素の活性部位とは異なる部位に基質が結合することで, 酵素の反応速度が抑制される。

エ アロステリック酵素は, その酵素がはたらく一連の反応系の最終産物と結合して活性に影響を受ける場合がよくある。

81 酵素の種類

□ 酵素はそのはたらきによって, 次の(1)～(4)に分類できる。これらにあてはまるものを, 選択群A, Bのそれぞれからすべて選び, 記号で答えよ。

(1) 加水分解酵素　　　(2) 酸化還元酵素

(3) 脱炭酸酵素　　　　(4) 転移酵素

〔選択群A〕

ア 食物の消化にはたらく

イ 二酸化炭素を生じる反応にはたらく

ウ 水素が補酵素に渡される反応にはたらく

エ アミノ酸の合成にはたらく

〔選択群B〕

a. リパーゼ　　　　b. ペプシン　　　　c. カタラーゼ

d. アミラーゼ　　　e. ATP分解酵素　　f. トランスアミナーゼ

g. デカルボキシラーゼ　　h. デヒドロゲナーゼ

応用問題 •••••••••••••••••••••••••••••••••• 解答 ➡ 別冊*p.22*

82 ❮差がつく❯ 酵素に関しての次の文の誤りを指摘して修正せよ。

☐ (1) 一定量の基質に対して酵素反応が終わった後に、酵素を追加すると再び反応が起こる。

☐ (2) 酵素反応では反応の活性化エネルギーが高まるために反応が速やかに起こる。

☐ (3) 酵素の最適pHはほぼ7で、酸性でもアルカリ性でも酵素の活性は低下する。

☐ (4) 最適温度よりも高い温度で酵素反応の速度が低下するのは、基質分子の立体構造が変化するためである。

☐ **83** 酵素と基質が酵素─基質複合体を形成して反応が起こる過程を、基質特異性を含めて、右の図を用いた模式図で説明せよ。

基質 　基質ではない物質

84 次の(1)～(3)の各条件について調べたグラフにあてはまるものを、あとの図から選べ。

☐ (1) ある基質濃度の場合を実線で、基質濃度2倍の場合を破線で描いた、酵素量が一定の場合の反応時間(横軸)に対する生成物量(縦軸)のグラフ。

☐ (2) ある酵素濃度の場合を実線で、酵素濃度2倍の場合を破線で描いた、基質量が一定の場合の、反応時間(横軸)に対する生成物量(縦軸)のグラフ。

☐ (3) 競争阻害の阻害物質がある場合を実線で、阻害がない場合を破線で描いた、基質濃度(横軸)に対する反応速度(縦軸)のグラフ。

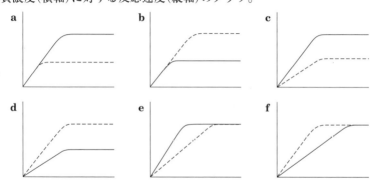

18 生命活動にはたらくタンパク質

◉ **細胞間の情報伝達**…情報伝達物質を細胞が**受容体**(タンパク質)で受け取ることで情報が伝達される。受容体には，伝達物質依存性イオンチャネルや酵素活性を変化させるものがある。

◉ **情報伝達の方法**

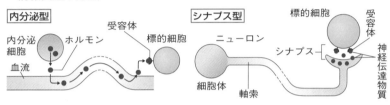

◉ **ホルモンと受容体**

　{ **ペプチドホルモン**…標的細胞の細胞膜にある受容体に結合。
　{ **ステロイドホルモン**…細胞膜を透過し細胞内の受容体に結合。

◉ **セカンドメッセンジャー**…情報伝達物質が細胞膜の受容体に結合した後，細胞内で情報を伝える物質。例 cAMP，Ca^{2+}

◉ **細胞骨格**…細胞の形態を維持したり，運動に関係する細胞内にある繊維状の構造物。**タンパク質**からなる。

　① **アクチンフィラメント**…アクチンからなる。**筋収縮や原形質流動，アメーバ運動，細胞質分裂**に関係。直径約7 nm。

アクチンフィラメント

アクチン

　② **微小管**…チューブリンが重合した細胞骨格。**鞭毛，繊毛**の運動や細胞内での**物質輸送**に関係。細胞分裂時の**紡錘糸**。直径約25 nm。

微小管

チューブリン

　③ **中間径フィラメント**…直径8～10 nm。細胞の形態保持。

◉ **モータータンパク質**…ATPを消費して運動するタンパク質。

　{ **ミオシン**…アクチンフィラメント上を移動する。
　{ **ダイニン，キネシン**…微小管上を一定方向に移動。

基本問題 •••••••••••••••••••••••••••••• 解答 ➡ 別冊 *p.23*

85 細胞間の情報伝達

細胞間の情報伝達について次の文を読み，各問いに答えよ。

多細胞生物では，細胞は情報伝達物質が①(　　　)に特異的に結合することで，他細胞から情報を受け取る。①は②(　　　)でできている。情報伝達物質には，内分泌腺で合成される③(　　　)や，神経細胞のシナプスで放出される④(　　　)などがある。

- □ (1)　文中の空欄にあてはまる語句を答えよ。
- □ (2)　下線部の具体的な物質名を2つ記せ。

86 細胞間の情報伝達

細胞間の情報伝達に関する以下の各問いに答えよ。

- □ (1)　情報伝達物質の受容体の説明としてあてはまるものを次のア～エからすべて選び，記号で答えよ。

　　ア　水溶性の物質は細胞膜を透過しにくいので細胞膜上の受容体に結合する。

　　イ　水溶性の物質は細胞膜を透過しやすいので細胞内の受容体に結合する。

　　ウ　脂溶性の物質は細胞膜を透過しにくいので細胞膜上の受容体に結合する。

　　エ　脂溶性の物質は細胞膜を透過しやすいので細胞内の受容体に結合する。

- □ (2)　情報伝達物質と受容体について正しいものを以下から選び，記号で答えよ。

　　ア　受容体は立体構造の合う特定の物質と結合する。

　　イ　すべての受容体はイオンチャネルとしてのはたらきをもつ。

　　ウ　ホルモンにはタンパク質でできているものはない。

　　エ　神経細胞のシナプスでは細胞どうしが直接つながっているので情報伝達物質を用いた情報伝達は行われない。

- □ (3)　情報伝達物質が受容体に結合したあとに起こることとして適切でないものを次のア～オより選び，記号で答えよ。

　　ア　セカンドメッセンジャーの産生

　　イ　特定の遺伝子の発現

　　ウ　特定のイオンの細胞への流入

　　エ　受容体の立体構造の変化

　　オ　受容体の分解

87 細胞骨格 ◀テスト必出

次の文を読み，以下の問いに答えよ。

細胞骨格は，3種類に大別できる。①(　　)を構成単位とする①フィラメント
は，直径が3種類のなかで最も細く，筋収縮などの生命現象に関わる。②(　　)
を構成単位とする③(　　)は，3種類のなかで最も太く，細胞内の物質輸送など
に関わる。④(　　)は直径が8～10 nmでさまざまな種類のものが存在し，細胞
に強度を与え，細胞や核の形態の保持に役立っている。

□ (1)　文中の空欄に入る適当な語句を次の語群から選び答えよ。

ダイニン　　ミオシン　　アクチン　　チューブリン　　微小管
中間径フィラメント　　インスリン　　アドレナリン　　キネシン

□ (2)　①フィラメントと③がともに関与する生命現象を答えよ。

□ (3)　③の上を移動するモータータンパク質の名称を(1)の語群から2つ選べ。

□ (4)　次の生命現象のなかでアクチンフィラメントが関わるものとして適切でない
ものを選び，記号で答えよ。

ア　原形質流動

イ　アメーバ運動

ウ　鞭毛運動

エ　細胞間の固定結合

□ (5)　①フィラメントと③の細胞内での
分布のようすを，①フィラメントを
実線，③を破線で図示せよ。

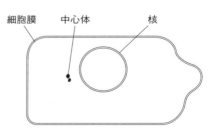
細胞膜　中心体　核

□ (6)　①フィラメントについての説明としてあてはまるものを次のなかから選び，
記号で答えよ。

ア　構成単位となるタンパク質が重合と脱重合をくり返している。

イ　安定した物質で，一度形成されると分解されることはない。

ウ　筋肉以外の細胞はアクチンフィラメントをもたない。

エ　モータータンパク質はこの細胞骨格のはたらきに関与しない。

📖*ガイド*　構成単位となるタンパク質どうしが結合し，細胞骨格を伸長させるのが重合。その
逆の現象が脱重合。

応用問題 ·································· 解答 ➡ 別冊 *p.24*

88　**◀差がつく**　食欲の低下を起こすレプチンというホルモンがある。このホルモンに関係する2種類の肥満マウスA，Bで以下のような実験を行った。以下の問いに答えよ。

実験1　正常マウスと肥満マウスAの血管をつなぎ，血液が循環するようにした。その結果，正常マウスには変化がなく，肥満マウスAは食欲が低下した。

実験2　正常マウスと肥満マウスBの血管をつなぎ，血液が循環するようにした。その結果，正常マウスは食欲が低下し餓死したが，肥満マウスBは肥満のまま変化が見られなかった。

肥満マウス　　正常マウス

□(1)　この実験からわかることとして適切なものを2つ選び，記号で答えよ。

　　ア　肥満マウスAはレプチンの分泌に異常がある。

　　イ　肥満マウスAはレプチン受容体に異常がある。

　　ウ　肥満マウスBはレプチンの分泌に異常がある。

　　エ　肥満マウスBはレプチン受容体に異常がある。

□(2)　肥満マウスAと肥満マウスBの血管をつなぎ，血液が循環するようにする実験を行うと，どのような結果になると考えられるか説明せよ。

89　アクチンフィラメントや微小管は構成単位となるタンパク質が重合と脱重合をくり返しているが，それらを薬剤によって阻害することができる。以下の問いに答えよ。

□(1)　アクチンの重合を阻害するサイトカラシンという薬剤で動物細胞を処理すると見られる現象を次のなかから選び，記号で答えよ。

　　ア　核分裂も細胞質分裂も正常に起こらない。

　　イ　核分裂は正常に起こるが，細胞質分裂が起こらない。

　　ウ　核分裂は起こらないが，細胞質分裂は正常に起こる。

　　エ　核分裂も細胞質分裂も正常に起こる。

□(2)　微小管の構成タンパク質であるチューブリンの重合を阻害するコルヒチンで細胞を処理すると，細胞分裂中の細胞にはどのような影響があるか説明せよ。

19 呼吸

○ **呼吸**…酸素を用いて有機物を分解したときに生じるエネルギーから ATP を合成する反応(**異化**)。

○ **呼吸の反応式**

$$C_6H_{12}O_6 + 6O_2 + 6H_2O \longrightarrow 6CO_2 + 12H_2O$$

○ **呼吸の過程**…解糖系→クエン酸回路→電子伝達系

① 解糖系(細胞質基質で行われる)

グルコース $\left.\right\}$ → $\left\{\begin{array}{l} 2 \text{ピルビン酸} \\ 2H^+ \\ 2NADH \end{array}\right.$
2 NAD$^+$

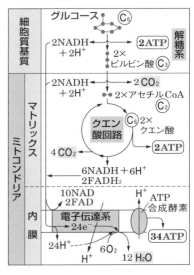

ATP 2分子が合成され，NAD$^+$ 2分子が還元される。

② **クエン酸回路**(ミトコンドリアのマトリックスで行われる)

2 ピルビン酸 + 6H$_2$O + 8 NAD$^+$ + 2 FAD $\longrightarrow$ 6CO$_2$ + 8 NADH + 8H$^+$ + 2 FADH$_2$

2 分子のピルビン酸が水と反応して二酸化炭素を生じる。**ATP 2分子**が合成され，NAD$^+$ 8分子と FAD 2分子が還元される。

③ 電子伝達系(ミトコンドリアの内膜)

$$10NADH + 10H^+ + 2FADH_2 + 6O_2 \longrightarrow 10NAD^+ + 2FAD + 12H_2O$$

解糖系とクエン酸回路で生じた NADH，H$^+$，FADH$_2$ が酸素と反応し，水を生じる。生じる **ATP は最大34分子**と非常に多い。

○ **酸化的リン酸化**…NADH や FADH$_2$ を酸化して受け取った電子のエネルギーを用いて電子伝達系で H$^+$ を内膜と外膜の間にくみ出し，H$^+$ が ATP 合成酵素を通ってマトリックスにもどる際に ATP 合成を行う。
└ 濃度勾配に従った受動輸送。
└ ADP をリン酸化する。

○ **呼吸商(RQ)** $= \dfrac{\text{排出された CO}_2\text{の体積}}{\text{吸収された O}_2\text{の体積}}$

| 炭水化物…1.0 |
| 脂肪…0.7 |
| タンパク質…0.8 |

右に示すように，消費される基質によって異なる。

基本問題 .... 解答 ➡ 別冊 *p.24*

90 呼吸の過程 ◀テスト必出

図はグルコースが呼吸によって分解される過程を示したものである。図を見て
以下の問いに答えよ(図のC_1〜C_6の数字は分子中の炭素数を示す)。

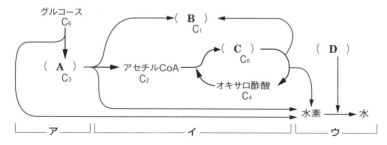

□ (1) 図の空欄A〜Dに入る物質名を記せ。

□ (2) ア〜ウの反応系の名称と，その反応系が行われる場所を記せ。

□ (3) ATPが最も多くつくられる過程はア〜ウのうちどれか。

□ (4) ①デヒドロゲナーゼ，②デカルボキシラーゼ，③プロトン(H^+)ポンプは，ア
〜ウの過程のどこではたらくか。それぞれ記号で答えよ。

□ (5) 呼吸の反応式を記せ。

📖 ガイド　呼吸の過程は，解糖系→クエン酸回路→電子伝達系。酸素は電子伝達系の最後に水
素と反応して水になる。

91 呼吸の反応

□　次の文の空欄に，最も適切な語句を記せ。

呼吸では，呼吸基質となる①(　　　)は細胞質基質で行われる解糖系で脱水素反
応を受けて2分子の②(　　　)となる。この過程でATPは2分子が使われ，③
(　　　)分子が生じるので，差し引き④(　　　)分子のATPが生じる。

ピルビン酸はミトコンドリアのマトリックスで行われるクエン酸回路の反応で，
水と反応しながら⑤(　　　)分子の二酸化炭素を生じる。この過程で⑥(　　　)分子
のATPが合成される。また脱水素反応で生じた水素はNADといった酵素反応に
必要な分子量の小さな有機物である⑦(　　　)やFADによってミトコンドリアの
内膜の電子伝達系に運ばれ，反応が起こる。

電子伝達系では解糖系とクエン酸回路で生じた水素が水素イオンと電子に分か
れて，電子が膜上のタンパク質群からなる系を受け渡しされる過程で多量の⑧
(　　　)が生じる。水素は最終的に⑨(　　　)と反応して⑩(　　　)が生じる。

92 呼吸商

呼吸に関する次の文を読み，問いに答えよ。

呼吸によって排出される二酸化炭素の量を吸収される酸素で割った値を呼吸商という。呼吸商は化学反応式から理論値を求めることができ，炭水化物の場合には①（　　），脂肪の場合には②（　　），タンパク質の場合には③（　　）程度の値になる。実測した値は，呼吸基質に何が使われているかを知るのに使うことができる。さまざまな生物（植物は発芽時）の呼吸商を測定したところ表のようになった。

生物	ウシ	ネコ	コムギ	トウゴマ
呼吸商	0.96	0.74	0.98	0.71

☐ (1) 文中の空欄①〜③に入る数値を記せ。

☐ (2) 表の結果から，おもな呼吸基質が脂肪のみであると考えられる生物はどれか。

☐ (3) ネコのおもな呼吸基質は何と考えられるか。

☐ (4) パルミチン酸の化学式は$C_{16}H_{32}O_2$である。呼吸商を小数第2位まで求めよ。

📖 **ガイド** (4)化学反応式を完成させて酸素と二酸化炭素の係数から呼吸商を求める。

応用問題 ●●●●●●●●●●●●●●●●●●●●●●●●●●●●●●●●●● 解答 ➡ 別冊*p.25*

93 〈**差がつく**〉 グルコースを呼吸基質とした呼吸で6.72 Lの二酸化炭素が排出された場合について以下の問いに答えよ。ただし，1 molのグルコースから呼吸によって生じるATP量は38 mol，原子量はH＝1，C＝12，O＝16，1 molの気体の体積は22.4 Lとする。

〔できたらチェック〕

☐ (1) 分解されたグルコースは何gか。　　☐ (2) 吸収された酸素は何gか。

☐ (3) 生成されたATPは何molか。

📖 **ガイド** グルコースの化学式$C_6H_{12}O_6$と1 molの質量180 gは覚えよう。化学反応式の係数より，1 molのグルコースから呼吸で6 molの二酸化炭素が生じることがわかる。

94 酵母を水に溶いたものを酵素液としてツンベルク管（図）を用いた実験を行った。実験内容を読み，以下の問いに答えよ。

ア ツンベルク管の主室に酵素液，副室にコハク酸ナトリウム水溶液とメチレンブルー水溶液を入れた。

イ 吸引ポンプでツンベルク管内の空気をできるだけ除いた後，ツンベルク管の副室を回転して閉じた。

ウ 副室の溶液を主室の酵素液と混合した。

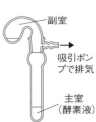
副室
吸引ポンプで排気
主室
（酵素液）

エ　混合した液は，はじめはメチレンブルーの色で青かったが，しだいに青色が
　　消えてもとの酵素液の色になった。

オ　ツンベルク管の副室を回転させて開き，内部に空気を入れ，混合液を攪拌す
　　ると混合液の色は再び青くなった。

- □ (1)　この実験で，コハク酸ナトリウムはどのような役割か。
- □ (2)　この実験は，どのようなはたらきをもつ酵素について調べるものか。
- □ (3)　この実験で調べた酵素は，細胞内のどこではたらく酵素か。
- □ (4)　エで，メチレンブルーの色が消える理由を記せ。
- □ (5)　オで，メチレンブルーの色が現れる理由を記せ。
- □ (6)　オの後に，再び空気を抜いて放置すると，混合液はどのようになるか。理由
　　　を含めて説明せよ。
- □ (7)　ツンベルク管を使わずにふつうの試験管でこの実験を行う場合にはどのよう
　　　な工夫が必要か。

　📖 **ガイド**　コハク酸はクエン酸回路の中間産物で，コハク酸脱水素酵素によって脱水素される。
　　　　この反応で生じる水素がメチレンブルーを還元すると，色が消えて無色になる。

95　**◀差がつく**　右の図に示すような実験装置
で，ダイズの発芽種子の呼吸量を測定する実験を
行った。実験内容を読み，以下の問いに答えよ。

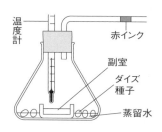

ア　三角フラスコ内に一定量の発芽ダイズ種子を
　　入れ，器内の体積変化がわかるように赤インク
　　を入れた細管をつないだ。

イ　実験**A**として，三角フラスコ内の副室に10%水酸化カリウム水溶液を入れた。

ウ　実験**B**として，三角フラスコ内の副室に**A**と同量の水を入れた。

エ　温度が一定の暗室に入れて，三角フラスコ内の体積変化を調べた。

- □ (1)　この実験を暗室で行う理由を記せ。
- □ (2)　この実験を一定の温度で行う理由を記せ。
- □ (3)　実験**A**での水酸化カリウム水溶液の役割を記せ。
- □ (4)　実験**A**での体積変化は何を示しているか。
- □ (5)　実験**B**での体積変化は何を示しているか。
- □ (6)　実験**A**での体積変化を**a**，実験**B**での体積変化を**b**としたときに，呼吸商は
　　　どのように表されるか。

　📖 **ガイド**　この実験では，呼吸によって出入りする酸素と二酸化炭素の体積を測る。強塩基の
　　　　水酸化カリウム水溶液は空気中の二酸化炭素を吸収する。

20 発酵・解糖

- **発酵**…酸素を用いずに有機物を分解しATPを合成する反応。
  ① **アルコール発酵**…酵母
  $$C_6H_{12}O_6 \longrightarrow 2C_2H_5OH(エタノール) + 2CO_2 + エネルギー$$
  ② **乳酸発酵**…乳酸菌
  $$C_6H_{12}O_6 \longrightarrow 2C_3H_6O_3(乳酸) + エネルギー$$

- **解糖**…呼吸に必要な酸素供給が間に合わないとき**筋肉**で起こる。乳酸発酵と同じ反応系。

- **解糖系**…発酵も呼吸も必ず解糖系を経る。

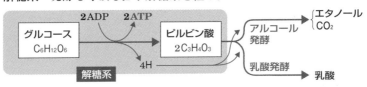

- **呼吸基質と生成物の量**…酵母は呼吸とアルコール発酵を両方できる。

	呼吸	発酵	同時に行った場合
消費するグルコース	1	1	1
消費する酸素 a	6	0	$0 < a < 6$
発生する二酸化炭素 b	6	2	$2 < b < 6$

基本問題 .... 解答 ➡ 別冊 *p.26*

96 発酵の過程 ◀テスト必出▶

発酵について示した下の図を見て，あとの問い(1)〜(3)に答えよ。

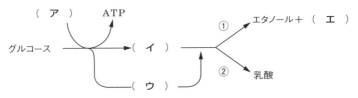

- □ (1) 図の空欄ア〜エに入る最も適切な語句を記せ。

- □ (2) 1分子のグルコースがピルビン酸になる過程で生じるATPは何分子か。

□ (3) ヒトの筋肉で酸素が不足した場合に起こる反応は，①・②のうちどちらか。また，その反応を何と呼ぶか。

📖 **ガイド** アルコール発酵と乳酸発酵はピルビン酸が生じる過程までは共通している。筋肉で起こる解糖は呼吸と異なり，二酸化炭素を出さず乳酸を生じる反応である。

97 アルコール発酵・乳酸発酵

次の文を読み，以下の問いに答えよ。

①(　　　)は，酸素を消費しない異化である。②(　　　)が行うアルコール発酵や③(　　　)菌が行う乳酸発酵の過程は，次のような順序で起こる。

ア　グルコースが④(　　　)に分解されて水素が生じる反応が起こる。

イ　④から，アルコール発酵ではエタノールと⑤(　　　)が生じる。乳酸発酵では乳酸が生じる。

□ (1) 文中の空欄に，最も適切な語句を記せ。

□ (2) ア，イのうち，ATPが生じるのはどの過程か。

□ (3) 脱水素反応が起こるのはア，イのうちどの過程か。

📖 **ガイド** ピルビン酸から生じたアセトアルデヒドは，解糖系で生じた水素を受け取り，エタノールに変わっていく。

応用問題 ⋯⋯⋯⋯⋯⋯⋯⋯⋯⋯⋯⋯⋯⋯⋯⋯⋯⋯⋯⋯⋯ 解答 ➡ 別冊*p.27*

98 **◀差がつく** 酵母では，呼吸のみが行われている場合には，吸収される酸素の体積と排出される二酸化炭素の体積は同じ体積であるのに対して，アルコール発酵のみが行われている場合には，酸素の吸収はなく，二酸化炭素のみが排出される。

酸素の吸収量が6.72 mLで二酸化炭素の排出量が11.2 mLである場合について，以下の問いに答えよ。ただし，1 molのグルコースから生じるATP量は呼吸で38 mol，アルコール発酵で2 mol，原子量はH＝1，C＝12，O＝16，1 molの気体の体積は22.4 Lとする。

□ (1) アルコール発酵によって消費されたグルコース量は何mgか。

□ (2) 呼吸によって消費されたグルコース量は何mgか。

□ (3) 呼吸で生じたATP量は，アルコール発酵で生じたATPの何倍になるか。

📖 **ガイド** 炭水化物を呼吸基質とした場合，呼吸では吸収した酸素と同量の二酸化炭素が排出される。二酸化炭素のほうが多い場合には，その差は発酵によるものである。

21 光合成のしくみ

▶ **炭酸同化**…$CO_2 \longrightarrow C_6H_{12}O_6$ 二酸化炭素から有機物をつくる反応。
利用するエネルギーの違いで光合成と化学合成(→*p.74*)に分けられる。

▶ **植物の光合成の反応**(細菌の光合成は→*p.74*)

$6CO_2 + 12H_2O + 光エネルギー \longrightarrow C_6H_{12}O_6 + 6O_2 + 6H_2O$

▶ **葉緑体の構造**…二重膜からなる。

{ チラコイド…膜構造
 ストロマ…液状成分

二重膜　グラナ
チラコイド　ストロマ

▶ **光合成色素(同化色素)**

① クロロフィル(**a**，**b**，**c**)

② カロテノイド(カロテン)，キサントフィル類

▶ **光合成の過程**

① **光エネルギーの吸収**…チラコイド膜上の光化学系ⅡとⅠにおいて光
エネルギーが反応中心に集められ，クロロフィルが電子を放出。

② **水の分解**…電子を放出した反応中心のクロロフィルは，水から電子
を得る。電子を失った水は酸素とH^+に分解される。

③ **電子の伝達**…電子が光化学系ⅡからⅠに伝達され最終的に$NADP^+$
まで伝わる。この過程でH^+をストロマからチラコイド内へ能動輸送。

　この反応系を電子伝達系という。

④ **ATPの生成(光リン酸化)**…H^+がチラコイドの内側からATP合成酵
素を通ってストロマ側にもどり，このときATPが合成される。

⑤ **カルビン回路**…チラコイド膜で合成されたATPとNADPHを用い

　カルビン・ベンソン回路ともいう。　　　　　　　　　　リブロースニリン酸
てCO₂から有機物を合成する。CO_2を取り込んでRuBPからPGAを
合成する際にルビスコ(RubisCO)という酵素が関わる。
ホスホグリセリン酸

{ ①～④はチラコイドで起こる。

$12H_2O + 光エネルギー \longrightarrow 6O_2 + 12H_2$

⑤はストロマで起こる。

$6CO_2 + 12H_2 + ATP \longrightarrow C_6H_{12}O_6 + 6H_2O$

▶ **光合成のしくみの研究**

① **ヒルの実験**…光照射で酸素が発生。CO₂不要，電子受容体必要。

② **カルビンの実験**…CO₂を固定する回路反応を解明。放射性の^{14}C使用。

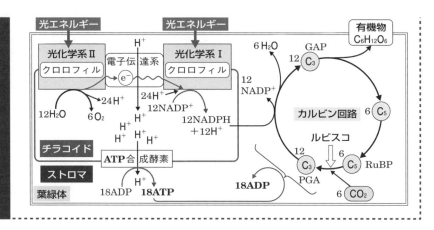

基本問題 •• 解答 ➡ 別冊 *p.28*

99 光合成の反応過程 ◀テスト必出

☐ 　次の文の空欄に最も適切な語句を次ページの語群から選んで答えよ。ただし，1つの語句は1つの番号にのみ使用すること。

　植物の光合成は，光エネルギーを利用した①（　　　）である。葉緑体の②（　　　）の部分に存在するクロロフィルなどの光合成色素が光エネルギーを吸収すると，③（　　　）で④（　　　）の分解が起こり，酸素（O_2）が発生する。このとき生じた電子が⑤（　　　）で受け渡されていく間に得られたエネルギーでATPが合成される。⑥（　　　）では③で生じた電子と水素イオン（H^+）が$NADP^+$と結合し，NADPHとなる。②で生じたATPとNADPHは，葉緑体の⑦（　　　）で起こるカルビン回路で⑧（　　　）の固定に使われ，グルコースなどが合成される。

〔語群〕　ストロマ　　　チラコイド　　　光化学系 I　　　光化学系 II
　　　　電子伝達系　　炭酸同化　　酸素　　二酸化炭素　　水　　異化

📖 **ガイド**　②光合成の過程の前半はクロロフィルが存在する葉緑体内部の膜構造上で起こる。

100 光合成の反応過程と葉緑体

　次の文を読み，あとの問いに答えよ。

　植物の光合成は葉緑体で行われる。光合成の反応系は次のア〜エのように，大きく4つの過程に分けられ，それらはチラコイドで行われる反応系とストロマで行われる反応系とに分けられる。

　　ア　光化学反応　　　　イ　水の分解
　　ウ　ATPの合成　　　　エ　カルビン回路

□ (1)　葉緑体の図を模式的に描き，チラコイド，グラナ，ストロマを示せ。

□ (2)　光合成全体の化学反応式を記せ。

□ (3)　ア〜エの過程のうち，チラコイドで行われるものを答えよ。

　📖 ガイド　チラコイドでは光の吸収，ストロマではカルビン回路。

101 光合成反応の解明

□　光合成の反応過程の解明に関与した①〜③の実験者について，その実験内容，解明されたことをそれぞれ選択肢より選べ。

　　①　ヒル　　　②　ベンソン　　　③　カルビン

〔実験内容〕ア　放射性同位元素で標識したCO_2を使って反応を追跡した。

イ　光とCO_2の条件をそれぞれ変えて，植物が光合成を行うか調べた。

ウ　CO_2がなく水素受容体がある条件で，葉緑体への光照射によって酸素が発生するかを調べた。

〔解明されたこと〕エ　光合成では，過程の初期に水の分解が起こる。

オ　光合成には，光を吸収する反応系と，CO_2を固定する反応系がある。

カ　CO_2からグルコースなどがつくられる反応系は回路状である。

102 葉緑体と光合成色素　◀ テスト必出

　次の文を読み，以下の問いに答えよ。

　植物では，葉緑体のチラコイドにあるクロロフィルなどの光合成色素が光を吸収することで光合成が行われる。そのため，クロロフィルaがよく吸収する波長の短い①(　　)色の光と，波長の長い②(　　)色の光において，光合成速度が③(　　)なる。

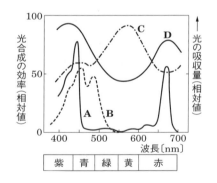

□ (1)　①〜③に適切な語句を入れよ。

□ (2)　下線部チラコイドが層状に重なった構造を何と呼ぶか。

□ (3)　A，Bのグラフは何という光合成色素の吸収量を示したものか。

□ (4)　光合成速度のグラフはC，Dのどちらか。

　📖 ガイド　光合成色素がよく吸収する光の波長と光合成がさかんに起こる波長はほぼ一致する。

103 光合成のしくみ

□ 図は，光合成の反応過程を模式的にまとめたものである。空欄に最も適する語句を語群から選べ。

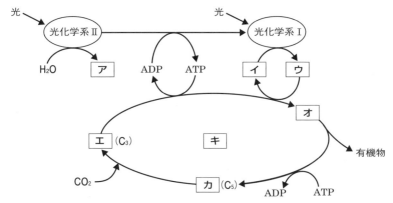

〔語群〕 クエン酸回路　　カルビン回路　　O_2　　H_2　　N_2
NADPH　　　$NADP^+$　　　PGA(ホスホグリセリン酸)
RuBP(リブロース二リン酸)　　GAP(グリセルアルデヒドリン酸)

104 光合成のATP合成のしくみ ◀テスト必出▶

右の図は，植物細胞に見られる細胞小器官の一部を拡大し模式的に示したものである。以下の問いに答えよ。

□ (1) 図中のア～エの名称として適するものを次の語群から選んで答えよ。

〔語群〕 光化学系　　ストロマ　　チラコイド
マトリックス　　グラナ　　細胞膜
ATP合成酵素,　　細胞質基質
タンパク質複合体

□ (2) 図中の矢印①～③を説明したものとして適するものを次の語群から選んで答えよ。

〔語群〕 電子(e^-)の移動　　H^+の移動　　　$NADP^+$の移動

□ (3) この細胞小器官が光エネルギーを用いてATPを合成することを何というか。

📖ガイド　チラコイド内腔にあるH^+が濃度勾配に従い**ATP合成酵素**を通ってストロマへ拡散することで**ADP**から**ATP**がつくられる。

105 光合成の計算

植物は，二酸化炭素(CO_2)と水(H_2O)を用いて，クロロフィルで吸収した光エネルギーを使い有機物($C_6H_{12}O_6$)を合成する光合成を行っている。このとき，同時に酸素(O_2)も排出される。原子量を，H＝1，C＝12，O＝16，気体 1 mol の体積を 22.4 L として次の問いに答えよ。

☐ (1) 11.2 L の CO_2 が吸収されたとき，O_2 は何 L 排出されるか。

☐ (2) 22 g の CO_2 が吸収されたとき，何 g のグルコースが生産されるか。

応用問題 ●● 解答 ➡ 別冊 *p.30*

106 ◀ 差がつく 植物に含まれる光合成色素を調べるために次のような実験を行った。文を読み，以下の問いに答えよ。

① チャの葉を乳鉢ですりつぶし，メタノールとアセトンの混合液（抽出液）を加えて色素を抽出した。

② 抽出液をガラスの細管を使ってろ紙の原点となる位置に広がらないようにして，十分な量を付着した。

③ 石油エーテル，アセトンなどの混合液（展開液）を底に入れた展開槽で，ろ紙の下端が液に浸るようにつり下げ，静かに置いた。

④ 一定の位置まで展開液がろ紙をしみ上がったところでろ紙を取り出し，展開液のしみ上がった位置（溶媒前線）と分離した色素の位置に印をつけた。

⑤ 溶媒がしみ上がった距離に対する各色素の移動度（Rf値）を計算によって求めた。（キサントフィルは複数あるうちのひとつを示した）

色素名	色	Rf値
カロテン	橙黄色	0.95
キサントフィル	黄色	0.69
クロロフィルa	緑色	0.39
クロロフィルb	黄緑色	0.22

できたらチェック✓

☐ (1) このような色素の分離方法を何というか。

☐ (2) ①では，葉に含まれるアントシアニンなどの赤い色素は抽出液に溶け出さなかった。その理由を記せ。

☐ (3) ⑤のRf値を求める式を書け。

☐ (4) 溶媒前線とほとんど同じ位置まで移動した色素はどれか。

📖 ガイド (2)この方法では，物質によって移動のしやすさ（Rf値で示される）が異なることを利用して光合成色素を分離する。抽出溶媒に溶け出さない色素は，分析できない。

107 次の文を読み，以下の問いに答えよ。

植物は，直前に二酸化炭素のない状態で光を照射した後には，暗黒中でも一定量の二酸化炭素の吸収を行う（図）。このことから，光合成では光の関係する反応系と，直接には光を必要としない反応系があることが明らかになった。

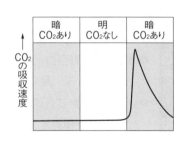

□（1）光合成の反応で光を必要とする反応系と，直接は必要としない反応系はどちらが先に起こると考えられるか。

□（2）暗黒中での二酸化炭素の吸収が持続しないで，一定量で止まる理由は何か。

📖 ガイド　カルビン回路では，光化学反応系で生じた化学物質を使って二酸化炭素の固定が行われる。

108 ◀差がつく　光合成に関する以下の実験についての文を読み，問いに答えよ。

A. 植物の葉の細胞から取り出した葉緑体を含む抽出物に光を当てたとき，シュウ酸鉄（Ⅲ）が存在すると酸素が発生するが，シュウ酸鉄（Ⅲ）が存在しない場合には酸素は発生しない。また，二酸化炭素が存在しなくても酸素の発生は起こる。

B. ルーベンは，酸素の同位体 ^{18}O からなる $H_2{}^{18}O$ と $C^{18}O_2$ を用いてクロレラに光合成を行わせる実験を行い，$H_2{}^{18}O$ と $C^{16}O_2$ の条件では $^{18}O_2$ が，$H_2{}^{16}O$ と $C^{18}O_2$ の条件では $^{16}O_2$ が発生したと発表した。

□（1）**A**の反応は発見者にちなんだ名前がつけられている。何というか。

□（2）シュウ酸鉄（Ⅲ）は，**A**の反応でどのような役割をしているか。

□（3）**B**の結果から，発生した酸素はどの物質に由来すると考えられるか。

C. クロレラなどに放射性の炭素 ^{14}C からなる $^{14}CO_2$ を与えて光合成を行わせ，時間の経過とともにその一部を取り出して調べたところ，^{14}C を含む物質として最初にPGA（ホスホグリセリン酸）が検出された。

□（4）**C**の実験を行った科学者の名を答えよ。

□（5）生成物の種類を知るため何という手法で物質を分離したか。

□（6）この実験を進めた結果，解明されたことがらを答えよ。

📖 ガイド　(2)水中でクロロフィルに光を当てると水の分解が起こるが，分解によって生じた電子を受け取る物質がなければ，酸素は発生せず，この光化学反応自体も進まない。
(6)この実験を進めていけば，取り込まれたCO_2の炭素がどの物質に移っていくか反応系の過程がわかる。

22 細菌の炭酸同化

- **細菌の炭酸同化**…光合成のほか，酸化反応を行って生じた化学エネルギーを用いて二酸化炭素から炭水化物を合成する**化学合成**がある。
- **光合成細菌**（紅色硫黄細菌，緑色硫黄細菌）…光合成色素は**バクテリオクロロフィル**。水素源は**硫化水素**（H_2S）→酸素は発生せず，**硫黄が蓄積**。
  $$6CO_2 + 12H_2S + 光エネルギー \longrightarrow C_6H_{12}O_6 + 12S + 6H_2O$$
- **化学合成細菌**…光化学反応系（→*p.68*）はないので，**酸素は発生しない**。
  - ① **亜硝酸菌**：アンモニア→亜硝酸 ⎫
  - ② **硝酸菌**　：亜硝酸→硝酸　　　⎬ 生じたエネルギーを用いて
  - ③ **硫黄細菌**：硫化水素→硫黄　　⎪ **水素＋二酸化炭素──→有機物**
  - ④ **鉄細菌**　：硫酸鉄（Ⅱ）→硫酸鉄（Ⅲ）⎭

基本問題 ………………………………………………… 解答 ⇒ 別冊*p.30*

109 細菌と陸上植物の炭酸同化　◀テスト必出

□　細菌と陸上植物の炭酸同化についてまとめた表の空欄に適切な語句を記せ。ただし，該当するものがない場合には「なし」と答えよ。

生　物	同化に用いるエネルギー	酸素の発生	同化に関わる色素
陸上植物	光エネルギー	あり	クロロフィルaなど
光合成細菌*	①	②	③
化学合成細菌	④	⑤	⑥

＊シアノバクテリアを除く。

📖ガイド　光エネルギーを用いる炭酸同化が光合成で，酸素は水素源として水を用いるときに発生する。光を用いない炭酸同化には色素は関与しない。

110 細菌の光合成　◀テスト必出

細菌の光合成に関する以下の問いに答えよ。

細菌のなかには，光合成色素としてクロロフィルaの代わりに①（　　）をもち，水素源として②（　　）を使って有機物を生成する③（　　）や④（　　）がいる。これらの生物が光合成をした結果⑤（　　）が発生する。また，細菌には⑥（　　）をもち，緑色植物と同様の光合成を行う⑦（　　）などもいる。

□ (1) 文中の空欄に，最も適する語句を答えよ。

□ (2) 次の化学反応式は，③や④の生物が行う光合成を示したものである。空欄ア・イに適切な化学式を入れ，反応式を完成させよ。

$$6CO_2 + (\quad ア \quad) + 光エネルギー \longrightarrow C_6H_{12}O_6 + (\quad イ \quad) + 6H_2O$$

📖 **ガイド** シアノバクテリアは細菌（バクテリア）と分ける場合もあるが，ここでは細菌の一部として考える。

111 化学合成

細菌の化学合成に関する以下の問いに答えよ。

ある細菌は光合成をして有機物を合成する生物とは異なり，①(　　)を使わずに，無機物を②(　　)した際に生じる③(　　)を用いて有機物を合成し，独立栄養生活をしているものがいる。この細菌は化学合成細菌といい，土中に生息し植物の炭酸同化にも関わる硝化菌や，硫黄細菌などがいる。

□ (1) 文中の空欄に，最も適する語句を答えよ。

□ (2) 化学合成細菌の行う化学反応を以下の表にまとめた。空欄に，最も適する語句を答えよ。

化学合成細菌	生息域	化学反応式
（ ア ）	土中	$2(\ イ\ ) + 3O_2 \longrightarrow 2HNO_2 + 2H_2O + エネルギー$
硝酸菌	（ ウ ）	$2HNO_2 + O_2 \longrightarrow 2(\ エ\ ) + エネルギー$
硫黄細菌	水中	$2(\ オ\ ) + O_2 \longrightarrow 2H_2O + 2S + エネルギー$ $2S + 3O_2 + 2H_2O \longrightarrow 2H_2SO_4 + エネルギー$
（ カ ）	水中	$4FeSO_4 + O_2 + 2H_2SO_4 \longrightarrow 2Fe_2(SO_4)_3 + 2H_2O + エネルギー$

応用問題 ⋯⋯⋯⋯⋯⋯⋯⋯⋯⋯⋯⋯ 解答 ➡ 別冊 *p.31*

112 炭酸同化に関する次の文を読み，以下の問いに答えよ。

炭素は炭酸同化によって，生物体内の有機物と生物体外の無機物の間を循環している。植物は光合成を行い無機物である①(　　)と②(　　)からグルコースなどの有機物を合成するが，光合成細菌は，②の代わりに③(　　)から④(　　)を得るため，⑤(　　)が発生せず⑥(　　)が沈殿する。炭酸同化には光合成のほかに⑦(　　)があり，⑥を発生する⑧(　　)細菌や硫酸鉄(Ⅱ)を⑨(　　)させた際に得られるエネルギーを利用する鉄細菌などがある。

できたらチェック。

□ (1) 文中の空欄に，最も適切な語句を記せ。

□ (2) 下線部で，光合成細菌の例を2つあげよ。

23 DNAの構造と複製

○ **DNAとRNA**

	糖	構成塩基	分子鎖	存在場所
DNA	デオキシリボース	G・C・A・T	2本鎖	核(染色体)，ミトコンドリア，葉緑体
RNA	リボース	G・C・A・U	1本鎖	核小体，リボソーム，細胞質

○ **DNAの二重らせん構造**…DNAは2本のヌクレオチド鎖が塩基(**A**と**T**，**G**と**C**)どうしの相補的な水素結合によって二重鎖となり，らせん構造をとる。1953年に**ワトソン**と**クリック**が構造を解明。

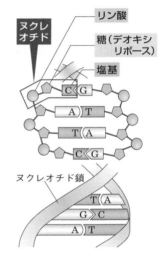

○ **DNAの複製**…2本鎖の片方ずつが鋳型となって複製。**半保存的複製**という。
① DNAの向かい合う2本鎖が離れる。
② それぞれの鎖に対して相補的な塩基をもつヌクレオチドが結合していく。
③ 隣り合うヌクレオチドどうしが結合し，新しい鎖ができる。

○ **半保存的複製の証明**…**メセルソン**と**スタール**の実験(1958年)。
^{15}Nを含む培地で重いDNAをもつ大腸菌をつくり，^{14}Nだけを含む培地に移して世代ごとの大腸菌のDNAの比重の違いから証明。

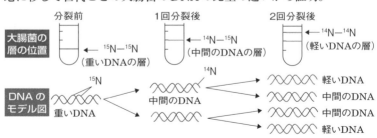

◉ **DNAの方向性**…デオキシリボースの炭素のうち，塩基がついた炭素から数えて3番目の炭素には隣接するヌクレオチドのリン酸が結合し（**3′末端**），5番目にはそのヌクレオチドのリン酸が結合（**5′末端**）。

◉ **DNA修復**…化学物質や放射線などが原因でDNAが損傷することがある。このとき，損傷した場所とその両側を切り取り，**DNAポリメラーゼ**や**DNAリガーゼ**のはたらきで修復する。

◉ **DNA複製のしくみ**…**DNAポリメラーゼ**は，DNA鎖の3′側にのみヌ
　↳DNA合成酵素。
　クレオチドを結合させるため2本の新生鎖は合成のされかたが異なる。

{ リーディング鎖…2本鎖がほどける方向に連続的に合成される。
{ ラギング鎖…不連続に短いDNA鎖（**岡崎フラグメント**）が合成され，
　　　　　　　　↳岡崎令治が発見。
　　DNAリガーゼによって連結されてできる。

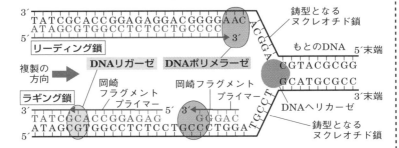

◉ **真核細胞と原核細胞の複製起点**

① **真核細胞**…線状のDNA。複製開始点が**数十から数百**→速やかに複製が行われる。

② **原核細胞**…環状のDNA。複製開始点が**1か所**。

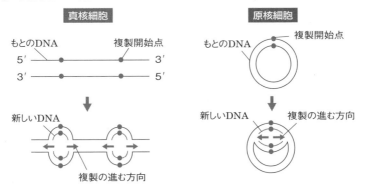

基本問題 ●●● 解答 → 別冊 *p.32*

113 DNAを構成する塩基 ◀テスト必出

できたらチェック○

あるDNA分子に含まれる4種類の塩基の割合を調べたところ，アデニンとチミンが合計48%含まれていた。さらに，このDNAの一方の鎖（①鎖）だけを調べるとアデニンが23%，グアニンが27%含まれていた。次の問いに答えよ。

□ (1) このDNAにはシトシンは何%含まれるか。

□ (2) ①鎖から合成されるRNAには，何%のウラシルが含まれるか。

📖ガイド 2本鎖DNAにはアデニンとチミン，グアニンとシトシンは同じ数だけ含まれる。

114 DNAの構造

□ 右の図はヌクレオチドという基本単位がつながってできているDNAの構造を示したものである。糖・リン酸・塩基の3つの成分のつながりが正しく図示されたものをア〜エから選び，記号で答えよ。

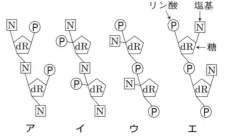

📖ガイド まず塩基がヌクレオチド鎖の鎖の部分になるか枝の部分になるかで選択肢を絞り，次に枝の部分が糖のどの部分と結合しているか，ヌクレオチド1個の形を思い出して判断する。

115 DNAの半保存的複製 ◀テスト必出

次の文を読み，以下の問いに答えよ。

DNAの複製では，もとの2本鎖のうち1本を①(　　)として新しい鎖がつくられる。この複製方法は②(　　)複製と呼ばれ，1958年に③(　　)による，窒素の同位体を用いたDNAの重さの違いを調べる実験から明らかにされた。

□ (1) 文中の空欄にあてはまる最も適切な語句を以下から選べ。

ア 鋳型 イ 配列 ウ 酵素 エ 保存的 オ 半保存的

カ メセルソンとスタール キ ワトソンとクリック

ク ハーシーとチェイス

□ (2) DNAの複製は，細胞内のどこで行われるか。

ア 核内 イ 核小体 ウ リボソーム エ 小胞体

□ (3)　窒素同位体を用いる理由として，正しいものは次のア～エのうちどれか。

　　ア　DNAの塩基に窒素が含まれる。

　　イ　DNAの糖に窒素が含まれる。

　　ウ　DNAのリン酸に窒素が含まれる。

　　エ　窒素はDNAと結合しやすい性質をもつ。

📖ガイド　ヌクレオチドに含まれる窒素に重い同位体を用いることで，重いDNAの鎖となる。
鎖の重さの違いで，もとの鎖と新しくできた鎖の区別ができる。

116 岡崎フラグメント

□ 次の文の空欄に最も適する語句を語群から選べ。

　DNAが複製されるとき，まず二重らせんがほどけ，それぞれが鋳型となり新しいDNA鎖が合成される。しかし，①（　　）はヌクレオチド鎖を，②（　　）→③（　　）に伸長する方向にしか合成できないため，一方の鎖は，ほどけるのと同方向に④（　　）と呼ばれる新たな鎖が合成されるが，もう一方はほどける向きと①がはたらく向きが逆となってしまう。そのため，⑤（　　）という短いDNA鎖が不連続に合成され，この断片どうしが⑥（　　）のはたらきでつながれる。このようにして合成されたDNA鎖を，⑦（　　）という。

〔語群〕　DNAポリメラーゼ　　DNAリガーゼ　　5′末端　　3′末端

　　　　　リーディング鎖　　ラギング鎖　　岡崎フラグメント

📖ガイド　DNAポリメラーゼがヌクレオチド鎖を合成する方向は決まっている。2本鎖DNA
の複製において一方の鎖は連続的に合成されるが，他方は不連続に合成される。

117 真核細胞と原核細胞の複製起点

　右の図は，複製途中の真核細胞と原核細胞のDNAを模式的に示したものである。以下の問いに答えよ。

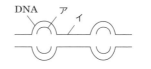

DNA　ア　イ　　　　DNA　ウ　エ

　　　A　　　　　　　　　B

□ (1)　真核細胞は図のAとBのどちらであるか。

□ (2)　図中のア～エのうち，鋳型となっているDNA鎖はどれか，すべて答えよ。

□ (3)　原核生物である大腸菌のDNAは約460万塩基対である。大腸菌のDNAポリメラーゼのDNA合成速度を850ヌクレオチド/秒としたとき，複製開始から終了までに何分かかるか。小数第一位を四捨五入して答えよ。

応用問題 •• 解答 → 別冊 *p.33*

118 〈差がつく〉　DNA の複製に関して次の文を読み，以下の問いに答えよ。

重い窒素(^{15}N)を含む培地で培養した大腸菌のもつ DNA を，「重い」DNA とする。この大腸菌(0 代目)をふつうの窒素(^{14}N)を含む培地に移し，1 回分裂した世代を 1 代目，以降 2 代目，3 代目とする。各世代の大腸菌の DNA を遠心分離器にかけて分析すると，1 代目は「中間の重さ」の DNA をもつ個体のみであった。2 代目以降は「中間の重さ」と「軽い」DNA をもつものが現れた。

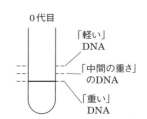

□ (1)　右の図は，0 代目の大腸菌から取り出した DNA を遠心分離器にかけた結果を表したものである。1 代目，2 代目，3 代目のそれぞれについて同様に遠心分離器にかけた結果を図示せよ。

□ (2)　^{15}N を含む DNA の 1 本の鎖を——で，^{14}N を含む DNA の 1 本の鎖を……で，^{15}N と ^{14}N を含む DNA の 1 本の鎖を‐‐‐‐で表記する。0 代目の DNA は══で表すことができる。これをもとに 1 代目と 2 代目の DNA を示せ。

□ (3)　3 代目の「中間の重さ」と「軽い」DNA の比率は，次のうちどれか。
　①　1：1　　②　1：2　　③　2：1　　④　1：3
　⑤　3：1　　⑥　1：4　　⑦　4：1

□ (4)　n 代目の「中間の重さ」と「軽い」DNA の比率を示せ。

□ (5)　DNA の複製について，次の文のうち，正しいものを選べ。
　ア　塩基の相補的な結合により，新しい鎖の塩基配列が決まる。
　イ　もとの鎖に結合した塩基からヌクレオチドがつくられる。
　ウ　制限酵素がはたらく。
　エ　RNA がまず複製されてから，新しい DNA 鎖が合成される。

📖 *ガイド*　半保存的複製では，「中間の重さ」の鎖に対して新しくつくられる「軽い」鎖の割合がふえていく。

24 タンパク質の合成

- ○ **RNAの種類**
  - ① **mRNA（伝令RNA）**…DNAの遺伝情報を核の外に伝える。
  - ② **tRNA（転移RNA）**…特定のアミノ酸と結合してリボソームに運ぶ。
  - ③ **rRNA（リボソームRNA）**…タンパク質とともにリボソームを構成。

- ○ **タンパク質の合成**…遺伝情報はタンパク質の合成によって発現する。
  - ① **mRNAの合成**…DNAからmRNAへ塩基配列が転写される。**RNAポリメラーゼ**が触媒。

転写	
G→C	C→G
A→U	T→A

  - ② mRNAが核を出て細胞質のリボソームへ。
  - ③ **タンパク質の合成**…mRNAの塩基配列からアミノ酸配列への翻訳。リボソーム上でmRNAと相補的な遺伝子暗号をもつtRNAが結合，tRNAが運んできたアミノ酸どうしのペプチド結合によって，タンパク質をつくるポリペプチドができる。

$$\text{DNA} \xrightarrow{\text{転写}} \text{mRNA} \xrightarrow[\substack{\uparrow \\ (\text{tRNA}+\text{アミノ酸})}]{\text{翻訳}} \text{アミノ酸配列} \longrightarrow \text{タンパク質}$$

- ○ **遺伝子暗号**…mRNAの3つの塩基の並び（トリプレット）がアミノ酸を決める暗号（コドン）となる。これに対するtRNAの相補的な塩基配列が**アンチコドン**。開始コドンは**AUG**，終止コドンは3通りある。

- ○ **スプライシング**…DNAの塩基配列を転写したヌクレオチド鎖から一部分を除かれてmRNAがつくられる過程。細菌では起こらない。除かれる部分を**イントロン**，mRNAに残る部分を**エキソン**という。

- ○ **選択的スプライシング**…スプライシングが行われるときに，異なるエキソンがつながり，1つの前駆RNAから複数のmRNAができる。

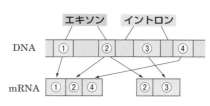

- ○ **原核生物のタンパク質合成**…原核細胞には核膜がなく，タンパク質合成の際に，転写と翻訳が同時に行われる。
  └ 細菌ではスプライシングも行われない。

基本問題 ●●●●●●●●●●●●●●●●●●●●●●●●●●●●●●●●●●●● 解答 ➡ 別冊 *p.33*

119 RNAの種類 ◀テスト必出

RNA について書かれた次の文の空欄に入る語句を答えよ。

RNAには，①（　　　）を構成するrRNA，核のDNA情報を細胞質に伝える役割をもつ「伝令RNA」こと②（　　　），タンパク質合成に必要な③（　　　）の運搬にはたらく④（　　　）などがある。①にはrRNAのほかに⑤（　　　）が含まれる。

120 タンパク質の合成過程 ◀テスト必出

タンパク質が合成される過程について，下の項目を読み，各問いに答えよ。

ア　アミノ酸どうしの結合
イ　核から細胞質にあるリボソームへのmRNAの移動
ウ　mRNAの合成
エ　mRNAとtRNAの結合

(1) ア〜エをタンパク質合成の過程の順に並べよ。
(2) 「転写」と呼ばれる過程はア〜エのうちどれか。
(3) アのアミノ酸どうしの結合は何と呼ばれる結合か。
(4) ウではたらく酵素名を答えよ。
(5) エのmRNAとtRNAの結合はどのようなしくみによるか。

📖 ガイド　(2)転写は，DNAからRNAへ遺伝情報が写し取られる過程。

121 翻訳 ◀テスト必出

次の文を読み，以下の問いに答えよ。

DNAの塩基配列が①（　　　）されて合成されたmRNAのアミノ酸を決める3つの塩基配列を②（　　　）という。例えば，AGUはセリンに対応する②である。これに対してセリンを③（　　　）上のmRNAに運ぶtRNAの，mRNAの塩基と結合する部分の塩基配列は④（　　　）と呼ばれ，この場合には⑤（　　　）という配列になる。tRNAが運んできたアミノ酸どうしが結合して，mRNAの塩基配列に従ったアミノ酸配列がつくられる。

(1) 文中の空欄に最も適切な語句を記せ。
(2) セリンを指定するもとのDNAの塩基配列を記せ。
(3) 下線部の過程を漢字2文字で何というか。

122 真核生物の転写

次の文を読み，以下の問いに答えよ。

タンパク質を構成するアミノ酸は①（　　）種類あり，DNAの②（　　）つの連続した塩基の並びが1つのアミノ酸を指定している。DNAの塩基配列の中にはアミノ酸を指定する部分である③（　　）と，アミノ酸を指定しない④（　　）と呼ばれる部分がある。酵素⑤（　　）によってDNAの塩基配列は写し取られてRNAができるが，その後⑥（　　）という過程で④の部分が除かれてmRNAは完成する。

- □ (1) 文中の空欄に最も適切な語句または数を記せ。
- □ (2) DNAを構成する4種類の塩基の名称を記せ。
- □ (3) ②（　　）つの塩基の並びは何通りあるか。その数とアミノ酸の種類数の違いはどのように説明できるか。

📖 **ガイド** DNAの塩基配列を転写したポリヌクレオチドがスプライシングを受けて **mRNA** となる。

123 転写と同時に進むタンパク質合成

次の文を読んで，以下の問いに答えよ。

ある細胞における遺伝情報の転写と翻訳の過程を模式的に下の図に示した。ただし，リボソームで合成されたポリペプチドは描かれていない。また，リボソームの解離は図中で示されたところでのみ起こるものとする。

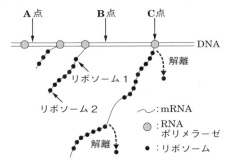

- □ (1) 図に示した転写と翻訳の過程は，真核細胞と原核細胞のどちらで起こるものか。
- □ (2) リボソーム1とリボソーム2が図に示した位置関係にあるとき，合成されたポリペプチドの分子量はどちらが大きいか。
- □ (3) 図中のA点とC点の間に，いくつのポリペプチドに相当する遺伝情報があると考えられるか。

📖 **ガイド** (1)RNAポリメラーゼで合成された **mRNA** がそのままつながった状態でリボソームに結合され，転写と翻訳が連続して行われている。

応用問題 •• 解答 ➡ 別冊*p.34*

124 〈差がつく〉 DNAからタンパク質が合成される過程について，mRNAの遺伝暗号表を参考にして，以下の問いに答えよ。

第2字目の塩基					
	U（ウラシル）	C（シトシン）	A（アデニン）	G（グアニン）	
U フェニルアラニン フェニルアラニン ロイシン ロイシン	セリン セリン セリン セリン	チロシン チロシン （終止） （終止）	システイン システイン （終止） トリプトファン	U C A G	
C ロイシン ロイシン ロイシン ロイシン	プロリン プロリン プロリン プロリン	ヒスチジン ヒスチジン グルタミン グルタミン	アルギニン アルギニン アルギニン アルギニン	U C A G	
A イソロイシン イソロイシン イソロイシン メチオニン(開始)	トレオニン トレオニン トレオニン トレオニン	アスパラギン アスパラギン リシン リシン	セリン セリン アルギニン アルギニン	U C A G	
G バリン バリン バリン バリン	アラニン アラニン アラニン アラニン	アスパラギン酸 アスパラギン酸 グルタミン酸 グルタミン酸	グリシン グリシン グリシン グリシン	U C A G	

（第1字目の塩基は左端、第3字目の塩基は右端に記載）

次に示すDNAの塩基配列は，あるタンパク質をコード(指定)する塩基配列の先頭の部分である。

塩基の読み取り方向→
GTTACAGCACGCTT
アイウ

□ (1) 上記のDNAの塩基配列から転写によって生じるmRNAの塩基配列を記せ。

□ (2) 開始コドンより，このDNAの読み始めとなる塩基はア〜ウのどれになるか。

□ (3) このDNAからつくられるアミノ酸配列を記せ。

□ (4) メチオニンと結合するtRNAがもつアンチコドンの塩基配列を記せ。

□ (5) (3)と同じアミノ酸配列を決める塩基配列はこの配列以外に何通りあるか。

📖 ガイド　コドンはmRNAの3つの塩基配列。DNAの塩基配列とは相補的な塩基の並びになる。

125 抗体の合成に関するタンパク質合成のしくみについて，次の文を読んで以下の問いに答えよ。

　ヒトにおいて抗体(免疫グロブリン)はリンパ球のB細胞でつくられる。ヒトのゲノムプロジェクトの結果，ヒトの遺伝子数は約2万個であると予想されている。そのすべての遺伝子が抗体をつくるものだとしても，抗体の種類は2万種類にしかならないことになる。しかし，ヒトの生体防御のしくみは数百万種類の抗原を認識し，それに応じた抗体を産生することができるといわれており，矛盾してしまう。

　このような抗体の多様性を確保しているシステムについて，さまざまな研究が行われた。その結果，ヒト抗体のH鎖を例にとると，以下のようなことがわかった。

① 　H鎖遺伝子は，図のように3つの可変部と定常部で構成されており，その3つの領域から1つずつ遺伝子断片が選択される。選択された遺伝子断片以外の部分が削除され，1つの抗体遺伝子として再構成される。

② 　再構成された遺伝子を鋳型として，最終的にH鎖mRNAが合成される。

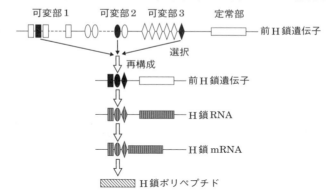

□(1) 抗体遺伝子の再構成に必要なシステムとして適するものを次のア〜エからすべて選び，記号で答えよ。

　　ア　遺伝子断片を選択する　　　イ　遺伝子断片の順番を変える

　　ウ　遺伝子断片をつなぐ　　　　エ　遺伝子断片を切断する

□(2) 図中の「H鎖RNA」から「H鎖mRNA」に変化する際にRNAに起こる現象を答えよ。

　📖 ガイド　多細胞生物の体細胞は受精卵と同じ完全なゲノムをもつが，リンパ球は例外として遺伝子の再構成が行われる細胞である。複数の遺伝子断片を選択的に結合させることで少ない遺伝子から多様な免疫グロブリンタンパク質を合成することができる。

25 形質発現の調節

- 調節遺伝子…他の遺伝子の発現を調節する調節タンパク質の遺伝子。

- 原核生物の転写調節…タンパク質のアミノ酸配列の遺伝情報をもつ構造遺伝子と構造遺伝子が発現するかどうかのスイッチの役割をするオペレーターがつくるひとまとまりの単位をオペロンという。

  ① リプレッサー(抑制因子)…オペレーターに結合して，構造遺伝子の転写を阻害する調節タンパク質。

  ② プロモーター…構造遺伝子の転写に必要な，先頭部分の塩基配列。

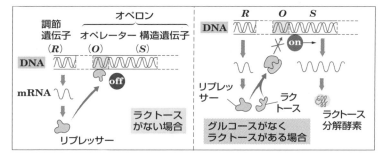

- 真核生物の転写調節…細胞の分化などに関わる遺伝子は必要に応じて転写を調節している。

  ① 基本転写因子…RNA ポリメラーゼとともに転写複合体をつくり，プロモーターに結合する。

  ② 調節タンパク質…転写調節領域に結合し，転写を調節する。

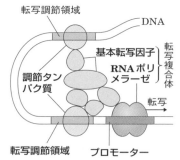

- **ホルモンによる遺伝子発現の調節**

  ① 脂溶性ホルモン…細胞膜を通り抜け細胞内にある受容体と結合し，_{糖質コルチコイド，甲状腺ホルモンなど}できた複合体がDNAの転写調節領域に結合することで転写を促進。

  ② 水溶性ホルモン…細胞膜上にある受容体と結合し，これにより細胞膜の内側で低分子物質がつくられ調節タンパク質を活性化させる。この調節タンパク質が転写調節領域に結合することで転写を促進。

基本問題 •• 解答 ➡ 別冊*p.35*

126 原核生物の遺伝子発現の調節

遺伝子発現の調節について，次の文を読み，以下の問いに答えよ。

大腸菌はラクトース分解酵素の遺伝子をもっているが，培地にラクトースがない場合にはこの遺伝子は発現せず，ラクトース分解酵素は合成されない。ラクトース分解酵素が合成されるかどうかは次のようなしくみによる。

調節遺伝子によって合成される①（　　）がオペレーターという領域に結合している場合には，RNAの合成を行う酵素である②（　　）が構造遺伝子（この場合には，ラクトース分解酵素の遺伝子）の③（　　）を行うことができない。よって，ラクトース分解酵素は合成されない。

ラクトースがあると，ラクトースが①と結合するために，①がオペレーターに結合しなくなる。すると，②が③を行うことができるようになり，構造遺伝子の塩基配列が転写され，④（　　）が合成され，大腸菌はラクトースを分解して利用するようになる。調節遺伝子とオペレーターと構造遺伝子のまとまりを⑤（　　）と呼び，遺伝子の発現調節の例として知られている。

できたらチェック□

□ (1) 文中の空欄に入る最も適切な語句を記せ。

□ (2) ラクトース分解酵素遺伝子の③が抑制されているときの下の模式図を参考にして，③が行われているときの図を示せ。ただし，文中の①を□，②を○，ラクトースをLと表記せよ。

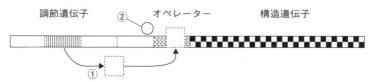

調節遺伝子　　②　　　オペレーター　　　構造遺伝子
①

127 真核生物の遺伝子発現の調節 ◀テスト必出

右の図は，真核生物の遺伝子発現の調節を模式的に示したものである。次の文の空欄に入る語句を次ページの語群から選べ。なお，文中の番号と図中の番号は対応している。

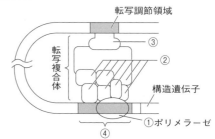

転写調節領域
③
②
転写複合体
構造遺伝子
①ポリメラーゼ
④

真核生物の遺伝子発現の調節では，まず折りたたまれてクロマチンを形成しているDNAがほどける。それにより図中で示すように酵素である①（　　）ポ

リメラーゼが，②（　　）と呼ばれる複数のタンパク質や，DNAの転写調節領域に結合し②へ作用する③（　　）とともに複合体を形成することで，④（　　）と呼ばれる塩基配列の領域に結合できるようになり，構造遺伝子の発現が起こる。

〔語群〕　プロモーター　　調節タンパク質　　基本転写因子　　RNA　　DNA

128 ホルモンによる遺伝子発現の調節

□　右の図は，ホルモンによる転写調節のしくみを模式的に示したものである。図中の空欄にあてはまる語句を次の語群から選べ。

〔語群〕　水溶性　　脂溶性
　　　　　調節タンパク質　　受容体

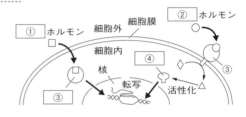

応用問題 ●●●●●●●●●●●●●●●●●●●●●●●●●●●●●●●●●●●● 解答 ➡ 別冊 p.35

できたら
チェック○

129 遺伝子発現の調節に関する次の文を読み，以下の問いに答えよ。

□　次の図は，真核生物である酵母の酵素Zの遺伝子，プロモーターと周辺領域を模式的に示したものである。酵母を用いて以下のような実験を行った。

実験　図中のA-C領域とB-C領域を酵素によって切断して取り出し，そのDNA断片をそれぞれ増幅させプラスミドと呼ばれる小さな環状DNAにつないだ。酵素Zの遺伝子を欠失した酵母にそれぞれのプラスミドを導入すると，酵素Zの遺伝子のmRNAは，A-Cをつないだプラスミドを入れた酵母では十分に合成され，B-Cをつないだプラスミドを入れた酵母ではほとんど合成されなかった。

酵素Zの遺伝子の発現において，A-B領域はどのような役割があると考えられるか。次の用語をすべて用いて記せ。　　〔基本転写因子，調節タンパク質〕

📖ガイド　転写調節領域に調節タンパク質が結合することで，遺伝子発現が促進されたり抑制されたりする。

26 動物の生殖細胞の形成と受精

○ **動物の生殖細胞の形成**

① **精子形成の特徴**…減数分裂により，**1個の一次精母細胞**($2n$)から**4個の精細胞**ができ，精細胞が変形して**精子**(n)になる。

② **卵形成の特徴**…減数分裂の第一分裂で，**1個の一次卵母細胞**($2n$)は大きな**二次卵母細胞**(n)と小さな**第一極体**になり，第二分裂で，二次卵母細胞は大きな**卵**(n)と小さな**第二極体**になる。

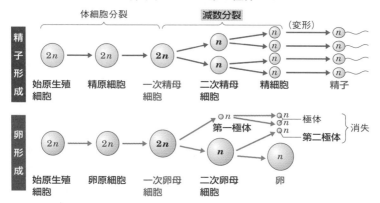

○ **ウニの受精**

① **先体反応**…未受精卵の周囲のゼリー層に精子が到達すると，頭部の**先体**が壊れて**先体突起**を形成する。

② **受精膜の形成**…ゼリー層の下の**卵黄膜（卵膜）**を通過し，先体が卵の細胞膜に接触すると，精子と卵の細胞膜が融合。卵黄膜は細胞膜から離れて**受精膜**となり，他の精子の侵入を防ぐ。

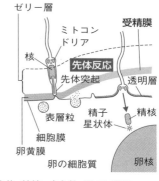

○ **ヒトの精子**…頭部，中片部，尾部からなる。頭部には**精核**，中片部には**ミトコンドリア**がある。

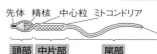

○ **ヒトの卵形成と受精**…第二分裂中期の段階（**二次卵母細胞**）で排卵，精子が進入すると第二分裂が進行して卵となり，精核と卵核が合体。

基本問題 •••••••••••••••••••••••••••••••••••• 解答 ➡ 別冊*p.36*

130 卵の形成 ◀テスト必出

でき
たら
チェ
ック
。

右の図は，卵形成の過
程の模式図である。これ
について，問いに答えよ。

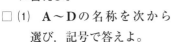

□(1)　A～Gの名称を答え
　　よ。

□(2)　減数分裂は，ア，イどちらの過程で起こるか。

□(3)　精子形成との相異点を1つあげよ。

131 受精

右の図は，ウニの受精が
起こる過程を表したもので
ある。これについて，問い
に答えよ。

□(1)　A～Dの名称を次から
　　選び，記号で答えよ。

　　ア　精核　　　イ　卵核　　　ウ　受精膜　　　エ　受精丘

□(2)　この過程は海水中で起こるが，このような，動物のからだの外での受精を何
　　というか。

□(3)　図のBの膜のはたらきについて，簡単に述べよ。

132 配偶子の形成

次の文は，動物の精子と卵の形成に関するものである。（　）内に適する語を入
れ，【　】内には$2n$またはnを入れよ。

□(1)　精子は①（　　）という器官で形成される。この中で，精原細胞【A】がさか
　　んに②（　　）分裂をくり返し，多数の一次精母細胞【B】が生じる。

□(2)　一次精母細胞は，③（　　）分裂の結果，精細胞【C】となり，これが変形し
　　て精子となる。もし，精子が200万個つくられたとしたら，一次精母細胞は
　　④（　　）個あったことになる。

□ (3) 卵は⑤(　　)という器官で形成される。卵原細胞が分裂して生じた一次卵母
細胞【D】から，⑥(　　)分裂によって，最終的には，大きな1個の⑦(　　)【E】
と，3個の小さな⑧(　　)【F】が生じる。このうち，生殖に関わるのは⑦だけ
で，⑧は消滅してしまう。したがって，100個の一次卵母細胞があれば，それ
から生じる卵は⑨(　　)個で，極体は⑩(　　)個できることになる。

📖 **ガイド**　1個の一次精母細胞から4個の精子がつくられるのに対して，1個の一次卵母細
胞から，卵は1個しかつくられない。

応用問題 ●● 解答 ➡ 別冊 *p.36*

133 ヒトの配偶子と受精に関する次の文を読み，あとの問いに答えよ。

　ヒトの配偶子は，雌雄でその形状が異なるため，①(　　)配偶子という。この
うち，運動性があり小形のものを②(　　)といい，大形で運動性のないものを
③(　　)という。

　②と③が合体することを受精といい，できた細胞を④(　　)という。③は女性
の⑤(　　)という生殖器官の中で生じる。卵形成の場合，始原生殖細胞は胎児の
段階で形成され，出生時には，大部分の⑥(　　)細胞が減数分裂の⑦(　　)前期
の段階になっている。思春期になると，減数分裂が進行し，⑧(　　)中期の段階
になり，⑤から排卵される。そして，②が進入すると，⑨(　　)を放出し，③に
なる。③に入った②の頭部は，ふくらんで⑩(　　)を形成し，③の核と合体して
⑪(　　)をつくり，④の核ができあがる。

□ (1) 文の(　)内に適する語を次から選び，記号で答えよ。

ア　精巣　　　　　イ　卵巣　　　　　ウ　輸卵管　　　　エ　一次卵母
オ　二次卵母　　　カ　極体　　　　　キ　第一分裂　　　ク　第二分裂
ケ　精核　　　　　コ　卵核　　　　　サ　融合核　　　　シ　卵
ス　精子　　　　　セ　受精卵　　　　ソ　同形　　　　　タ　異形

□ (2) 右の図は，上の文の②の構造を示したもので
ある。図中のA～Dの名称をそれぞれ次から
選び，記号で答えよ。

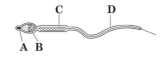

ア　ミトコンドリア　　　イ　核　　　ウ　先体　　　エ　鞭毛(べんもう)

□ (3) 図のA～Dの構造のうち，DNAを含むのはどれか。A～Dの記号で答えよ。

📖 **ガイド**　(1)ヒトの卵は卵形成の途中で排卵され，精子進入後に卵形成が終了する。
　　　　(3)DNAは遺伝子の本体で，染色体のほか一部の細胞小器官に存在する。

27 卵割と動物の発生

- **卵割と割球**…発生初期の特殊な体細胞分裂を卵割といい，卵割ででき
  た細胞を割球という。

- **卵割の特徴**…間期に細胞質の増加が起こらないので，割球は分裂のた
  びに小さくなる。

- **卵割の様式**…卵黄は卵割を妨げるため，卵黄の量と分布により，卵割
  様式は異なる。
  ① ウニ…卵黄が均一に分布。第三卵割までは等割。
  ② カエル…卵黄が植物極側に多く分布。卵割は動物極側から始まる。

- **ウニの発生**

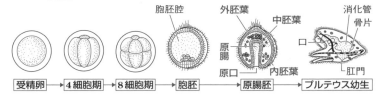

| 受精卵 | → | 4細胞期 | → | 8細胞期 | → | 胞胚 | → | 原腸胚 | → | プルテウス幼生 |

- **カエルの発生**

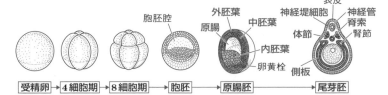

| 受精卵 | → | 4細胞期 | → | 8細胞期 | → | 胞胚 | → | 原腸胚 | → | 尾芽胚 |

- **胚葉と器官形成**

  ① 外胚葉
  　{ 表皮→皮膚・感覚器など
  　　神経管→脳・脊髄など
  　　神経堤細胞(神経冠細胞)→感覚神経・交感神経など

  ② 中胚葉
  　{ 脊索→(退化)
  　　体節→脊椎骨・骨格筋・骨格など
  　　側板→体腔壁・心臓・内臓筋など
  　　腎節→腎臓など

  ③ **内胚葉**…原腸→えら・肺・中耳・消化管・肝臓・すい臓など

基本問題 •• 解答 ➡ 別冊 *p.36*

134 卵割とその様式

次の文を読み，あとの問いに答えよ。

受精卵の初期の細胞分裂を①(　　　)といい，この結果生じた娘細胞を②(　　　)という。①が進むと②の数もふえるが，細胞1個の大きさは③(　　　)。

また，④(　　　)の多い部分は卵割⑤(　　　)ので，①の様式は④の量や分布で異なっている。

□ (1) 上の文の(　)内に適する語を下から選び，記号で答えよ。

　　ア　減数分裂　　イ　卵割　　　　ウ　小さくなる　　エ　大きくなる

　　オ　しやすい　　カ　しにくい　　キ　割球　　　ク　卵黄　　　ケ　卵白

□ (2) 受精卵の卵黄の分布について述べた次のア〜エの文のうち，ウニとカエルにあてはまるものを1つずつ選べ。

　　ア　卵黄は動物極側に多く分布している。

　　イ　卵黄は植物極側に多く分布している。

　　ウ　卵黄は少なく，均一に分布している。

　　エ　卵黄は多く，卵の中心部分に分布している。

□ (3) ウニとカエルにおける受精卵から8細胞期の胚となるまでの3回の卵割は，緯割と経割がどのような順序で起こっているか。次のア〜クから適当なものを1つずつ選べ。

　　ア　緯割　→　緯割　→　緯割　　　イ　緯割　→　緯割　→　経割

　　ウ　緯割　→　経割　→　緯割　　　エ　緯割　→　経割　→　経割

　　オ　経割　→　緯割　→　緯割　　　カ　経割　→　緯割　→　経割

　　キ　経割　→　経割　→　緯割　　　ク　経割　→　経割　→　経割

□ (4) 3回目の卵割が不等割であるのは，ウニとカエルのどちらであるか。

135 ウニの発生　◀テスト必出

次の図は，ウニの発生の各時期のようすを示したものである。問いに答えよ。

  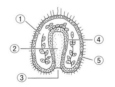

　　A　　　　　B　　　　　C　　　　　D　　　　　E

- □ (1)　図のA～Eを正しい順序に並びかえよ。
- □ (2)　図のA，B，Cの胚または幼生をそれぞれ何というか。
- □ (3)　図Cの①～⑤の名称を答えよ。
- □ (4)　図Cの②の部分と関係が深いものは，次のア～エのどれか。
      ア　体腔　　　イ　消化管　　　ウ　骨格　　　エ　脊索(せきさく)
- □ (5)　カエルの場合，図Eの時期は，ウニとどのような違いが見られるか。簡単に
      述べよ。

　📖 ガイド　(5)図Eは8細胞期であり，ウニは等割，カエルは不等割。

136 カエルの発生 ◀テスト必出

　次の図A～Dは，カエルの発生過程における各時期の胚の断面図である。これについて，あとの問いに答えよ。

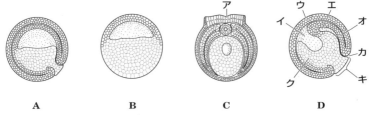

| A | B | C | D |

- □ (1)　図のA～Dを正しい順序に並べかえよ。
- □ (2)　図のA，B，Cの時期の胚をそれぞれ何というか。
- □ (3)　図中のア～クの名称を答えよ。
- □ (4)　右の①，②は，図のA～Dのどの外観を示した
      ものか。それぞれ選び，記号で答えよ。

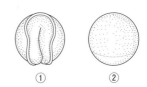

①　　　②

　📖 ガイド　Cの胚は神経管の形成途中で，まだ神経管にはなっていない。

137 器官形成 ◀テスト必出

　右の図1はカエルの後期神
経胚の断面を示したもので，図
2は尾芽胚の外観を示したもの
である。これについて，(1)～(5)
の問いに答えよ。

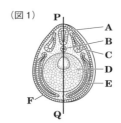

(図1)

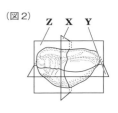

(図2)

□ (1) 図1のA，B，Dの名称を記せ。

□ (2) 次にあげた体の器官は，A～Fのどこから発達してくるか。それぞれ記号で
答えよ。

① 脳　　② 肝臓　　③ 心臓　　④ 骨格

□ (3) 図1で示された胚の断面は，もう少し進んだ状態の胚の外観を描いた図2で
は，X，Y，Zのどの部分の断面を示したことになるか。

□ (4) 図1のA～Fは，それぞれ外胚葉，中胚葉，内胚葉のいずれに由来するか。

□ (5) 次の各文のうち，図1について正しく述べた文はどれか，すべてあげよ。

ア　Aは神経板から形成されたものである。

イ　Bは器官を形成することなく，やがて退化する。

ウ　Cは脳になるAの部分に付属した，眼や耳などの感覚器官に変化する。

エ　Dからは消化管が形成されるが，その一部からは血管もつくられる。

📖 **ガイド** (2)脳は神経管からでき，肝臓は内胚葉からでき，心臓は側板からでき，骨格は体
節からできる。

応用問題 •••••••••••••••••••••••••••••••••••••• 解答 ➡ 別冊 *p.37*

138 〈 差がつく 〉 右の図は，ウニの16細胞期と原腸胚の
時期とを示したものである。問いに答えよ。

16細胞期

□ (1) ウニの卵割について正しく述べたものはどれか。

ア　上下の割球に大小が見られるので，不等割をする卵
に属する。

イ　動物極付近のみでの卵割をする。

ウ　卵黄が均一に分布しているので，等割をする。

エ　卵黄が中央部分に分布し，表層部分で卵割をする。

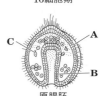
原腸胚

□ (2) 次の文の（　）内に適当な語を入れよ。

卵割が進むと，胚の内部にできた①（　　）が大きくなり，胚は胞胚期にはい
る。胞胚の内部の空所は②（　　）と呼ばれる。やがて，胞胚の表面の特定の部
分から陥入が始まり，内外二層の③（　　）と呼ばれる時期になる。陥入が始ま
った部分の原口は④（　　）となり，やがて独立生活をする幼生となる。

□ (3) 上の(1)で選んだ答えと，16細胞期の図とは矛盾するように見える。その理
由を述べよ。

□ (4) 図中のA，Bの層，そしてその間にある細胞群であるCの名称を書け。

139 次の文は，ウニの受精のようすを観察するための手順を述べたものである。
下の問いに答えよ。

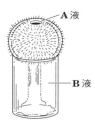

産卵期のウニの口器を切り取り，右の図のようにビー
カーの上にウニの口部を上にしておき，切り取った穴から
A液を注入する。すると，口の反対側の生殖孔から，①雌
は卵を，雄は精子を放出する。雌はそのままビーカーに放
卵させるが，雄は生殖孔を下向きにしたまま，何も入れて
いない時計皿に精液を集める。採集した卵を少量のB液と
ともにピペットで時計皿に移し，②顕微鏡で観察する。その後，先に得た③精液
をB液で約100倍程度に薄めたものを加え，④受精のようすを観察する。

- □ (1) A液の名称を述べよ。
- □ (2) B液は，次にあげたもののうちのどれか。

ア　蒸留水　　　イ　海水　　　ウ　Aと同じ液

- □ (3) ウニが発生の過程を観察する材料として適している点を2つ述べよ。
- □ (4) 観察によく用いられるウニの種類を1つあげよ。
- □ (5) 下線部①の卵と精子はどのようにして見分けるのか，簡単に述べよ。
- □ (6) 下線部②で観察された卵のおおよその直径を下から選び，記号で答えよ。

ア　10 mm　　イ　1 mm　　ウ　0.1 mm　　エ　0.01 mm　　オ　1 μm

- □ (7) 下線部②と④で観察される未受精卵と受精卵には，どのような違いが見られ
るか。簡単に述べよ。
- □ (8) 下線部③で精液を薄めてから加えるのはなぜか。

140 カエルの初期発生について，下の図A，Bを見て，以下の問いに答えよ。

- □ (1) 図Aの胚について正しく述べたのは次
のア～エのどれか。

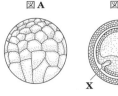

ア　1個の細胞であるが，多くの核を含む。

イ　表層で卵割をしている胚である。

ウ　多数の割球からなる桑実胚である。

エ　卵黄が均一に分布している原腸胚である。

- □ (2) 図Bは，ある時期の胚の断面で，Z部は外見上ここだけ白っぽく円形に見え
る部分である。このZ部は，このあとどうなるか。
- □ (3) 図Aの胚で現れ始めた内部の腔所は，図BのX，Y，Zのどの部分か。

28 発生と遺伝子のはたらき

● **背腹軸の決定と誘導（カエル）**

① **表層回転**…受精後に卵の表層が約30°回転➡精子進入点の反対側に灰色三日月環が生じる。

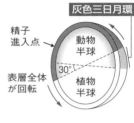

灰色三日月環
精子進入点
動物半球
30°
表層全体が回転
植物半球

② **中胚葉誘導**…予定内胚葉が予定外胚葉を中胚葉に分化させる。

③ 分化した中胚葉のうち，原口背唇部のはたらきによって外胚葉から神経管が誘導（**神経誘導**）される。

● **背腹軸形成にはたらくタンパク質**

① **BMP**（骨形成因子）…表皮の分化を誘導。

② **ノギン，コーディン**…形成体から分泌され，BMPの表皮誘導を阻害。BMPを阻害することで神経などを誘導する。

● **前後軸の形成（ショウジョウバエ）**

① ビコイド遺伝子とナノス遺伝子は，卵形成時に転写され，mRNAが卵細胞に蓄えられている（**母性遺伝子**。このようなmRNAは**母性因子**という）。

② 各mRNAが翻訳されてビコイドタンパク質，ナノスタンパク質がつくられると，そのタンパク質の濃度勾配によって前後軸が決定される。

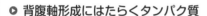

未受精卵
濃度
ビコイドmRNA　ナノスmRNA
前　　　　後
↓翻訳・拡散
受精卵
濃度
ビコイドタンパク質　ナノスタンパク質
前　　　　後

③ **ホメオティック遺伝子**…体節ごとに特有の形態に変化させる遺伝子。この遺伝子に突然変異が起こると，体節の構造が本来の構造とは別の構造に置き換わる（**ホメオティック突然変異** 例 触角の位置に脚が形成される）。

● **アポトーシス（プログラムされた細胞死）**…発生過程などであらかじめプログラムされている細胞死。例 発生過程での指の形成，おたまじゃくしからカエルに変態するときの尾の消失。

基本問題 ••• 解答 ➡ 別冊*p.38*

141 初期発生と遺伝子，細胞死 ◀ テスト必出

動物の初期発生に関する以下の問いに答えよ。

□ (1) カエルの受精卵において，精子の進入点のほぼ反対側にできる薄い灰色の領域を何というか。

□ (2) アフリカツメガエルの初期胚において，表皮を誘導するタンパク質は何か。

□ (3) (2)のタンパク質を阻害し，背側の形成を誘導するタンパク質を2つあげよ。

□ (4) (3)のタンパク質などによって背側に形成される組織は何か。

□ (5) キイロショウジョウバエにおいて，転写されたmRNAが未受精卵に含まれ，前後軸を決定する遺伝子は何か。2つあげよ。

□ (6) (5)の2つの遺伝子のうち，前部を決定する遺伝子は何か。

□ (7) 分けられた体節それぞれに決まった構造をつくる遺伝子は何か。

□ (8) 発生の過程で，オタマジャクシの尾など，一度形成した部分を消失させる際に起こる細胞死を何というか。

142 カエルの初期発生と灰色三日月環

カエルの初期発生について以下の問いに答えよ。

□ (1) カエルの卵では，精子の進入直後に灰色三日月環と呼ばれる部分が現れる。精子の進入点に対する灰色三日月環と原口の相対的な位置を，右の図の矢印からそれぞれ選び，記号で答えよ。

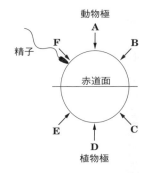

□ (2) カエル受精卵の灰色三日月環部位の細胞質の役割を調べるために，第一卵割前の卵の灰色三日月環の細胞質を抜き取り，別の第一卵割前の卵の灰色三日月環以外の場所へ注入した。発生が進むにつれて移植部分に二次胚が形成された。この実験から導かれる結論として最も適切な文を1つ選び，記号で答えよ。

ア　カエル卵の細胞質成分は，受精によってかたよりができる。

イ　移植した灰色三日月環の細胞質は，一次胚の形成を阻害する。

ウ　灰色三日月環の細胞質は，二次胚の形成を誘導するはたらきをもつ。

エ　原口の細胞には，灰色三日月環の細胞質が多く含まれる。

📖 ガイド　カエルでは精子の進入点の反対側に灰色三日月環を生じ，その少し下に原口ができる。

応用問題 •••••••••••••••••••••••••••••••••• 解答 ➡ 別冊 *p.39*

143 次の文を読んで以下の各問いに答えよ。

シュペーマンは 2 細胞期のイモリ胚を卵割面に沿って細い髪の毛でしばり，それぞれの割球の発生のようすを調べた。通常，第一卵割面は将来背側に生じる灰色三日月環を二分するため，灰色三日月環は 2 割球のいずれにも取り込まれる。この状態で，強くしばり，割球を完全に分離すると，2 つの割球からそれぞれ正常胚が生じた。

□ (1) 灰色三日月環は将来何に分化するか。以下から 1 つ選び記号で答えよ。

ア　原腸　　　イ　卵黄栓　　　ウ　原口背唇部　　　エ　胞胚腔

オ　一次間充織

□ (2) まれに灰色三日月環が 2 細胞期の一方の割球にのみ含まれることがある。その場合，卵割面に沿って割球を強くしばるとどのような結果が予想されるか。以下から，1 つ選び記号で答えよ。

ア　灰色三日月環を含むほうは正常胚に，含まないほうは細胞塊になる。

イ　灰色三日月環の有無に関係なく，両方とも正常胚になる。

ウ　灰色三日月環を含むほうも含まないほうも，異常な胚となる。

📖 **ガイド**　原腸胚期になると灰色三日月環の部分から陥入が始まる。

144 動物の発生に関する以下の問いに答えよ。

線虫では，アポトーシスの異常による細胞死異常変異体が見つかっている。アポトーシスは，細胞が自身の死のプログラムを活性化して自殺する細胞死で，プログラム細胞死ともいう。アポトーシスは，ある種のタンパク質分解酵素が活性化し，細胞内の主要なタンパク質を分解することによって起こる。

文中の下線部が関与しない現象を次のア〜オから 2 つ選び，記号で答えよ。

ア　ヒトの発生において手足の指が，5 本に形づくられる。

イ　脳血管の血流障害により，ヒトの脳組織が軟化する。

ウ　オタマジャクシからカエルに変態する際に尾が退縮する。

エ　火傷した部位の皮膚が，赤くなり熱をもってひりひりと痛い。

オ　はたらきの衰えたヒトの腸上皮細胞が除かれ，新しい細胞と入れ替わる。

📖 **ガイド**　あらかじめプログラムされている細胞死がアポトーシスである。物理的・化学的ダメージなどで細胞が死んでしまうものとは異なる。

29 形成体と誘導

○ **胚の予定運命**…フォークト が，イモリの胚(胞胚，初 期原腸胚)を用いて，局所 生体染色によって胚の各部 が将来何になるのかを示す 原基分布図(予定運命図)を 作成した。

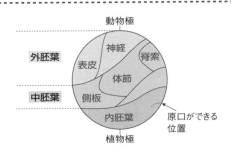

○ **イモリの予定運命の決定時期**…シュペーマンは，次の交換移植実験を 行い，イモリの予定運命の決定時期を調べた。

① 初期原腸胚で，神経管になる部分と表皮になる部分を交換移植。
　　──→移植先の予定運命に従って分化。➡運命は未決定。

② 神経胚で，①と同じ交換移植。──→移植片自らの予定運命に従って 分化。➡運命は決定済み。

➡イモリの予定運命は，**原腸胚から神経胚の間に少しずつ決定**。

○ **形成体と誘導**…イモリの原口背唇部を他のイモリ胚に移植すると，原 口背唇部が**形成体**となって外胚葉の 一部から神経管を誘導し，**二次胚**を 形成する。

原口背唇部
↓誘導
外胚葉──→神経管──→眼杯──→網膜
　　　　　　　　　　↓誘導
　　　　　　　表皮──→水晶体
　　　　　　　　　　　　↓誘導
　　　　　　　　　　表皮──→角膜

イモリの眼 の誘導

○ **形成体の誘導**(→*p.97*)…胞胚の背側 予定内胚葉が外胚葉にはたらきかけ て形成体を誘導(**中胚葉誘導**)。さら に，中胚葉は予定外胚葉域から神経 を誘導する(**神経誘導**)。

○ **ニワトリの表皮の分化**…ニワトリの羽毛は背中に，うろこは足に生じ るが，ニワトリ胚の背中と足の皮膚を切り取り，表皮と真皮に分けて さまざまに組み合わせて培養すると，**羽毛やうろこは真皮によって誘 導**される。表皮が誘導される**反応能**は，発生の特定の時期に見られる。

基本問題 ••• 解答 ➡ 別冊*p.39*

145 胚の予定運命 ◀テスト必出

できたらチェック○

右の図は，フォークトがイモリの初期胚を用いて実験を行い，胚の各部が将来
何になるかを明らかにして図にまとめたものである。以下の問いに答えよ。

- □ (1) この実験を行うのに用いた胚は，どの時期のものか。
- □ (2) このような予定域を調べるために，胚の各部を無害な
　　　色素で染色する方法を何というか。
- □ (3) 図の**A**，**D**，**F**の名称を答えよ。
- □ (4) **A**～**F**のうち，中胚葉に由来する部分はどれか。すべ
　　　て選び，記号で答えよ。
- □ (5) 次のア～エは，図の**A**～**F**のどの部分からつくられるか。
　　　ア 脊索　　　イ 肺　　　ウ 筋肉　　　エ 脳
- □ (6) イモリでは，原口は将来何になるか。

📖ガイド　胚の表面が内部に陥入する際，最後まで陥入しない部分が表皮になる。

146 初期発生と遺伝子，細胞死 ◀テスト必出

□　発生のしくみについて調べた次の文の空欄に適する語を入れよ。

　ドイツのシュペーマンは，白いイモリの初期原腸胚から，①(　　　)と呼ばれる
図の**X**の部分を切り取り，同じ発生時期の黒いイモリの胚に移植した。

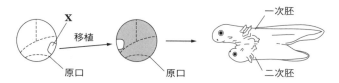

すると，移植された胚の腹部には，やや小形の胚(二次胚)が生じた。二次胚の組
織を調べたところ，移植した白い組織はおもに②(　　　)に分化し，神経管の大部
分は宿主の黒い細胞に由来していた。

　この実験から，**X**は宿主の細胞にはたらきかけてその分化を促すことがわかる。
このようなはたらきを③(　　　)と呼ぶ。また，**X**のように形態形成に支配的なは
たらきをする部分を④(　　　)と呼ぶ。

📖ガイド　**X**の部分は，将来原口ができる部分に接した動物極側(上側，背側)に位置する。

147 眼の形成

　右の図は，イモリの眼の形成を
示す模式図である。これについて，
次の各問いに答えよ。

□ (1)　図中のA〜Dの名称を記せ。

□ (2)　眼の形成過程において，DはBに誘導されてAからできるが，このDは何
　　にはたらきかけて，次に何を誘導するのか。

□ (3)　(2)のように，器官形成の際に誘導するはたらきをもつものを何というか。

📖 ガイド　眼の形成では，眼胞(眼杯)・水晶体が二次・三次の形成体となる。

応用問題 ●● 解答 ➡ 別冊*p.40*

148 ◀差がつく▶　ある両生類の桑実胚と胞胚を用いて，以下のような実験を行っ
た。

〔実験1〕　図1のように，桑実胚を，将来外胚葉性の組織ができる部分A，中胚
葉性の組織ができる部分B，内胚葉性の組織ができる部分Cに分けて培養した。
すると，どの部分からも脊索や体節はできなかったが，同じ実験を胞胚で行うと，
Bの部分からは脊索や体節が分化した。

〔実験2〕　図2のように，胞胚のAのみ，AとCを合わせたもの，Cのみを培養
したところ，AとCを合わせたもののAの部分から脊索や体節が分化した。

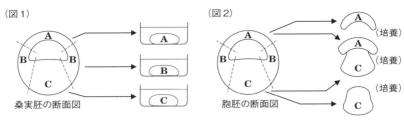

(図1)　桑実胚の断面図　　　(図2)　胞胚の断面図

□ (1)　実験1からどのようなことがいえるか，簡単に説明せよ。

□ (2)　実験2から推論される結果を以下に示した。(　)に適する語を下から選び，
　　記号で答えよ。

　　　中胚葉由来の組織への分化は①(　　)が②(　　)として作用し，③(　　)を
　　④(　　)して中胚葉性の組織に分化させる。

　　ア　形成体　　　イ　予定外胚葉　　　ウ　予定中胚葉　　　エ　予定内胚葉
　　オ　誘導　　　　カ　調節　　　　　　キ　誘導体

149 右の図1〜4は，イモリの眼の形成過程を示す模式図で，眼が形成される
位置での横断面を示している。また，図5は図1と同じ発生段階の胚のからだの

中央部での横断面を
示している。次の問
い(1)，(2)に答えよ。

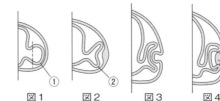

図1　　図2　　図3　　図4　　図5

□ (1)　図中①〜④の名
称を答えよ。

□ (2)　図1の点線の位置で①の部分を切り出し，別の胚の図5の**a**で示す位置の表
皮の下に移植すると，その表皮から④の構造が誘導された。この実験結果から，
「①が内側から表皮に接していることが，④の構造を誘導するための十分な条
件である」ということがわかる。では，「眼の形成において表皮から④の構造
を誘導するために①が必要不可欠である」ということを示すためには，どのよ
うな実験を行い，どういう結果が得られればよいか。60字以内で答えよ。

150 ニワトリ胚の皮膚では，背中の部分に羽毛が生じ，あしの部分にはうろこ
ができる。羽毛もうろこも表皮が変化したものである。これらの発生について調
べた次の文を読み，あとの問いに答えよ。

　ニワトリの受精卵を孵卵器で温め
始めてから5日目および8日目の
胚から背中の皮膚の原基を，10日
目，13日目および15日目の胚から
あしの皮膚の原基をそれぞれ切り出
した。皮膚の表皮と真皮を分離した
後，いろいろな組み合わせをつくっ
て数日間培養した。その結果，表皮
は表に示すように分化した。

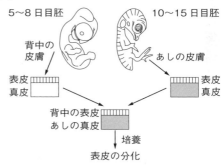

□ (1)　真皮には表皮が羽毛に分化するかうろこ
に分化するかを誘導するはたらきがあると
考えられる。その誘導能力がはたらくのは
この実験では何日目から何日目の間だと考
えられるか。

	背中の表皮	
あしの真皮	5日目胚	8日目胚
10日目胚	羽毛	羽毛
13日目胚	うろこ	羽毛
15日目胚	うろこ	羽毛

□ (2)　羽毛への誘導に対する表皮の反応性についてわかることを簡潔に答えよ。

30 細胞の分化能

- **分化の全能性**…分化した細胞でも，1個体を形成するすべての遺伝子をもっている。

- **核の移植実験**…アフリカツメガエルの未受精卵に紫外線を当てて除核➡おたまじゃくしの小腸の上皮細胞の核を移植➡一部の個体が正常に発生（核を提供した個体と遺伝的に同一＝**クローン**）。

未受精卵　　　マイクロピペット
野生型（黒色）　紫外線照射　　核を移植

核を取り出す
おたまじゃくし（アルビノ）
小腸の上皮細胞
成体（アルビノ）

- **ES細胞（胚性幹細胞）**…哺乳類の胚盤胞の内部細胞塊を培養して得る。胎盤以外のさまざまな組織・器官に分化可能（多能性）。
  [胚胚に相当]
  [多分化能ともいう]

- **ES細胞の問題点**…受精卵を用いていることから倫理的な問題がある。

内部細胞塊
胚盤胞
ES細胞
取り出して培養

- **iPS細胞（人工多能性幹細胞）**…山中伸弥らによって分化した体細胞に4種類の遺伝子を導入して初期化することで初めてつくり出された多能性をもつ培養細胞。治療に用いる場合，患者本人由来の細胞を用いることで拒絶反応を避けられる。

基本問題 ●●●●●●●●●●●●●●●●●●●●●●●●●●●●●●●● 解答 ➡ 別冊 *p.40*

でき たら チェック

151 分化 ◀テスト必出

□ 以下の文の空欄に適切な語句をあとの語群から選んで入れよ。

　動物のからだを構成しているさまざまな細胞は，もともとは1つの①（　　　）から始まる。①が分裂してふえた細胞が，個体が発生していく過程でからだの各部位で異なる形やはたらきをもついろいろな細胞に変化し，さまざまな細胞ができる。このような現象を細胞の②（　　　）という。また，①のようにさまざまな細胞に②できる能力を，③（　　　）という。

　②は，細胞ごとに特定の④（　　　）が発現することによる。しかし，②した細胞

も，もともとの①も同じ④をもっている。

〔語群〕 遺伝子　　突然変異　　分化　　受精卵　　全能性　　クローン

152 ES細胞

□　ES細胞に関する記述として適切なものを次のなかから2つ選び，記号で答えよ。

ア　体細胞の核を，核を取り除いた卵細胞に移植することによってつくられる細胞である。

イ　哺乳類の初期胚の内部細胞塊からつくられた，あらゆる細胞に分化できる能力をもったまま培養し続けることができる細胞である。

ウ　体細胞に数種類の遺伝子を導入することによって，あらゆる細胞に分化できる能力をもったまま培養し続けることができるようにした細胞である。

エ　ヒトES細胞から分化させた組織や臓器は，誰に移植しても拒絶反応が起こらない。

オ　胚性幹細胞と呼ばれる。

153 iPS細胞

□　iPS細胞に関する記述として適切なものを2つ選び，記号で答えよ。

ア　胚性幹細胞と呼ばれる。

イ　胚盤胞の内部細胞塊を培養してつくられる。

ウ　ヒトの皮膚細胞などに遺伝子を導入してつくられる。

エ　数種類の限られた細胞にしか分化できない。

オ　患者自身の細胞が利用できるため，移植医療に応用しても拒絶反応は起こらないと期待される。

154 細胞の分化　◀テスト必出

次の文を読んで，以下の問いに答えよ。

受精卵は，分裂（卵割）をくり返すことによって細胞数を増加させるとともに，a生じた細胞は，それぞれ特定の役割を果たす細胞へと分化する。このように，受精卵はさまざまな細胞に分化できる能力をもち，それを①（　　　）という。

bほとんどの細胞は，一度ある組織を構成する細胞に分化すると，その後，別の種類の細胞に分化することはない。ところが，体細胞のなかにも一度分化した

細胞が再び他の細胞へ分化する能力を回復する場合がある。この性質を人類は利用し, 応用しようとしている。例えば, ②(　　　)細胞(胚性幹細胞)や, ③(　　　)細胞(人工多能性幹細胞)などを用いた技術の開発が進んでいる。

□ (1)　空欄に適切な語を入れよ。

□ (2)　下線部aについて, これに関連する文として最も適当なものを次のア〜ウから1つ選び記号で答えよ。

　　ア　乳腺の細胞を貧栄養の環境下で培養すると受精卵とほぼ同じ状態にある細胞となった。

　　イ　イモリの原口背唇部を別のイモリの胞胚(腹側)に移植すると, 移植された側から神経管が誘導された。

　　ウ　大腸菌に有用タンパク質の遺伝子を組み込んだプラスミドを導入した結果, 多量のタンパク質を合成するようになった。

(3)　下線部bについて, その説明として誤っているものを次のア〜ウから1つ選び, 記号で答えよ。

　　ア　分化した細胞は, その細胞が生きていく上で必要な遺伝子以外をスプライシングで除去するから。

　　イ　一度読まれた遺伝子の一部は再度発現させることができなくなるから。

　　ウ　分化が引き起こされるためには, ある特定の時期の細胞どうしの相互作用が必要だから。

155 バイオテクノロジー　◀テスト必出

□　バイオテクノロジーに関する以下の文の空欄に適する語句を入れよ。

　　バイオテクノロジーの発展により, ①(　　　)を取り除いた卵細胞に別の個体の①を移植することにより①を提供した個体と同じ遺伝子をもつ②(　　　)生物をつくることが可能である。②生物は優良な肉牛と同じ遺伝子をもったウシを誕生させるなど, 畜産への応用が期待されている。

　　また, 体細胞に数種類の③(　　　)を導入することでiPS細胞を作製する技術が報告された。iPS細胞は④(　　　)とよく似た性質をもっている。④は哺乳類初期胚の⑤(　　　)と呼ばれる胚から内部細胞塊と呼ばれる将来胎児になる部分の細胞を取り出し, 培養することにより得られる。iPS細胞や④を特定の細胞や組織に分化させ, これを移植して失われた機能を回復させる⑥(　　　)の可能性も検討されている。

応用問題 ●●● 解答 ➡ 別冊 *p.42*

156 ◀ 差がつく 以下の問いに答えよ。

　1962年にガードンはアフリカツメガエルの核移植実験を行った。まず変異型の白いアフリカツメガエルの幼生から腸上皮細胞を採取し，核だけを取り出した。次に，野生型の黒いアフリカツメガエルの未受精卵に紫外線を照射して①(　　)した後，腸上皮細胞から取り出した核を移植した。核移植した卵のうちのいくつかは正常に発生し，成体となった。正常に発生した個体の体色は②(　　)で，発生割合は右の表の通りである。

移植した核	正常な個体(幼生)が発生する割合
原腸胚の内胚葉の核	約80%
神経胚の腸上皮細胞の核	約60%
幼生の腸上皮細胞の核	約15%

　この成体の作成においては，生殖細胞や受精卵ではなく，特定の形態や機能に③(　　)した細胞の核であっても正常に発生することがあることがわかる。1996年には哺乳類で初めて体細胞クローンの雌のヒツジが誕生，ドリーと名づけられた。

できたらチェック✓

☐ (1)　文中の空欄に適切な語句を入れよ。

☐ (2)　下線部について，文章中の上記の実験でアフリカツメガエルを作成することができる性別についての記述をア〜ウから選び，記号で答えよ。

　　ア　雄のみ　　　イ　雌のみ　　　ウ　雌雄どちらでもよい

☐ (3)　この実験からわかることとして正しいものをすべて選び，記号で答えよ。

　　ア　発生が進んだ胚の核は，卵を正常に発生させる能力を完全に失っている。

　　イ　発生が進んだ胚の核は，卵を正常に発生させる能力を失っていない。

　　ウ　発生が進んだ胚の核は，遺伝子発現がしにくくなっている。

　　エ　発生が進んだ胚の核は，遺伝子発現がしやすくなっている。

　　オ　分化した細胞の核は，受精卵と同じ遺伝情報をもつ。

　　カ　分化した細胞の核は，受精卵と異なる遺伝情報をもつ。

☐ (4)　ガードンの実験で得られたカエルは，核を採集されたカエルの遺伝情報をそのまま受け継いでいる。このような個体を何というか。

☐ (5)　(4)と同様に同じ遺伝情報をもつものをすべて選び，記号で答えよ。

　　ア　ドリーから有性生殖で生まれた子ヒツジとドリー

　　イ　ヒトの男女の一組の双生児

　　ウ　ウニの2細胞期胚を分離して発生した2匹の幼生

31 遺伝子を扱う技術

テストに出る重要ポイント

- **バイオテクノロジー**…生物を利用する技術で，現在ではおもに**遺伝子操作**の技術を中心とした応用分野のこと。

- **遺伝子組換え**…細胞や細菌に特定の遺伝子を導入して，その形質を発現させる。目的のDNA断片を，**制限酵素**を用いて切り出し，**DNAリガーゼ**を用いてプラスミドに組み込み，細胞や大腸菌に導入する。

  〔**ベクター**〕　遺伝子を細胞に導入するためのプラスミドやウイルス。

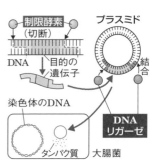

- **PCR法**…DNAクローニング(増幅)の一手法。高温によるDNA 2本鎖の解離と高温ではたらくDNAポリメラーゼによるDNA複製をくり返すことで特定のDNA断片を短時間で大量に得られる。

- **遺伝子のはたらきを調べる研究**
  ① トランスジェニック動物…他の生物の遺伝子を導入した動物。
  ② ノックアウトマウス…特定の遺伝子をはたらかなくしたマウス。

- **電気泳動法**…DNAは負(−)の電荷をもつため，電圧をかけると＋側へ移動する。寒天ゲルの中で行うと，**短いDNAほど移動が速い**ため，移動距離によりDNA断片の長さを推定できる。

- **塩基配列の解析**…DNA複製のしくみを利用し，DNA合成を止めるはたらきをもつ特殊なヌクレオチドを用いてさまざまな長さのヌクレオチド鎖をつくる。これらの鎖の最後のヌクレオチドを順番に解析する。

- **ゲノムプロジェクト**…ある生物のもつゲノムの塩基配列をすべて解読すること。例 ヒトゲノムプロジェクト

- **遺伝子診断**…患者の遺伝子を調べ，病気を発症する可能性や薬の効きやすさ，副作用などを診断すること。

- **遺伝子治療**…変異を起こした遺伝子に代わり，正常な遺伝子を体内に導入する技術のこと。

- **DNA鑑定**…DNAの多型の違いを調べることで個人を識別する技術。

基本問題 ●●●●●●●●●●●●●●●●●●●●●●●●●●●●●●●● 解答 ➡ 別冊*p.42*

157 遺伝子組換え ◀テスト必出

次の文を読み，以下の問いに答えよ。

ある生物から取り出した目的のDNAの断片を別の生物に導入して発現させる技術を①（　　）という。その手順は，目的とする遺伝子を含む**a**DNA断片を特定の酵素で切り出し，別の酵素である②（　　）を用いて，**b**細菌の中に染色体DNAとは別に存在する環状DNAに組み込む。このDNAを大腸菌などの内部に組み入れ，遺伝子の発現を行わせるものである。

□ (1) 文中の空欄に最も適切な語句を記せ。

□ (2) 下線部**a**について，DNA断片を得るときに用いる酵素を何というか。また，これを使う理由を記せ。

□ (3) 下線部**b**について，このDNAのことを何というか。

□ (4) (3)やウイルスなど，「遺伝子の運び屋」として用いられるものをまとめて何というか。

158 PCR法 ◀テスト必出

次の文を読み，以下の問いに答えよ。

PCR法は特定のDNA断片を試験管内で多量に増幅する技術で，それによって得られた遺伝子は①（　　）配列の分析や②（　　）に利用される。まず90℃以上の高温にするとDNAは2本鎖の③（　　）結合がはずれて1本鎖のDNAになる。少し温度を下げ，DNA複製の起点となるプライマーと呼ばれる1本鎖DNAを加えて，酵素である④（　　）がはたらくと，それぞれの鎖をもとにしてDNAの⑤（　　）が行われる。これをくり返すことによって短時間で多量のDNAが得られる。

□ (1) 文中の空欄にあてはまる最も適切な語句を以下から選べ。

塩基	遺伝子組換え	水素	プライマー	ペプチド
制限酵素	DNAリガーゼ	DNAポリメラーゼ	複製	
転写	DNAヘリカーゼ	酸	酸素	

□ (2) 下線部について，この反応で用いる酵素④の特徴は何か。

📖 **ガイド**　(1)④バイオテクノロジーで使われる酵素の種類についてはその名前と性質を正しく覚えておくこと。

159 遺伝子技術

　次の(1)～(7)の内容に最も関係の深い語句を，あとのア～カより選べ。

□(1)　マウスにラットの成長ホルモン遺伝子を導入したところ，体重が約2倍のマウスとなった。

□(2)　マウスにオワンクラゲの蛍光タンパク質遺伝子を導入し，紫外線を当てると蛍光を発するマウスができた。

□(3)　特定の遺伝子をはたらかないようにしたマウスを作成し，その形質を見ることでその遺伝子のはたらきを知ることができた。

□(4)　マウスの体細胞の核を除核した未受精卵に移植して，同じ遺伝子をもったマウスを得た。

□(5)　個人ごとの遺伝子を調べ，病気に関連するような塩基配列の変化を調べる。

□(6)　ある生物のDNAを解析し，全塩基配列を特定する。

□(7)　塩基配列に変化が生じ，正常に発現しなくなった遺伝子の代わりに正常な遺伝子を導入する。

　　ア　遺伝子診断　　　　　イ　ゲノムプロジェクト　　　ウ　遺伝子治療

　　エ　クローンマウス　　　オ　ノックアウトマウス

　　カ　トランスジェニックマウス

📖 **ガイド**　DNAの塩基配列を解析する技術の向上により，バイオテクノロジーを応用できるようになってきた。

160 電気泳動

　あるDNAの塩基配列を特定するために行った実験について，次の文を読んで，あとの各問いに答えよ。

　まず，2本鎖のDNAを分離し，1本鎖にした。次に得られたDNAにプライマー・DNA合成酵素・ヌクレオチド(4種)を加えて，DNAを合成させた。このとき，アデニンを含むヌクレオチドに関して，糖の構造が異なる特殊なヌクレオチドを少量混ぜた。この特殊なヌクレオチドを取り込むとDNA合成が停止する。この特殊なヌクレオチドを加える操作を，チミン・グアニン・シトシンでも同様に行った。こうして得られたDNA断片を，寒天ゲルの溝に注入し，寒天ゲルに直流電流を流すとDNA断片が移動するようすが観察された。

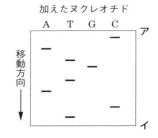

加えたヌクレオチド

A　T　G　C

ア

移動方向

イ

- □ (1) 下線部のような操作を何というか。
- □ (2) 図のア・イのうち，陰極(−)を示しているのはどちらか。
- □ (3) 移動距離が長いのは，短いDNA・長いDNAのどちらか。
- □ (4) 図から読み取ることのできるDNAの塩基配列を答えよ。

応用問題 ●●●●●●●●●●●●●●●●●●●●●●●●●●●●●●●●●●●●● 解答 ➡ 別冊***p.43***

161 ◀差がつく▶ 次の①，②の語群はバイオテクノロジーに関する用語を示したものである。それぞれの用語に最も関連が深い技術の名称を答え，その技術の内容を各語群の用語を使って説明せよ。

- □ ① 制限酵素，プラスミド，DNAリガーゼ
- □ ② プライマー，DNAポリメラーゼ，増幅

162 DNAの実験操作に関する次の文を読み，下の問いに答えよ。

図1は，あるウイルスのDNAの一部を示しており，この部分から1つのRNAが転写される。DNAの長さの単位として「ユニット」を定義し，図の中の数字はDNAの末端からの距離をユニットの単位で表す。15.6〜18.0の範囲にあたる領域Tにはプロモーターがあり，転写はこの領域内にある1つの転写開始点から開始され図1に示す方向に進む。

この領域TをPCR法で増幅し，制限酵素ア〜ウを使用して断片化した。ゲル電気泳動により，断片化されたDNAをその長さに従って分離した結果を図2に示す。各酵素を単独で作用させると，それぞれ2個の断片に分かれた。また，ア〜ウの3種類の酵素をすべて用いたときには，領域Tは4個に断片化されたが，そのうち2個の断片は同じ長さであった。

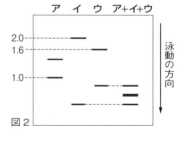

- □ (1) 酵素アと酵素イによる切断点間の距離を答えよ。
- □ (2) 酵素イと酵素ウによる切断点間の距離を答えよ。
- □ (3) 右の図に酵素ア・酵素ウの切断点を記せ。

📖 **ガイド** 図2より酵素イとウでそれぞれ切断されたときの短い断片は他の2つの酵素で切断されない。

32　刺激の受容と受容器

● **刺激の受容と反応経路**

　（刺激）⇨受容器→感覚神経→中枢→運動神経→効果器⇨（反応）

● **適刺激**…受容できる刺激の種類は，受容器によって決まっている。

● **眼の構造とはたらき**

　① 視細胞 { 桿体細胞…明暗に反応。 / 錐体細胞…色を識別。

　② 遠近調節…毛様筋とチン小帯とで水晶体の厚さを変えて調節する。

　③ 明暗調節…虹彩によって，瞳孔（ひとみ）の大きさを変えて調節する。

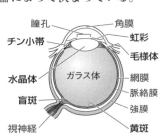

● **耳の構造とはたらき**

　① 聴覚器…うずまき管

　（音波）⇨外耳道→鼓膜→耳小骨→うずまき管（リンパ液）→基底膜→コルチ器（聴細胞）→聴神経→大脳

　② 平衡受容器 { 傾き…前庭 / 回転…半規管

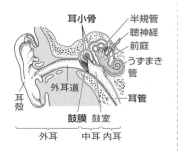

基本問題

解答 ⇨ 別冊*p.44*

163 刺激の伝わる経路

□　動物が刺激に対して反応を示すまでのしくみを表した右の図の①〜⑥に最も適する語を次から選べ。

ア　効果器　　　イ　受容器　　　ウ　感覚神経

エ　運動神経　　オ　中枢　　　　カ　神経系

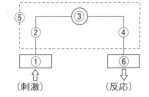

164 受容器と適刺激

□　次の①〜④の感覚が生じるための刺激をＡ群から，その受容器をＢ群から選べ。

① 視覚　　② 聴覚　　③ 嗅覚　　④ 傾き感覚

〔Ａ群〕　a　重力　　　b　音　　　c　光　　　d　化学物質（気体）

〔Ｂ群〕　ア　網膜　　イ　鼻（嗅上皮）　　ウ　耳（コルチ器）　　エ　耳（前庭）

165 眼の構造とはたらき　◀テスト必出

右の図は，ヒトの眼球の水平断面を示したものである（上から見た図）。これについて，次の問いに答えよ。

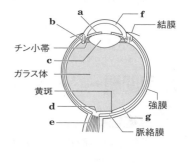

- □ (1)　図中の**a**～**g**の名称を答えよ。
- □ (2)　次の①～④に最も関係の深いものを図の
  なかから選び，記号で答えよ。
  - ①　この部分に結ばれた像は見えない。
  - ②　眼に入る光の量を調節している。
  - ③　光を受容する細胞が並んでいる。
  - ④　受容した刺激を大脳へ伝える。
- □ (3)　この図は，右眼，左眼いずれのものか。
- □ (4)　色を見分けるのに関与している視細胞の名称を答えよ。
- □ (5)　下の文は，近くの物を見るときに像を結ぶ方法を示したものである。（　）内
  に適する語を入れよ。

  近くの物を見るときは，毛様体の筋肉（毛様筋）が①（　　）してチン小帯がゆ
  るむので，水晶体がそれ自体の弾性で②（　　）くなり，焦点距離が短くなって
  像を結ぶ。このように，眼には，物体の像が③（　　）上にはっきりと結ばれる
  ようにするしくみが存在する。

166 耳の構造とはたらき　◀テスト必出

右の図は，ヒトの耳の構造を示したものである。これについて，次の問い(1)～
(4)に答えよ。

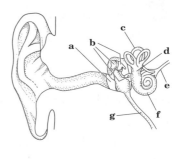

- □ (1)　図中の**a**～**g**の名称を答えよ。
- □ (2)　**a**～**g**のうち，中耳に含まれる構造はど
  れか。3つあげ，記号で答えよ。
- □ (3)　次の①～④に最も関係の深いものを図中
  の**a**～**g**からそれぞれ選び，記号で答えよ。
  - ①　中耳内の空気の圧力を，大気圧の変化
    に応じて調節する。
  - ②　てこの原理で振動を増幅する。
  - ③　平衡石（耳石(じせき)）の動きが感覚細胞を刺激し，重力の方向を感じる。
  - ④　管内のリンパ液の動きが感覚毛を刺激し，からだの回転を感じる。

□ (4)　次の図は，ヒトが音
を受容するときの音
の振動が伝わる経路

鼓膜 ──→ （　①　）──→ （　②　）のリンパ液 ┐
（　④　）の聴細胞 ◄── （　③　）─────┘

を示したものである。（　）内に入る適当な語を下の語群から選び，記号で答えよ。

ア　前庭　　　イ　コルチ器　　ウ　うずまき管　　エ　半規管
オ　耳小骨　　カ　耳管　　　　キ　基底膜　　　　ク　おおい膜

応用問題 ……………………………………………………………… 解答 ➡ 別冊 *p.45*

167 **≪差がつく≫** 右の図は，網膜内部の構造を示したものである。また，次の文
は，網膜内部の細胞の機能を説明したものである。あとの各問いに答えよ。

図のＡの視細胞には，光を吸収すると分解する①(　　　)
という物質が存在し，この物質の分解した量によって光の
強さを受容できる。暗所から急に明所に出るとまぶしく感
じるのは，①が多量に分解され，強い興奮が脳に伝わるか
らである。しばらくすると，分解産物が再び①に再合成さ
れ，興奮がおさまり，眼が明るさに慣れる。このような現
象を②(　　　)という。

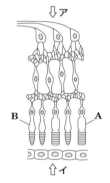

［できたらチェック］

□ (1)　図のＡ，Ｂの細胞の名称を記せ。
□ (2)　文中の①，②に適する語を入れよ。
□ (3)　図の中で，光はア，イのどちらの方向から来るか。
□ (4)　盲斑は，図の右，左のどちらにあるか。

□ **168** 次の問いに答えよ。

右の図のように，中央に＋印をかき，その横に線を
引いた紙を眼の高さに置き，80 cm 離れた所から右眼
だけで見る。まず始めに，＋印が眼の正面にくるよう
にし，正面を見つめたままで，少しずつ紙を右にずら
していく。すると，＋印はいったん見えなくなり，さ
らに紙を右にずらすと再び見えはじめる。＋印が見え
なかった間隔(距離)を 5 cm，眼球の直径を 2 cm とす
ると，盲斑の直径は何 cm になるか。

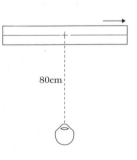

📖ガイド　盲斑の直径を *x* cm とすると，80：5＝2：*x* の関係になる。

33 神経系による興奮の伝達

● **ニューロン(神経細胞)の構造**…細胞体，軸索，樹状突起からなる。

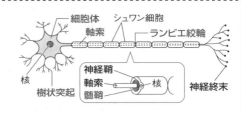

● **有髄神経繊維**…髄鞘(ずいしょう)があり，興奮の伝導速度が速い(跳躍伝導(ちょうやく))。例 脊椎動物の神経(交感神経以外)

● **無髄神経繊維**…髄鞘がなく，興奮の伝導速度が遅い。
例 無脊椎動物の神経，脊椎動物の交感神経

● **静止電位**…静止時の細胞膜内外の電位差。内側が−，外側が＋。

● **活動電位**…興奮時の膜電位の一連の変化(内側が＋，外側が−になり，もとにもどる)。

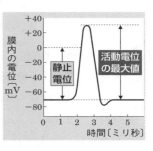

● **全か無かの法則**…活動電位は，ある一定の刺激の強さ(閾値(いきち))以上でないと生じない。➡閾値より強い刺激を与えても**活動電位の大きさは一定**。

● **興奮の伝導**…ニューロンの中を興奮が伝わること。

① 刺激を与えると，その部分の電位が逆転し，興奮が生じる。
　└活動電位の発生

② 興奮部と隣接部との間で電位差が生じ，活動電流が流れる。

③ 活動電流により，隣接部の電位が逆転し，興奮部位が移動する。

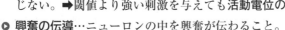

● **興奮の伝達**…神経終末と次のニューロ
　　　　　　　└軸索の末端
ンとの隣接部(シナプス)で，伝達物質によって興奮が伝わること。

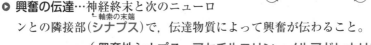

神経伝達物質 { 興奮性シナプス…アセチルコリン，ノルアドレナリン
　　　　　　　抑制性シナプス…γ−アミノ酪酸(らくさん)(GABA)

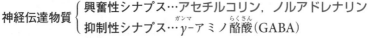

● **興奮の伝達の方向**…伝達物質は神経終末からのみ放出されるので，興奮は〔神経終末→次のニューロン〕の**一方向**のみに伝わる。

基本問題 •• 解答 ➡ 別冊*p.45*

できたら
チェック **169** ニューロン(神経細胞)の構造 ◀テスト必出▶

右の図は，ある動物のニューロンの構造を示した模式図である。問いに答えよ。

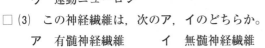

- □ (1)　図中の**A〜H**の名称を答えよ。
- □ (2)　このニューロンは，次のア〜ウのどれか。
  - ア　感覚ニューロン　　イ　介在ニューロン
  - ウ　運動ニューロン
- □ (3)　この神経繊維は，次のア，イのどちらか。
  - ア　有髄神経繊維　　　イ　無髄神経繊維
- □ (4)　このニューロンは，次のア，イのいずれのものか。
  - ア　無脊椎動物　　　イ　脊椎動物
- □ (5)　隣接したニューロンどうしのつながりの部分を何というか。

170 興奮の伝導と膜電位

次の文を読んで，あとの各問いに答えよ。

A　ニューロンは，通常，軸索の内側は外側に対して①(　　)の電位を示す。この電位のことを②(　　)という。ニューロンが刺激を受けると，細胞内外の電位差が逆転し，内側が③(　　)になる。この状態を興奮したという。逆転した電位差はすぐにもとにもどる。このときの一連の電位変化を④(　　)という。

B　有髄神経では，⑤(　　)が電流を通しにくいため，興奮は⑥(　　)の間をとびとびに伝わり，興奮の伝導速度は⑦(　　)。この伝導を⑧(　　)という。

- □ (1)　(　)内に適する語を入れよ。
- □ (2)　右の図は，上の**A**の文の電位変化を示したものである。このグラフから，②の値と④の最大値をそれぞれ求めよ。
- □ (3)　ニューロンに刺激を与え，刺激の強さを強くしながら発生する興奮の大きさを測定し，グラフにするとどのような結果が得られるか。次の**A〜C**から1つ選び，記号で答えよ。

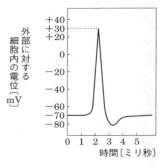

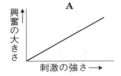

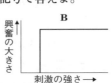

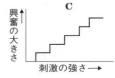

171 興奮の伝導と興奮の伝達　◀テスト必出

右の図は，機能的につながった３つのニュー
ロン（神経細胞）を模式的に示したものである。

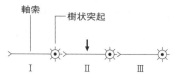

□ (1)　図の矢印の部分を刺激すると，興奮が起こ
った。興奮は，Ⅱのニューロン内をどのよう
に伝わるか。次のア〜ウから選び，記号で答えよ。

　　ア　矢印の部分から両側に伝わる。

　　イ　矢印の部分から左側へのみ伝わる。

　　ウ　矢印の部分から右側へのみ伝わる。

□ (2)　Ⅱのニューロンの興奮は，他のニューロンへどのように伝わるか。次のア〜
エから選び，記号で答えよ。

　　ア　Ⅰ，Ⅲの両方に伝わる。

　　イ　Ⅲのニューロンには伝わるが，Ⅰのニューロンには伝わらない。

　　ウ　Ⅰのニューロンには伝わるが，Ⅲのニューロンには伝わらない。

　　エ　Ⅰ，Ⅲのいずれのニューロンにも伝わらない。

□ (3)　ニューロンとニューロンとのつながりの部分を何というか。

□ (4)　(3)の部分で，興奮の伝達が一方向になる理由を簡潔に答えよ。

□ (5)　興奮性シナプス後電位（EPSP）を発生させる神経伝達物質の名称を答えよ。

□ (6)　抑制性シナプス後電位（IPSP）を発生させる神経伝達物質の名称を答えよ。

応用問題 ●●●●●●●●●●●●●●●●●●●●●●●●●●●●●● 解答 ➡ 別冊*p.46*

（できたらチェック）

172　◀差がつく　下の文は，ニューロンが刺激を受けたときに起こる現象を示し
たものである。A〜Eの現象を発生順に正しく並びかえよ。

A　一時的に，ナトリウムイオンに対する細胞膜の透過性が増大する。

B　カリウムに対する細胞膜の透過性が高まり，カリウムチャネルが開きカリウ
ムイオンが細胞外へ流出する。

C　ナトリウムチャネルが開き，ナトリウムイオンが細胞内に大量に流入する。

D　ナトリウムポンプのはたらきにより，膜電位が静止時のレベルにもどり，細
胞膜の内側が外側を基準として$-60 \sim -90\,\mathrm{mV}$になる。

E　細胞膜の内側が，外側を基準として$30 \sim 60\,\mathrm{mV}$になる。

173 ◀差がつく ある動物の神経を取り出し，軸索の部分を用いて，興奮の伝導について調べる次の実験を行った。あとの問いに答えよ。

〔実験1〕 図のように記録電極**A**を軸索内部に，基準電極 **B**を軸索表面に取りつけ，2つの電極間の電位差をオシ ロスコープを用いて測定した。

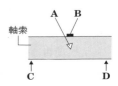

〔実験2〕 神経終末の**C**の位置に閾値以上の刺激を与え，

A，**B**の電極間に生じる電位差をオシロスコープを用いて測定した。

□(1) 実験1において，2つの電極の電位差にはどのような関係があるか。次から選んで答えよ。

　ア　**A**の電極は，**B**の電極を基準として常に正である。

　イ　**A**の電極は，**B**の電極を基準として常に負である。

　ウ　**A**，**B**の2つの電極の間に電位差は見られない。

　エ　**A**，**B**の2つの電極の間の電位差は常に変化し，正負は一定しない。

□(2) 実験2において，オシロスコープに見られる電位変化のようすは次の図のどれになるか。

①
②
③
④

□(3) 実験2において，刺激を加える場所を図の**D**にした場合の電位変化はどうなるか。(2)の①〜④から選び，番号で答えよ。

□(4) 実験1で，**A**の電極を軸索の表面に置くと，電位変化はどうなるか。(1)のア〜エから選び，記号で答えよ。

□(5) (4)の状態で，**A**の電極を**C**側に少し動かし，**C**に刺激を加えた場合の電位変化はどうなるか。(2)の①〜④から選び，記号で答えよ。

174 右の図のように，カエルの足の筋肉を神経 ごと取り出し，筋肉から5 mm離れた**A**点を刺激 したところ，3.5ミリ秒後に収縮した。さらに， 筋肉から50 mm離れた**B**点を刺激したところ，

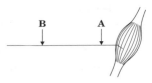

5.0ミリ秒後に収縮が見られた。この神経の興奮の伝導速度（m/s）を求めよ。

📖ガイド　**A**点と**B**点を刺激したときの，収縮に要する時間の差から，神経中を伝わる興奮の 伝導速度を求める。1000ミリ秒＝1秒

34 中枢神経系と末梢神経系

テストに出る重要ポイント

● **脊椎動物の神経系**

神経系 { 中枢神経系…脳，脊髄
末梢神経系 { 体性神経系…感覚神経，運動神経
自律神経系…交感神経，副交感神経 }

● **脳の構造とはたらき**

① **大脳** { 新皮質…運動，精神活動の中枢。
辺縁皮質…本能・感情の中枢。

② **間脳**…自律神経系（体温・血糖値）の中枢。

③ **中脳**…眼球運動・姿勢保持の中枢。

④ **小脳**…筋肉運動の調節，平衡を保つ中枢。

⑤ **延髄**…心臓の拍動や呼吸運動の中枢。

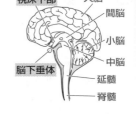

● **脳幹**…間脳・中脳・延髄をまとめた名称。生命維持に関わる中枢が分布。

● **脊髄の構造とはたらき**

① { 髄質…灰白質（細胞体の集まり）
皮質…白質（軸索の集まり）

② { 背根…感覚神経が通っている。
腹根…運動神経が通っている。

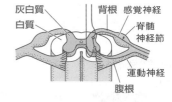

〔はたらき〕 脳と末梢神経の中継，反射の中枢。

基本問題 ●●●●●●●●●●●●●●●●●●●●● 解答 ➡ 別冊*p.47*

175 脊椎動物の神経系

□ **脊椎動物の神経系に関する次の文を読み，文中の空欄に適語を入れよ。**

脊椎動物の神経系は，中枢神経系と末梢神経系からなる。中枢神経系は脳とそれに続く①（　　）からなる。脳は大脳・間脳・中脳・小脳・②（　　）に分けられ，それぞれ異なった機能をもつ。このうち間脳・中脳・②は③（　　）と呼ばれ，生命維持にはたらく。また，末梢神経系は，運動神経と感覚神経からなる④（　　）と体内環境を保つためにはたらき，交感神経と副交感神経からなる⑤（　　）がある。

176 脳の構造とはたらき ◀テスト必出

　右の図は，ヒトの脳の構造を示している。a～eの
名称を記せ。また，次の①～⑤のはたらきは，a～e
のどの部分と関係が深いか，記号で答えよ。

① 体温調節の中枢　　② 呼吸運動の中枢
③ 精神活動の中枢　　④ 眼球反射運動の中枢
⑤ からだの平衡を保つ中枢

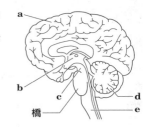

177 反射 ◀テスト必出

　ひざの下を軽くたたくと，無意識に足が上がる。
この反応の中枢は脊髄であり，右の図のようなし
くみで起こる。

□(1)　このような反応と反応経路を何というか。
□(2)　図中のA～Dの名称を答えよ。
□(3)　この反応の経路を示すと次のようになる。①
　　　～④に適当な語を入れよ。

〔刺激〕→筋紡錘(感覚器官)→①(　　)神経→②(　　)根→脊髄→③(　　)根→
④(　　)神経→筋肉(効果器)→〔反応〕

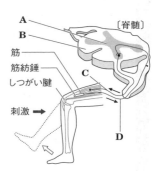

応用問題 ●●●●●●●●●●●●●●●●●●●●●●●●●●●●●●●●●●●●　解答 ➡ 別冊*p.47*

178 ◀差がつく　右の図は，大脳と脊髄の神
経の連絡経路を模式的に示したものである。

□(1)　図中のa～hのなかで，灰白質を示してい
　　　るものをすべて選び，記号で答えよ。
□(2)　図中のcの部分で，神経経路の左右が交差
　　　している。cの名称を答えよ。
□(3)　図中のd，hのどちらの神経が，背根を通
　　　っているか，記号で答えよ。
□(4)　図中のd，g，hの神経の名称を記せ。
□(5)　熱いものに指先が触れたとき，思わず手を引っ込める行動が見られるが，こ
　　　のときの信号の伝達経路を記号で示せ。
□(6)　(5)において同時に熱いと感じた。このときの信号の伝達経路を記号で示せ。

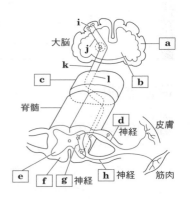

35 刺激への反応と効果器

○ 筋肉の種類

横紋筋 ┤ 骨格筋（骨格につながる） ➡ 意志で動く（随意筋）。
　　　 └ 心筋（心臓を構成）
平滑筋…内臓筋（内臓器官を構成）　 ➡ 無意識に動く（不随意筋）。

○ 骨格筋（横紋筋）の構造

① 筋繊維（筋細胞）…アクチンとミオシンからなる筋原繊維とそれを包む筋小胞体が多数含まれる。

② サルコメア（筋節）…収縮の単位となる構造。

　暗帯…ミオシンフィラメントのある部分。
　明帯…アクチンフィラメントのみの部分。
　収縮すると明帯が短くなる。

○ 筋収縮のエネルギー…ATPは保存しにくいので，いったん化学的に安定なクレアチンリン酸の形でエネルギーをためておく。

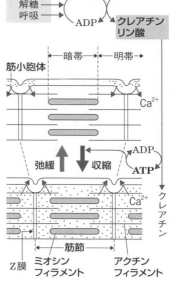

○ 筋収縮の仕組み（滑り説）

① 神経からの刺激を細胞膜の受容体が受容し，筋小胞体からCa^{2+}放出。

② Ca^{2+}がトロポニンに結合➡トロポミオシンのはたらきが阻害され，アクチンフィラメントとミオシンフィラメントとの結合が可能になる。

③ ミオシンがATP分解酵素として作用し，エネルギー放出。

④ アクチンフィラメントが筋節中央部に引きずり込まれ，筋節が短縮して筋肉が収縮する。

⑤ Ca^{2+}が筋小胞体に回収されると筋肉はもとにもどり弛緩。

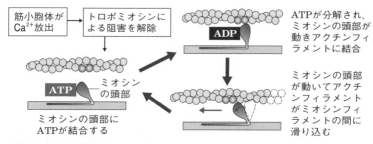

ATPが分解され、ミオシンの頭部が動きアクチンフィラメントに結合

ミオシンの頭部が動いてアクチンフィラメントがミオシンフィラメントの間に滑り込む

筋小胞体がCa²⁺放出 → トロポミオシンによる阻害を解除

ミオシンの頭部にATPが結合する

● **刺激の頻度と筋収縮**

　① 単収縮…1回の刺激で1回の収縮。

　② 強縮…連続した刺激で生じる持続的な強い収縮。➡運動時の筋収縮。

● **その他の効果器**…繊毛(せんもう)，鞭毛(べんもう)，発光器官，発電器官，分泌腺など。

基本問題 ●●●●●●●●●●●●●●●●●●●●●●●●●●●●●●●●●●●● 解答 ➡ 別冊*p.47*

179 筋肉の種類と構造

できたらチェック。

次の文の(　)に適する語を下の語群から選び，記号で答えよ。

□ (1) ヒトの筋肉は，大きく3種類に分けられる。骨格筋と心筋は横じまが見られるため①(　)というが，②(　)にはこのような模様は見られない。②の筋肉と心筋は，意志によって動かないので③(　)と呼ばれている。

□ (2) 骨格筋は多数の④(　)からなり，さらに④は多数の⑤(　)を含んでいる。⑤を顕微鏡で観察すると，明帯と暗帯と呼ばれる部分が観察でき，明帯の中央には⑥(　)が見られる。⑥から隣の⑥の間を⑦(　)という。

　ア 筋節(サルコメア)　　イ 筋原繊維　　ウ 筋繊維(筋細胞)
　エ 平滑筋　　オ 横紋筋　　カ Z膜　　キ 随意筋　　ク 不随意筋

180 効果器の種類

□ A群の動物に特徴的に見られる効果器をB群から選び，記号で答えよ。

A. ① ウミホタル　　② ゾウリムシ　　③ ザリガニ
　④ シビレエイ

B. ア 色素胞　　イ 鞭毛　　ウ 繊毛　　エ 発電器官
　オ 発光器官

181 筋収縮のしくみ ◀テスト必出

□　文中の空欄に適切な用語を入れ，ア～カを骨格筋の収縮過程の順に並べよ。

ア　ATPの分解によってエネルギーが放出される。

イ　筋小胞体から①(　　　)が放出される。

ウ　神経からの興奮によって筋細胞が興奮する。

エ　アクチンフィラメントが②(　　　)フィラメントの間に滑り込み，筋節が縮む。

オ　②がATP分解酵素としての活性を現す。

カ　①が③(　　　)に結合することで，トロポミオシンのはたらきが阻害され，アクチンフィラメントと②フィラメントが結合可能になる。

182 筋収縮 ◀テスト必出

　カエルの骨格筋を用いて，次のような実験を行った。

　カエルの足の骨格筋を神経をつけたまま取り出し，右の図のような装置に取りつけた。この筋肉に電極を取りつけ，0.5秒ごとに電気刺激を与えたところ，aのような曲線を描いた。さらに，電気刺激の強さは変えずに1秒間に30回の刺激を与えたところ，bのような曲線を描いた。

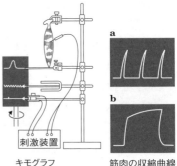

キモグラフ　　　筋肉の収縮曲線

□(1)　図a，bで見られる収縮をそれぞれ何というか。

□(2)　我々が運動をしているとき生じている収縮は，a，bのどちらか。

□(3)　筋肉が収縮したあと，もとの状態にもどることを何と呼ぶか。

□(4)　刺激の間隔は一定で刺激の強さを増していくと，骨格筋の収縮の強さはどうなるか。次のグラフから正しいものを選べ。

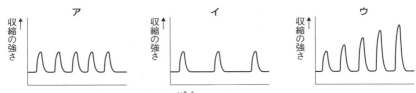

📖 ガイド　(4)筋繊維が収縮する刺激の閾値は1本1本違っており，刺激の強さが増すと，収縮する筋繊維の数がふえる。

応用問題 ●● 解答 ⇒ 別冊 *p.48*

183 ◖差がつく◗　図1は骨格筋の構造について模式的に描いたものである。また，図2はサルコメア(筋節)の長さとその時発生する力(張力)との関係を示したものである。以下の問いに答えよ。

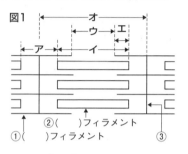

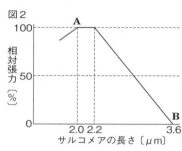

チェック。できたら□

- □ (1)　図中の①～③にあてはまる語句を答えよ。
- □ (2)　筋原繊維には明帯と暗帯とが交互にくり返されており，筋収縮はサルコメア(筋節)を単位として起こる。明帯，暗帯，サルコメアを図のア～オより選べ。
- □ (3)　明帯，暗帯，サルコメアのうち筋収縮した際に短くなるものを答えよ。
- □ (4)　筋節でATPの再生のためにエネルギーを供給する物質名を記せ。
- □ (5)　筋収縮は，①フィラメントが②フィラメントの間に引き込まれることで起こり，2種類のフィラメントの重なりが多いほど張力は大きくなる。

　　図2に示すようにサルコメアの長さが2.0～2.2 μmの範囲では張力に変化がなかった。また，引き込まれた①フィラメントどうしが衝突すると張力が低下することが知られている。

　　図中のA，Bのときの①，②のフィラメントの重なりのようすを図1をもとに模式図で示せ。
- □ (6)　図2をもとに，①フィラメントの③からの長さ，②フィラメントの長さをそれぞれ求めよ。

📖**ガイド**　(4)多量に蓄積できないATPの代わりに，別の物質にリン酸を転移させて高エネルギーリン酸結合のエネルギーを保存する。

　　(5)グラフの問題では，傾きが変わっているところに着目し，何を意味しているか読み取る力が求められる。

184 筋収縮のしくみに関する次の文を読み，あとの各問いに答えよ。

骨格筋の筋収縮は，筋原繊維を構成する$_a$アクチンフィラメントが，ミオシンフィラメントの間に滑り込むことによって起こる。このような収縮のしくみの学説を①(　　　)という。

筋収縮の直接のエネルギー源はATPであるが，これは，筋原繊維のまわりに多数含まれる②(　　　)で呼吸によって合成されている。また，筋肉は酸素の供給が不足している状態でも乳酸菌などが行う③(　　　)と同じ過程により収縮に必要なATPを生成することができる。この過程を④(　　　)という。

カエルのふくらはぎの筋肉を一部切り出して，解糖の阻害剤で処理をし，酸素がない状態で$_b$1回の電気刺激を与え，筋肉を収縮させた。収縮の前後で筋肉中に含まれるATPの量を測定したところ，$_c$ATPの量は変化していなかった。

□ (1)　文中の空欄に適切な語を記せ。

□ (2)　筋収縮が始まるとき，筋小胞体から放出されるものは何か。

□ (3)　文中の下線部**a**について，アクチンフィラメントを構成する成分のうち，(2)で答えたものと結合するタンパク質の名称を答えよ。

□ (4)　文中の下線部**b**について，このような収縮を何というか。

□ (5)　文中の筋肉に電気的な刺激をくり返し与え続けたとき，以下の筋肉中の成分はどのように変化するか。増加，減少，変化なしのいずれかで答えよ。

　　A　グリコーゲン

　　B　乳酸

　　C　クレアチンリン酸

□ (6)　下線部**c**について，筋収縮のためにエネルギーが消費されたにもかかわらずATPの量が変わっていないのはなぜか。簡単に説明せよ。

□ (7)　ATPは筋肉の弛緩のときにも必要である。筋肉の弛緩のとき，ATPのエネルギーがどのように使われているか簡単に説明せよ。

36 動物の行動

テストに出る重要ポイント

⭕ **生得的行動**…生まれつき備わっている行動。

① **走性**…ある刺激に対して，一定の方向に移動する行動。
> 刺激に対して近づく…正，遠ざかる…負。

② **かぎ刺激による行動**…種や個体の維持のための行動。それぞれの行動に特有な刺激(かぎ刺激)に誘発される。求愛行動などでは独特の行動が決まった順番で連鎖して起こる**固定的動作パターン**が見られる。

⭕ **定位**…環境中の刺激を目印にして一定の方向に位置を定めること。

① **聴覚定位**…聴覚で獲物の位置を特定。例 メンフクロウ

② **太陽コンパス**…太陽の位置の情報をもとに行動の方向を定める。
例 渡り鳥(ホシムクドリなど)

⭕ **習得的行動**…生まれた後の経験による行動の変化。

① **刷込み**…生後特定の時期に行動の対象を記憶する学習。

② **慣れ**…同じ刺激を与え続けると，しだいに反応しなくなる。感覚ニューロンからの神経伝達物質の減少により，運動ニューロンのEPSPが減少(再び刺激に対する反応が回復する現象が**脱慣れ**)。
> 興奮性シナプス後電位

③ **鋭敏化**…ある刺激に対する反応が，異なる刺激を受けた後に強化されるようになる。感覚ニューロンからのシナプスで伝達効率が上昇。

④ **試行錯誤**…ある目的に対して経験をくり返すことで誤りが減る。

⑤ **条件づけ**…経験により，本来中立的な刺激によって特定の反応を誘発されるようになる。新しい神経の回路が生じる。

> **古典的条件づけ**　例 えさを与える(**無条件刺激**)と同時にベルの音を聞かせる→ベルの音(**条件刺激**)だけでだ液が出るようになる。
> **オペラント条件づけ**　例 ブザー音と同時にレバーを押すとえさが出る箱に入れたマウスが正しく行動してえさを得るようになる。

⑥ **知能行動**…未体験の事態に対して，思考や判断(洞察学習，見通し学習)にもとづいて行う的確な行動。

⭕ **個体間の情報伝達**

① **フェロモン**…動物の体内でつくられ，体外に分泌されることで，微量でも同種の個体に特定の作用を示す化学物質。固定的動作パターンのかぎ刺激。性フェロモン，警報フェロモン，道しるべフェロモン。

② ミツバチのダンス…えさ場のありかを他個体に伝える。

- えさ場が近いとき…円形ダンスをくり返す。
- えさ場が遠いとき…8の字ダンス（遠いほど遅い）。

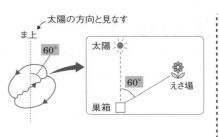

基本問題 ••• 解答 ➡ 別冊*p.49*

185 動物の行動様式　◀テスト必出

次の(1)～(6)は，**A；走性，B；固定的動作パターン，C；学習，D；知能行動**のどれに属するか。それぞれ，記号で答えよ。

□ (1)　ガが蛍光灯に集まってくる。

□ (2)　クモが巣をつくる。

□ (3)　ネズミに，同じ迷路実験をくり返し行わせると，迷路を抜けるまでの時間が短くなる。

□ (4)　チンパンジーが棒を使ってシロアリの巣からえさをとる。

□ (5)　メダカが川の流れに向かって泳ぐ。

□ (6)　イトヨの雄が巣に雌を誘い込む。

186 魚類の生得的行動

イトヨという魚が繁殖期に行う独特の配偶行動について次の各問いに答えよ。

□ (1)　配偶行動の特徴を述べた文として正しいものを，次のア～エから1つ選べ。

　　ア　配偶行動は生得的なものではなく，学習によって習得するものである。

　　イ　配偶行動は複雑であって，反射や走性とは関係がない。

　　ウ　配偶行動は型にはまっていて，条件が変わっても，途中で行動の順序は変わらない。

　　エ　配偶行動は型にはまっているが，条件が変わると，それに応じて行動の順序がいろいろ変化する。

□ (2)　配偶行動では，それぞれの個体が周囲の多くの刺激のなかから，配偶行動を引き出す特定の刺激を読み取り，その刺激に対する行動を示す。配偶行動を引き出す刺激は一般に何と呼ばれているか。

📖 **ガイド**　(2)イトヨの雄は，雌のふくれた腹を刺激として配偶行動を起こす。

187 学習 ◀テスト必出▶

　次の文は，動物の学習行動に関するものである。文中の空欄に下記の語群から適当なものを選び，文を完成させよ。

□ (1) 動物は，①(　　　)をくり返すことによって，より環境に適合した新しい行動を示すことがある。このような，生後の①による行動の習得を学習という。

□ (2) 学習には，②(　　　)のような単純なものから，無条件刺激と条件刺激を結びつける③(　　　)，④(　　　)などを迷路に入れたときに見られる⑤(　　　)，イモを洗って食べる行動が⑥(　　　)の群れに広がったような複雑で高度なものまでいろいろある。

□ (3) ⑦(　　　)などは，個体が生まれてまもないときに，最初に見た動くものが自分の⑧(　　　)であるかのようにそのあとを追う行動をとる。この行動は⑨(　　　)と呼ばれ，一生変更されないという点では，⑩(　　　)と同じであるが，生後に成立するという点では，学習行動であるということができる。

〔語群〕　a　古典的条件づけ　　　b　試行錯誤　　　c　経験　　　d　親
　　　　　e　オペラント条件づけ　f　刷込み　　　　g　慣れ　　　h　ネズミ
　　　　　i　ニホンザル　　　　　j　ガチョウ　　　k　固定的動作パターン

188 個体間の情報伝達

□　カイコガの雄は，近くに雌がいると接近し交尾する。このとき雄はどのように雌を感知しているのかを確かめるため，以下の実験1，2を行った。これについてあとの問いに答えよ。

実験1　A…2本の触角を切除した雄，B…両眼を無害な塗料でぬり視界を塞いだ雄，C…無処置の雄をそれぞれ雌の近くに置いた。その結果，BとCの雄は雌に接近できたが，Aは接近できなかった。

実験2　雌を透明な容器に入れ密封し，無処置の雄を近くに置いた。その結果，雄は反応を示さなかった。

〔問〕　次の文中の空欄に適切な語を入れよ。

　　実験1，2から，雄は雌を①(　　　)でなく，雌が分泌する物質を②(　　　)で受容し感知していることがわかる。この物質を③(　　　)といい，カイコガの雄に生得的行動を引き起こす④(　　　)である。また，雄は③の発信源に向かっていくので，正の⑤(　　　)をもつと表現できる。

189 動物の行動と神経系

次の文を読んで，あとの問い(1)～(3)に答えよ。

軟体動物のアメフラシは，水管に触れると反射により露出したえらを引っ込める。しかし，くり返し触れるうちに，えらを引っ込めなくなる。このような学習行動を①（　　）という。①を生じた個体を十分な時間放置した後，水管に触れるとA[　　]。また，①を生じた個体の尾を刺激した後に水管に触れるとB[　　]。さらに，尾に強い刺激を与えた後に水管に触れるとC[　　]。このような現象を②（　　）という。

①や②の行動は，水管の感覚ニューロンとえらの運動ニューロンとの間のシナプスでの興奮の伝達効率に変化が起き，えらの運動ニューロンで発生する③（　　）の大きさが変化することによって生じる。①では，シナプスでの伝達効率が〔**a** 上がり・下がり〕，運動ニューロンが興奮〔**b** しやすく・しにくく〕なる。②では，伝達効率が〔**c** 上がり・下がり〕，運動ニューロンが興奮〔**d** しやすく・しにくく〕なる。

□ (1) ①～③に適する語を答えよ。

□ (2) **A**，**B**，**C**にあてはまる行動を次から選べ。

ア　えらを引っ込める。

イ　えらを引っ込めない。

ウ　弱い刺激に対してもえらを引っ込める。

□ (3) 文中**a**～**d**の〔　〕内の適する語をそれぞれ選べ。

190 フェロモンとミツバチのダンス　◀テスト必出▶

次の文を読んで，あとの問いに答えよ。

〔**A**〕体外に分泌され，少量で他の同種の個体に特異的な行動を誘発する物質を①（　　）という。①の種類には，アリがえさから巣までの道を他の個体に教える②（　　）や，ガの雌が交尾のため雄を誘引する③（　　）などがある。

〔**B**〕ミツバチは，花の蜜の所在を他の個体に教えるため，花までの距離が近い場合は④（　　）ダンスを，遠い場合は⑤（　　）ダンスを行い，仲間に知らせる。これは，⑥（　　）動作パターンの一種である。

□ (1) （　）内に適する語を答えよ。

□ (2) 下線部のダンスの速度は，花までの距離が遠いほどどうなるか。

応用問題 ●● 解答 ➡ 別冊*p.50*

191 ❮差がつく❯ 刺激と反応に関して，次の文を読み，問いに答えよ。

　海産の軟体動物であるアメフラシは，水管に対して慣れの状態にあるとき，尾部など別の部分に刺激を与えると慣れから回復する。これを①(　　)という。また，さらに強い刺激を与えると，水管への弱い刺激に対しても，敏感に反応を起こすようになる。これを②(　　)という。

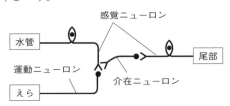

　①や②は，水管の感覚ニューロンと接続し尾部の感覚ニューロンの末端とシナプスを形成する介在ニューロンが関与することによって起こっている(右図)。

□ (1)　文中の空欄①と②に最も適切な語句を記せ。

□ (2)　下線部について，アメフラシの水管に刺激を与え続けると，シナプス小胞の数と神経伝達物質の量はそれぞれどのように変化するか。

□ (3)　図の介在ニューロンの末端から放出される神経伝達物質は何と呼ばれるか。

□ (4)　(3)の神経伝達物質を受け取った水管の感覚ニューロンにより，②が起こりやすくなるしくみを，次の用語をすべて用いて記せ。　　　〔 EPSP, Ca$^+$ 〕

192 ミツバチは，えさのありかを，巣と太陽の位置関係をもとに，特有のダンスを踊ることで他個体に知らせている。これについて，次の問いに答えよ。

□ (1)　このダンスで，遠方にあるえさ場を知らせる際に行うダンスを何というか。

□ (2)　この情報伝達の場合，太陽の位置を基準にえさ場の方向を示しているが，このように，太陽の位置で行動の方向を決めることを何というか。

□ (3)　ミツバチが右の図のA，Bのようなダンスを踊った場合，えさ場は巣に対してどの方向にあるか。図Cの①～⑥のなかからそれぞれ選べ。

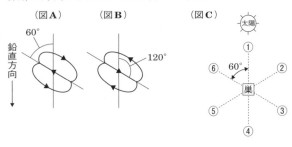

□ (4)　太陽が②の向きに動き，えさ場が⑥の方向にあるとき，ミツバチはどのようなダンスを踊るか。図A，Bにならって作図せよ。

37 植物の生殖

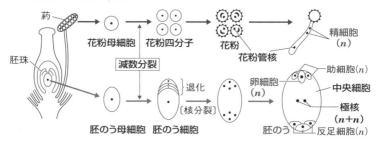

- **被子植物の配偶子形成**

（図中）葯　花粉母細胞　花粉四分子　減数分裂　花粉　花粉管核　精細胞(n）　胚珠　退化〔核分裂〕　胚のう母細胞　胚のう細胞　卵細胞(n）　助細胞(n）　中央細胞　極核($n+n$）　胚のう　反足細胞(n）

- **被子植物の受精**…2個の精細胞が卵細胞・中央細胞と受精（重複受精）。

花粉管 $\left\{ \begin{array}{l} 精細胞(n)＋卵細胞(n) \\ 精細胞(n)＋中央細胞(n+n) \end{array} \right\}$ 胚のう $\begin{array}{l} \longrightarrow 受精卵(2n) \\ \longrightarrow 胚乳核(3n) \end{array}$

- **種子の形成**

$\left\{ \begin{array}{l} 受精卵(2n)\rightarrow胚（子葉，幼芽，胚軸，幼根） \\ 胚乳核(3n)\rightarrow胚乳（発芽時の養分を貯蔵） \\ 珠　皮(2n)\rightarrow種皮（内部を保護する） \end{array} \right\}$ 種子

- **有胚乳種子**…胚乳が発達。

  例 イネ，カキ，トウモロコシ

- **無胚乳種子**…胚乳が発達せず，子葉に養分を蓄える。

  例 エンドウ，ナズナ，クリ

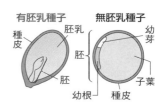

基本問題 .... 解答 ⇒ 別冊p.51

193 被子植物の受精 ◀テスト必出▶

右の図は，花粉の形成過程を示したものである。問いに答えよ。

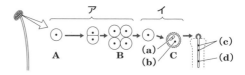

- □ (1) 減数分裂はア，イのどちらか。
- □ (2) A，B，Cの名称を答えよ。
- □ (3) 図中の(a)〜(d)の名称を答えよ。

194 胚のうの形成 ◀テスト必出

右の図は，被子植物のめしべの断面図を模式
的に示したものである。これについて，以下の
問いに答えよ。

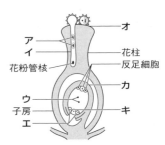

- □ (1)　図中のア～キの名称を答えよ。
- □ (2)　減数分裂の起こる時期について，正しく述
  べたのは次の**A**～**D**のどれか。1つ選び，
  記号で答えよ。

  A　胚のう母細胞から胚のう細胞がつくられるとき

  B　胚のう細胞から胚のうがつくられるとき

  C　胚のうでウ，エ，カ，キがつくられるとき

  D　胚のうでエがつくられるとき

- □ (3)　胚と胚乳は，それぞれ図中のどれとどれ（またはどれを含む細胞）が合体して
  できるか。また，このような受精を何と呼ぶか。
- □ (4)　胚と胚乳の核相をnを用いて表すと，どのようになるか。
- □ (5)　染色体数が$2n = 12$の植物がつくる花粉の染色体数はいくつか。
- □ (6)　別の植物の子房の中を観察したところ，5つの種子があった。

  （**a**）　胚のうは，少なくとも何個形成されたか。

  （**b**）　胚のうを形成するもとになる胚のう母細胞と，その過程で生じる胚のう
  細胞は，少なくとも何個存在したか。

📖ガイド　(3)胚は，精細胞と卵細胞が合体した受精卵が成長してできる。
　　　　　(5)花粉の核相はnである。

195 有胚乳種子と無胚乳種子

右の図は，カキとエンドウの種子の断面図であ
る。これについて，以下の問いに答えよ。

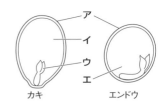

- □ (1)　ア，イ，ウ，エの名称を答えよ。
- □ (2)　胚乳の有無で種子を分けると，カキのような
  種子を何というか。
- □ (3)　胚乳の有無で種子を分けると，エンドウのような種子を何というか。
- □ (4)　胚が育つための養分は，図のア～エのどこに蓄えられるか。

📖ガイド　(4)胚が育つための養分は，有胚乳種子では胚乳に蓄えられ，無胚乳種子では子葉
　　　　　に蓄えられる。

応用問題 •• 解答 ➡ 別冊 *p.51*

196 右の図は，ホウセンカの花粉管の伸
長について，**0%**，**8%**，**16%**のスクロー
スを含む寒天培地を用いて調べたものであ
る。次の問いに答えよ。

（できたらチェック。）

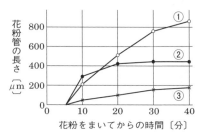

□ (1) ①～③は，それぞれどのスクロース濃
度で実験を行ったものか。

□ (2) ③では，花粉管はほとんど伸長しない。
これはなぜか。

📖 **ガイド** 　外液の浸透圧が高いと原形質分離が起こるため花粉管は伸長しない。また，栄養源
がないと，花粉管の伸長は途中で止まる。

197 《 差がつく 》 次の①～④の文は，被子植物の胚発生に関するものである。こ
れらについて，あとの問いに答えよ。

① 柱頭についた花粉は，細胞質の少ない雄原細胞が大きい花粉細胞の中に取り
込まれて入れ子状態になっているが，まもなく花粉管を伸ばし，その中で雄原
細胞はさらに分裂して2個の（ ア ）となる。

② 花粉管の先端が（ イ ）に達すると，（ ア ）の1個は（ ウ ）と受精するが，他
の1個は（ エ ）と受精し，その核は2個の極核と融合する。

③ 受精卵の第1回目の分裂によって生じた2個の細胞のうち，一方の細胞は分
裂を行い，先端部が球形の胚（胚球）に変化する。他方の細胞はゆっくり分裂し
て，その下につながる棒状の（ オ ）となる。さらに発生が進むと，胚球の上の

部分から（ カ ）や幼芽ができ，下の
部分から（ キ ）や（ ク ）ができる。
右の図は，その過程を示したもので
ある。

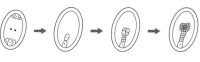

④ 中央細胞の核は，受精後核分裂を行って多数の核となる。やがて，この核を
1個ずつ含む細胞ができ，それらが栄養を蓄えて（ ケ ）になる。

□ (1) ア～ケに適する語を入れよ。

□ (2) ナズナの場合，カは2枚できるが，このような植物を何と呼ぶか。

□ (3) ②の文章で述べたことが見られない植物は次のどれか。すべてあげよ。

　ア　サクラ　　　イ　ソテツ　　　ウ　イネ　　　エ　マツ

38 種子発芽の調節

⊙ **種子の休眠と発芽の条件**

　① 種子が成熟する際，**アブシシン酸**の作用で休眠（乾燥耐性を獲得）。

　② **休眠の打破，発芽**には，**適度な温度，水，酸素の3つ**が必要。

　③ **低温要求種子**（発芽に長期間の湿潤・低温条件が必要）…冬の低温期
　　の前に発芽するのを避ける。

⊙ **光発芽種子**…種子の発芽に光照射が必要な植物。例 タバコ，レタス

⊙ **暗発芽種子**…光照射で種子の発芽が抑制される植物。例 カボチャ

⊙ **光発芽種子と波長の関係**

$$\left\{\begin{array}{l}\text{赤色光(R)…発芽を促進}\\ \hspace{3em}\text{red}\\ \text{遠赤色光(FR　近赤外光とも)…発芽を抑制}\\ \hspace{3em}\text{far red}\end{array}\right\}\!\!\!\rightarrow\!\!\begin{array}{l}\text{最後に受けた光が}\\ \text{有効}\end{array}$$

光合成に有効な赤色光が当たる環境下で発芽が促進される。

光条件の感知には**フィトクロム**が関与。

　　　　　P_R型（赤色光吸収型）

赤色光 ➡ ↓ ↑ ⬅ 遠赤色光

　　　　　P_{FR}型（遠赤色光吸収型）➡ **発芽促進**

⊙ **発芽と植物ホルモン**

胚で**ジベレリン**を合成 ── **糊粉層**に作用し，
アミラーゼなどの酵素を合成させる ── ア
ミラーゼが胚乳に蓄積されたデンプンを糖
に分解 ── 胚が糖を栄養分に成長，発芽。

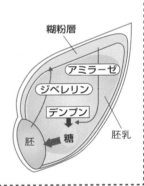

糊粉層／アミラーゼ／ジベレリン／デンプン／胚／糖／胚乳

基本問題 ●●●●●●●●●●●●●●●●●●●●●●●●●●●●●●●●●●●●●●● 解答 ➡ 別冊*p.52*

198 種子の発芽の条件 ◀テスト必出

　次の文の（　）に適当な語を入れよ。

□ (1)　一般の種子の発芽条件には，①（　　　），②（　　　），酸素などがある。これら
　　の発芽条件が満たされない場合，種子は何年も発芽せず種子のままでいる。
　　このような状態を種子の③（　　　）という。

□ (2)　発芽条件が満たされない環境下では，種子の③は，④(　　)という植物ホルモンによって維持される。

□ (3)　ある種のレタスの種子は，①，②，酸素以外の発芽条件として，光の照射が必要であり，このような種子を⑤(　　)という。

□ (4)　発芽条件が整うと，種子の胚の中で⑥(　　)という植物ホルモンが合成され，この植物ホルモンが，⑦(　　)と呼ばれる酵素の合成を促進し，種子内部のデンプンを分解してグルコースを生成する。胚は，このグルコースを呼吸基質にして，発芽の際のエネルギーを得る。

応用問題 ••• 解答 ➡ 別冊*p.52*

199 ❮差がつく❯ 次の文を読み，問いに答えよ。

オオムギの種子は，発芽のための養分を A(　　)に蓄えている。種子が<u>発芽に適当な条件</u>におかれると，胚で植物ホルモンである B(　　)が合成され，この植物ホルモンが糊粉層に作用する。その結果，糊粉層では C(　　)と呼ばれる酵素が合成され，この酵素によって A に貯蔵された D(　　)が分解されて糖が生じる。糖は胚に取り込まれ，発芽のエネルギー源や物質の合成に利用される。

□ (1)　文中の空欄 A ～ D に適当な語を記せ。

□ (2)　文中の下線部に関して，種子の発芽に不可欠な環境要因を 3 つ記せ。

□ (3)　レタスやタバコの種子では，(2)の環境要因のほかに光が必要である。

　① このような種子を何と呼ぶか。

　② 光を受容し発芽を誘発する物質の名称を記せ。

　③ レタスの発芽を促進するのは，②の物質が P_{FR} 型と呼ばれるときである。レタスの発芽と光の波長にはどのような関係があるか。次から 2 つ選べ。

　　ア　赤色光の照射によって発芽が促進される。

　　イ　遠赤色光の照射によって発芽が促進される。

　　ウ　赤色光の効果は，その後の遠赤色光の照射によって促進される。

　　エ　赤色光の効果は，その後の遠赤色光の照射によって打ち消される。

　　オ　発芽を起こすには，赤色光と遠赤色光の両方を照射する必要がある。

📖 *ガイド*　(3)③ ②の物質には P_R 型と P_{FR} 型の 2 つの状態があり，P_R 型(赤色光吸収型)が赤色光を吸収すると P_{FR} 型に，P_{FR} 型(遠赤色光吸収型)が遠赤色光を吸収すると P_R 型になる。

39 植物の発生と器官分化

- 被子植物の胚発生…幼芽, 子葉, 胚軸, 幼根から植物体が形成される。

- 被子植物の体制…茎頂分裂組織と根端分裂組織が分裂し続け, 茎と根をつくり続ける。
  ➡ 地上部は茎・葉・芽からなる単位のくり返し。
  花…生殖器官

- 被子植物の花の形態…外側から順に, がく, 花弁, おしべ, めしべという4種類の部分からなる。

- 花の形態形成・ABCモデル…花芽の形成時, A, B, Cの3つの調節遺伝子(ホメオティック遺伝子)がはたらき, その組み合わせで各構造がつくられる。

$$\begin{cases} \text{遺伝子}A & →がく \\ \text{遺伝子}A+B & →花弁 \\ \text{遺伝子}B+C & →おしべ \\ \text{遺伝子}C & →めしべ \end{cases}$$

遺伝子AもしくはCのどちらか一方を欠く場合→他方の遺伝子が発現。

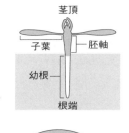

花を上から見た図

遺伝子			B		
		C		A	
つくられる花の部位	めしべ	おしべ	花弁	がく
はたらいた遺伝子	C	BとC	AとB	A

基本問題

解答 ➡ 別冊*p.52*

200 被子植物の成長 ◀テスト必出

□ 次の文の空欄①～⑤に適する語句を答えよ。

被子植物の茎や根の先端部には, 活発に体細胞分裂を行う組織があり, ①(　　)と呼ばれる。ここでつくられた細胞は, さまざまな組織の細胞に分化するとともに植物体に伸長成長をもたらす。茎や根が②(　　)成長する植物では, ③(　　)があり, 物質の通路となっている④(　　)や⑤(　　)に分化する維管束系の細胞をつくっている。

201 被子植物の器官分化

　被子植物のからだは，花と根を除き，<u>一定の構造の単位</u>がくり返し規則的に積み重なった構造となっている。新しい茎や葉は①(　　)の中にある②(　　)組織から発生し，しだいに発達して完成した形となる。その過程で，葉と茎の間に1つの③(　　)が発達する。③にも②組織があり，新しい葉や茎をつくり出す能力をもっている。花もまた①や③の②組織から発生するが，花が形成されると②組織の活動が終わる。つまり，花は②が最後に形成する器官である。

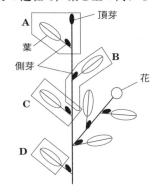

□ (1)　文中①~③の空欄に適切な語句を答えよ。

□ (2)　右の図は，被子植物の一般的な構造を示す模式図である。文中の下線部にある「一定の構造の単位」を，図中の記号で答えよ。

応用問題 ●● 解答 ➡ 別冊*p.52*

202 ◀差がつく 花の器官形成に関する次の文を読み，以下の問いに答えよ。

　被子植物の花の構造は基本的に上部から見て外側から，がく片，花弁，おしべ，めしべの順に同心円状に配置されている。近年，花の形成は遺伝子*A*，*B*，*C*の3種類の組み合わせで決まるというモデルで説明できるようになった。

□ (1)　右の図は，正常な花で形成される花の器官と，*A*，*B*，*C*各遺伝子が発現する領域を示している。がく片，花弁，おしべ，めしべは，それぞれどのような遺伝子の(組み合わせの)はたらきで形成されるか。

□ (2)　*B*遺伝子が機能しない個体と*C*遺伝子が機能しない個体の表現型を答えよ。ただし，*A*遺伝子が機能しないと*C*遺伝子がすべての領域で発現し，*C*遺伝子が機能しないと*A*遺伝子がすべての領域で発現する。表現型は，正常個体ではがく片，花弁，おしべ，めしべが形成される4つの領域について，外側から順に答えること。

📖ガイド　(2)*B*遺伝子が発現しない場合，外側部分は*A*遺伝子，内側部分では*C*遺伝子のみが発現する。*C*遺伝子が発現しない場合には，*B*遺伝子のみ発現する部分が生じるわけではない点に注意。

40 環境要因の受容と植物の応答

◉ **環境の変化と植物の応答**…受容体が環境の変化を感知➡植物ホルモンの生産量や移動が変化し，発生や成長を制御。

◉ **受容する環境要因**…光，温度，水，化学物質，重力など

◉ **植物の運動**…成長運動(屈性や花弁の開閉など)と膨圧運動(気孔の開閉やオジギソウの葉の開閉など)がある。

◉ **環境に応じた成長の調節**…おもに屈性と傾性がある。

① **屈性**…刺激の方向に対して屈曲して成長する性質。

　　正の屈性…刺激源の方向に向かう場合。
　　負の屈性…刺激源の方向から遠ざかる場合。

刺激源	正(＋)の屈性	負(－)の屈性
光	光の方に伸びる(茎)	光の反対に伸びる(根)
重力	下向きに伸びる(根)	上向きに伸びる(茎)
接触	物に巻きつく(巻きひげ)	
化学物質	高濃度のほうに伸びる(スクロースに対する花粉管)	

② **傾性**…刺激の方向とは無関係に一定方向に屈曲する性質。

刺激源	例
温度	チューリップの花弁の開閉
接触	オジギソウの葉の開閉
光	タンポポの花弁の開閉

◉ **気孔の開閉による水分の調節**

① フォトトロピンが光(青色光)を受容➡開口
　　　　　　　　→水分放出(蒸散量増)，光合成促進(CO_2吸収)

② 水不足➡アブシシン酸が増加➡閉鎖→蒸散抑制

◉ **植物の防御応答**

① **病原体や食害に対する防御**…被害を受けると，情報を別の部位へと伝え，感染を起こしにくくしたり，防御物質を合成したりする。

② **低温に対する防御**…糖やアミノ酸を合成することで細胞の凍結を防いだり，生体膜の流動性を高める脂質の割合を増加したりする。

基本問題 •• 解答 ➡ 別冊 *p.53*

203 刺激に対する植物の反応 ◀テスト必出▶

刺激に対する次の①～⑥の植物の反応について，あとの各問いに答えよ。

① イネの芽生えを暗所に水平にして置いておくと，芽生えは上のほうに曲がる。

② オジギソウの葉に手で触れると，葉が閉じる。

③ 窓際に置いたダイコンの芽生えは，明るいほうに向かって曲がる。

④ チューリップの花は，昼間温度が高くなると開く。

⑤ ベニバナインゲンの葉は日中開き，夜は閉じる。

⑥ キュウリの巻きひげが，棒に巻きつく。

□ (1) ①～⑥の運動は，次のどれにあたるか，記号で答えよ。

　ア 光屈性　　　　イ 重力屈性　　　ウ 接触屈性　　　エ 化学屈性

　オ 温度傾性　　　カ 接触傾性　　　キ 光傾性

□ (2) 上の(1)で屈性を選んだものについて，正の屈性か負の屈性か答えよ。

□ (3) ①～⑥のうち，膨圧運動に属するものをすべて答えよ。

　📖 **ガイド** (2)刺激源のほうに曲がれば正の屈性，逆に曲がれば負の屈性。

204 気孔の開閉のしくみ ◀テスト必出▶

次の文の（　）に適する語をあとの語群から選び，記号で答えよ。

□ (1) 陸上の植物の葉の表面は①（　　）と呼ばれる層でおおわれており，水分が蒸発しにくい構造になっている。水分は，おもに，葉の気孔から②（　　）作用によって放出され，これによって，水分量の調節を行っている。

□ (2) 気孔が開く際には，気孔をつくる2つの③（　　）細胞が吸水して，細胞内部の④（　　）が大きくなる。③細胞は，内側の細胞壁が外側より⑤（　　）いため，④によってふくらむと，外側に向かってそり返り，気孔が開くしくみになっている。また，乾燥などによって植物体内に水分が不足すると，気孔は閉じて，②作用が停止する。

□ (3) ⑥（　　）という植物ホルモンには気孔を閉じる作用がある。一般に，水の蒸散量は日中にくらべて夜間は⑦（　　）い。

　ア 凝集　　　イ 蒸散　　　ウ 光合成　　　エ 浸透圧　　　オ 膨圧

　カ ジベレリン　　　キ オーキシン　　　ク アブシシン酸

　ケ 表皮　　　コ 孔辺　　　サ クチクラ　　　シ 厚　　　ス 薄

　セ 多　　　ソ 少な

応用問題

できたら
チェック

解答 ⇒ 別冊 p.53

205 〈差がつく〉 植物による刺激の受容と反応について，文中の空欄①の物質名を答え，②～⑧には適切な語を下の語群より選んで入れよ。

　植物が外界の光条件を認識するには，植物の中にある光受容物質が光を吸収し，信号を伝達する必要がある。植物がもつ光受容物質としては，赤色光や遠赤色光を吸収する①（　　　）と，青色光を吸収し光屈性や気孔の開孔にはたらく②（　　　）や伸長成長を抑制する③（　　　）が知られている。

　これらの光受容物質は，光屈性や植物が自らの成長や形態形成を光条件によって調整する「光形態形成」に関与する。暗所で生育した植物は「もやし」の形態をとり，胚軸が④（　　　）し，子葉や本葉の⑤（　　　）が見られない。しかし，白色光下では通常の形態となる。この現象には①の関与が知られており，⑥（　　　）光を吸収した①は，胚軸の⑦（　　　）を抑制し，子葉・本葉の⑤を促進することで，通常の形態をとらせている。したがって①の機能を欠損した突然変異体を白色光下で生育させると，芽生えは⑧（　　　）の形態になると考えられる。

　　徒長　　短縮　　屈曲　　展開　　赤色　　遠赤色　　青色　　近紫外
　　肥大成長　　伸長成長　　枯死　　通常　　もやし

206 気孔の開閉に関する次の文を読み，問いに答えよ。

　気孔の開閉はさまざまな環境要因を感知して調節される。乾燥したときに気孔を閉じるのは，乾燥すると植物が（ア）という植物ホルモンを合成し，この植物ホルモンの濃度上昇を感知した気孔の孔辺細胞が浸透圧を低下させることによる。ある植物で，乾燥しても気孔が閉じない突然変異体が数種類見つかっている。これらは，（Ⅰ）（ア）を合成する酵素，（Ⅱ）孔辺細胞が（ア）を受容するしくみ，（Ⅲ）孔辺細胞が浸透圧を下げるしくみ，のいずれか1つに関わる突然変異が原因である。なお，光の強さや二酸化炭素濃度に対する応答には（ア）は関与しない。

	（ア）を投与	暗条件
突然変異体A	閉じる	閉じる
突然変異体B	開いたまま	開いたまま
突然変異体C	開いたまま	閉じる

(1)　文中の空欄アの植物ホルモンは何か。

(2)　A～Cの突然変異体が，それぞれⅠ，Ⅱ，Ⅲのどの突然変異を起こしたものか答えよ。

📖ガイド　(2)アの投与で正常な反応を示すのは植物ホルモンの合成が異常な場合。暗条件で開いたままなのはアの合成・受容ともに関係ない異常である。

41 植物ホルモンによる調節

◗ **植物ホルモン**…植物体の一部でつくられ，発生や成長の制御を行う低分子の有機化合物。ごく微量で濃度に応じた作用を示す。

物質		種子	成長	分化の調節	老化
植物ホルモン	オーキシン		茎・根の伸長調節 屈性制御	発根＋ 頂芽優勢	－
	ジベレリン	発芽＋	茎・根の伸長＋	子房肥大＋ 花芽形成＋	
	アブシシン酸	休眠	－		＋
	エチレン		茎の伸長－肥大＋	果実成熟＋	＋
フロリゲン (花成ホルモン)				花芽形成＋	

└ フロリゲンはタンパク質であり，低分子の有機化合物にあたらない。　　＋：促進　－：抑制
　 フロリゲンを植物ホルモンに含める考え方もある。

◗ **オーキシンの性質**

① 上から下へ移動 ➡ **重力屈性の制御**

② 光の当たらない側に移動 ➡ **重力屈性，光屈性の制御**　　←細胞膜上の輸送タンパク質(輸送体)のはたらきによる。

③ **極性移動**…茎の先端部から基部へ移動。逆へは移動しない。

④ **器官による感受性の違い**…最適濃度：茎(頂芽)＞側芽＞根

　　{ 茎がよく成長する高濃度では側芽の伸長が抑制される ➡ **頂芽優勢**
　　{ 高濃度で根は伸長抑制(正の重力屈性)，茎は伸長促進(負の重力屈性)

⑤ **水溶性**…寒天片などにしみ込むが，雲母片は透過しない。

◗ **ジベレリンの成長促進**…細胞壁のセルロース繊維を横向きに合成させる ➡ 細胞は繊維の方向に伸びにくいため縦方向に伸長成長。

◗ **アブシシン酸**…種子の休眠維持や発芽抑制のほか，気孔の閉鎖を行う植物ホルモン。

◗ **エチレン**…気体の植物ホルモン。果実の成熟促進などのほか，離層形成→落葉・落枝促進。細胞壁のセルロース繊維を縦向きに合成させる ➡ 肥大成長促進。

基本問題 •• 解答 ➡ 別冊*p.54*

207 オーキシンの作用 ◀ テスト必出

右のグラフは，あるオーキシンの濃度と植物の各部位の成長の関係を示したものである。各問いに答えよ。

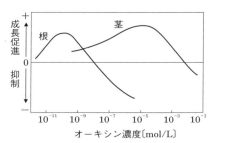

オーキシン濃度〔mol/L〕

□(1) 植物がつくり出すオーキシンは何という物質か。

□(2) このグラフから明らかにわかることを次の文からすべて選べ。

　ア　オーキシンは，濃度が高いほど根，茎両方の成長を促進する。

　イ　根，茎の成長を促進するオーキシン濃度は，それぞれ異なる。

　ウ　オーキシンは，根に対しては低濃度で成長促進作用があり，茎に対しては高濃度で成長促進作用がある。

　エ　オーキシンに対する感受性の強さは，茎が大きく，根が小さい。

□(3) 重力屈性は，重力の影響で下側にオーキシンが移動して下側のオーキシン濃度が高くなるため生じる。根と茎で重力屈性に違いが見られるのはなぜか。

208 オーキシンと光屈性 ◀ テスト必出

次の図のようにマカラスムギの幼葉鞘を用いて①～⑦の実験を行った。

①，②，④，⑤は右から光を当て，③，⑦は暗黒中に置いた。

① 何もしない

② 先端部を切除

③ 先端部を切除し左にずらしてのせる

④ 雲母片を光のくる側にはさみ込む

⑤ 雲母片を光の反対側にはさみ込む

⑥ 先端部を切除し，その間に寒天をはさみ，再びのせる

⑦ 切り取った先端部を寒天の上に置き数時間放置した後に，その寒天を切除した芽生えに右にずらしてのせる

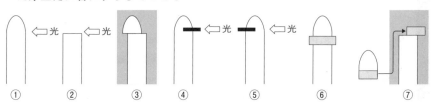

□ (1)　実験①〜⑦の結果を次から選び，記号で答えよ。

　　ア　まっすぐ上に伸びる。　　　イ　右に屈曲する。

　　ウ　左に屈曲する。　　　　　　エ　ほとんど成長しない。

□ (2)　屈曲や成長に先端部が重要であることはどの実験とどの実験からわかるか。

□ (3)　成長促進物質が，光の当たる側から当たらない側へ移動することは，どの実験とどの実験を比較するとわかるか。

□ (4)　成長を促進する物質が水溶性であることがわかる実験をすべてあげよ。

□ (5)　この実験で明らかになった植物の成長を促進する物質の総称を答えよ。

📖 **ガイド**　オーキシンは，光の当たる側から当たらない側に移動して成長を促進する。

209　いろいろな植物ホルモン

□　次の①〜⑤の文が説明している植物ホルモンは何か。それぞれ名称を答えよ。なお，ホルモン名は重複してもよい。

① 植物が乾燥状態になると葉で急激に増加して，葉の孔辺細胞を排水させて気孔を閉じさせる。また，落葉現象や樹木の芽の休眠を促進する。

② イネの徒長を起こす馬鹿苗病菌から発見されたが，ふつうの植物に広く分布。矮性の(背丈の低い)植物を大きくしたり，休眠の打破，花の形成に関与。

③ 常温で気体。成熟したリンゴから放出されるため，未成熟のバナナと成熟したリンゴを1つの密閉容器に入れて置くとバナナの成熟が促進される。

④ 受粉なしでも子房の肥大を促進する作用があり，ブドウの開花前にこのホルモンの水溶液につぼみを浸しておくと種なしブドウをつくることができる。

⑤ ホルモン名は「成長素」という意味をもち，現在ではインドール酢酸など植物の幼葉鞘の成長を促進する物質の総称として使われている。

📖 **ガイド**　植物ホルモンは植物自身がつくる低分子物質であり，成長や分化，生理的状態を調節するはたらきをもつ。

応用問題 解答 ➡ 別冊 *p.54*

210　**◀差がつく**　マカラスムギの幼葉鞘に，次ページの図のような処理をして，一定時間後に先端部を切り取った。その後，その先端部を寒天片の上に一定時間置き，寒天片に含まれるオーキシン量を測定した。

①〜④の寒天片中のオーキシン量は，それぞれどのような関係になっているか。

次のア〜ウから1つ選び，記号で答えよ。ただし，幼葉鞘の先端部は，図で正面から見た向きのまま寒天片にのせ，中央に雲母片をはさむものとする（③，④では新たな雲母片をはさむ）。

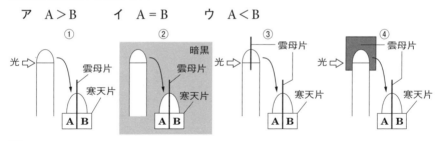

ア　A＞B　　　イ　A＝B　　　ウ　A＜B

📖ガイド　オーキシンは，光が当たると光の反対側へと移動する。また，オーキシンは雲母片を通過することはできない。この2点から考える。

211 次の図は，植物の一年と植物ホルモン（**a〜d**）およびフロリゲンの関係を表している。これについて問いに答えよ。

※図中の＋はホルモンによる促進，－は抑制を示す。

　茎と葉の成長には，植物ホルモン**a**，**b**が促進的にはたらいている。詳しく見ると，**b**は茎が細長く伸長する際に必要と考えられている。一方**d**は抑制的にはたらく。植物は風に吹かれたり，機械的な接触がたびたび起こると**d**をつくり，伸長成長を抑制し茎を太らせる。

☐ (1)　植物ホルモン**a**はオーキシンを示している。**b〜d**はそれぞれ何か答えよ。

☐ (2)　ミカンの果肉は熟しているが，果皮がまだ青い場合，果皮の成熟（色づき）を促進するために適切な処理はどれか。次から1つ選べ。

　　ア　果皮に**b**の水溶液を吹きつける。

　　イ　果実を密閉して**d**のガスを送り込む。

　　ウ　果実を**a**の水溶液に浸す。

　　エ　果実に**c**の水溶液を注射器で注入する。

📖ガイド　成長を促進する植物ホルモンには，オーキシン，ジベレリンが，休眠・老化を促進する植物ホルモンには，アブシシン酸，エチレンがある。

42 花芽形成の調節

- **花芽形成**…植物は，あるタイミングで栄養成長(根茎葉の成長)期から，生殖期に入り，茎頂分裂組織で**花芽**が形成される。
- **光周性**…生物が日長に対して反応する性質。
- **花芽形成の調節と日長**
  ① **長日植物**…長い日長(暗期が限界暗期未満)のとき花芽形成。
    日本では春～初夏に開花。 例 アブラナ，コムギ，ナズナ
  ② **短日植物**…短い日長(暗期が限界暗期以上)のとき花芽形成。**日本では夏～秋に開花。** 例 アサガオ，キク，イネ，オナモミ
  ③ **中性植物**…明暗の長さに関係なく花芽形成(温度条件などによる)。
- **光と花芽形成の関係**

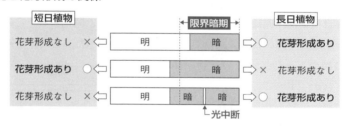

  ① **光中断**…暗期の途中で短時間だけ光を照射し，暗期を中断する操作。
    光中断には**赤色光**が特に有効→**フィトクロム**が関与。
  ② **限界暗期**…ある植物にとって花芽を形成するかしないかの境となる**連続した暗期の長さ**。
- **花芽形成のしくみ**
    暗期の長さを感知…葉で。受容体は**フィトクロム**。
      ↓
    フロリゲン(花成ホルモン)の生成…葉で。**師管**を通って移動。
      ↓　　　実体は**FT**タンパク質
    花芽形成…茎頂で。(植物の生殖*p.131*，植物の発生と器官分化*p.136*)
- **人為的な花芽形成の誘導**
  ① **春化処理**…温度の影響を受ける植物を，発芽後に一定期間低温状態に置き，花芽形成を促進させる。
  ② **ジベレリン処理**…ジベレリンの増加が花芽形成を促進する。

基本問題 ••••••••••••••••••••••••••••••••••• 解答 ➡ 別冊*p.55*

212 花芽形成の条件

次の文は，花芽形成のさまざまな条件について述べたものである。

植物の開花には日長が大きく関係しているが，一定期間以上の連続した暗期で開花する植物を①（　　　），それ以下の暗期で開花する植物を②（　　　）といい，明暗の長さに関係なく開花する植物を③（　　　）という。このように，植物が日長に反応する性質を④（　　　）という。秋まきコムギは，光の条件以外に一定期間低温の状態に置かないと開花しない。このような低温下での処理を⑤（　　　）という。

□ (1)　（　）内に適する語を答えよ。

□ (2)　①の植物の開花を遅らせるには，どのような処理をすればよいか。

213 花芽形成と日長の関係 ◀テスト必出

ある短日植物は，連続した暗期が9時間以上になると開花する。この植物を図のような明期と暗期の状態に置いて，開花の有無を調べた。各問いに答えよ。

□ (1)　右の図のA～Dで，この植物が開花したのはどれか，すべて答えよ。

□ (2)　この植物に見られるような，開花に必要な連続した暗期の長さを何というか。

□ (3)　Cの実験では，暗期の途中に短時間光を照射しているが，このような操作を何というか。

□ (4)　この短日植物が，1日あたりの暗期の長さではなく，連続した暗期の長さを感じて開花していることは，どの実験とどの実験を比較すると明らかか。

□ (5)　次のなかから短日植物を選び記号で答えよ。
　　ア　ダイコン　　イ　キク　　ウ　トマト　　エ　アブラナ

応用問題 ••••••••••••••••••••••••••••••••••• 解答 ➡ 別冊*p.55*

214 ◀差がつく 次ページの図は，オナモミをさまざまな条件で処理して花芽形成の有無を調べた実験である。実験の結果，B，D，Eでは花芽が形成され，オナモミは短日植物であることがわかった。これについて，次の各問いに答えよ。

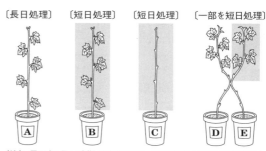

〔長日処理〕 〔短日処理〕 〔短日処理〕 〔一部を短日処理〕

A　　　　B　　　　C　　　　D　E

（注）長日処理；暗期8時間以下，短日処理；暗期9時間以上

□ (1)　オナモミが短日植物であることは，どの実験とどの実験を比較するとわかるか。

□ (2)　日長は，植物のどの部分で感じとっていると考えられるか。また，それは，どの実験とどの実験を比較するとわかるか。

□ (3)　花芽形成に関与するタンパク質を何と呼ぶか。また，それは，植物の茎のどこを通って移動するか。

📖 ガイド　(1)(2)調べる条件以外の条件がすべて同じものどうしを比較する。

215　アサガオはただ1度の短日処理を行った場合でも花芽が形成される短日植物である。さまざまな草丈のアサガオについて，以下のような実験を行った。

最上部の完全に広がった葉より上部を切除し，さらに上から3枚の葉だけを残して，それ以外のすべての葉を除去。そして右の図のような2つのグループに分け，側芽を1つ残して全て除去した。

これらのアサガオに14時間または16時間の暗期を1回だけ与え，暗期終了直後に側芽よりも上の茎とすべての葉を除去（図で「切断」と記載）して，その後の側芽における花芽形成を調べた。

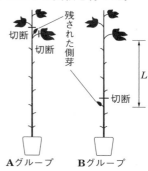

残された側芽

切断　切断

切断

L

切断

Aグループ　Bグループ

□ (1)　Aグループでは，14時間の暗期を与えた場合には花芽が形成されなかったが，16時間の暗期を与えた場合には花芽形成が起こった。この結果からフロリゲンについていえることを40字以内で述べよ（句読点も1字と数え，数字は2桁でも1字とする）。

□ (2)　Bグループで図中の*L*（一番下の葉が出ている節から側芽が出ている節までの長さ）が102 cmのアサガオでは，14時間の暗期を与えた場合には花芽が形成されず，16時間の暗期を与えた場合には花芽形成が起こった。この結果と(1)のことからいえることとして，次の文の□に入る数字を答えよ。

アサガオのフロリゲンは□時間以内に約102 cm移動する。

□ (3)　文中の下線部に示すような処理を行ったのはなぜか，その目的を説明せよ。

43 個体群とその成長

- **個体群**…一定地域で生活する同種の個体の集まり。

- **個体群密度**…一定の生活空間
（面積または体積）あたりの個
体数。

$$個体群密度(D) = \frac{個体数(N)}{生活空間(S)}$$

- **個体数の調査**

① **区画法**…調査地域を一定の広さの区画に区分し，そのうちいくつか
の区画内の個体数を調べ，総個体数を推定。植物や移動が少ない動
物が対象。

② **標識再捕法**…ある地域に生息する動物を捕獲して標識をつけて放し，
一定時間経過後再捕獲する。2回目に捕獲したうちの標識のついた
個体の割合から全体の個体数を推定。行動範囲が広い動物に用いる。

$$総個体数 = はじめに標識を\atop つけた個体数 \times \frac{2回目に捕獲された総個体数}{再捕獲された標識のついた個体数}$$

〔実施の条件〕　2回の捕獲を同条件で行う，調査地域からの移出入や
個体数の増減がない，標識が動物の生活に影響せず消失しないなど。

- **個体群の成長**…構成する個体がふえ，個体群密度が高くなること。

- **個体群の成長曲線**…個体群の成長
のようすをグラフに表したもの。
最初は指数関数的に増加，その後
密度効果により，一定の大きさで
安定。

→ S字状（ロジスティック曲線）

〔環境収容力〕　ある環境で存在

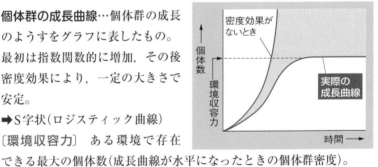

できる最大の個体数（成長曲線が水平になったときの個体群密度）。

- **密度効果**…食物や生活空間の不足，排出物の蓄積による害など，**個体
群密度の増加に伴う影響。**

〔相変異〕　密度効果によって個体の**形態**や**行動様式**などが大きく**変化。**

〔最終収量一定の法則〕　単位面積あたりの植物個体群の総重量は，低
密度の個体群と，高密度の個体群とでほぼ変わらなくなる。

○ **齢構成と年齢ピラミッド**

…個体群における年齢や世代ごとの個体数の分布を示したものが**齢構成**。齢構成を雌雄に分けて示した図が**年齢ピラミッド**。3つのタイプに大別。

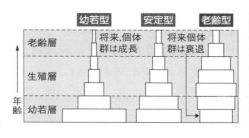

○ **生命表と生存曲線**…個体群内で同時期に生まれた新個体の，成長過程ごとの個体数を表にしたものが**生命表**。グラフに表したもの（通常，最初の個体数を1000に換算して対数目盛りで描く）が**生存曲線**。

○ **生存曲線の3タイプ**

① **魚類，水生無脊椎動物など**
　出生直後の死亡率が高い。小形の卵(子)を多数生み，親の保護なし。

② **小形の鳥類，ハ虫類など**
　ほぼ一定の生存率。

③ **哺乳類，社会性昆虫など**
　多くが寿命近くまで生存。大きな卵(子)を少数生み，親が保護。

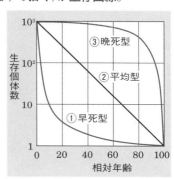

基本問題　••　解答 ⇒ 別冊 *p.56*

できたらチェック

216 個体群とその成長　◀テスト必出

□　次の文中の空欄に最も適する語句を入れよ。

　同種の個体から構成された集団を①(　　　)という。一定の面積に生活している個体群の②(　　　)を個体群密度という。①の②がふえることを①の③(　　　)という。個体群密度が増加するとえさ不足など生活環境の悪化が起こり，個体群密度は一定のところで安定する。この値を④(　　　)という。その結果，時間に対する②変化のグラフは⑤(　　　)字状を示すようになる。個体群密度が①に影響を与えることを⑥(　　　)という。

217 標識再捕法

☐ キャベツ畑で捕虫網を使い，モンシロチョウの個体数調査を行った。

初日に雄55頭，雌を35頭捕獲した。すぐに翅にマークをつけ，同じ場所で解放した。翌日，再び同じ方法で雄40頭，雌28頭を捕獲した。そのなかには，前日にマークをつけた雄25頭，雌5頭が混じっていた。このキャベツ畑のモンシロチョウの雄と雌のそれぞれの個体数を推定せよ。

218 生存曲線 ◀テスト必出▶

右の生存曲線を見て，各問いに答えよ。

☐ (1) 幼齢時の死亡率が最も低いものはどれか。

☐ (2) 生息環境が変化することによって，集団の大きさが最も激しく変化すると考えられるものはどれか。

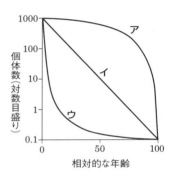

☐ (3) 以下の①〜⑥の生物をすべて，図中のア〜ウのいずれかに分類せよ。

① サケ   ② ヒツジ   ③ ツバメ
④ ヨトウガ   ⑤ ミツバチ   ⑥ トカゲ

219 最終収量一定の法則

☐ 次の文の空欄①〜⑤に適する語を答えよ。

植物が生育している空間内の栄養塩類や光エネルギー，水分は限られているため，個体群密度は個体の成長に影響を及ぼす。このような現象を植物の①(　　)という。右の図は，0日目を除き，高密度で成長させるほど個体は②(　　)することを示している。しかし，個体群全体の重さは③(　　)の違いに関わらず，日数の経過に伴って一定の値に近づく。これを④(　　)一定の法則という。

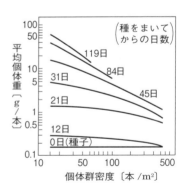

樹木の場合，同種だけを高密度で成長させると，小さい個体は枯れ，残った個体が成長して林をつくる。しかし，⑤(　　)が起こらず，林が高密度のまま成長すると，個体の成長が悪くなる。このような林では，強風を受けると多くの樹木が倒れ，林全体が枯れることもある。

応用問題 ⋯⋯⋯⋯⋯⋯⋯⋯⋯⋯⋯⋯⋯⋯⋯⋯⋯⋯⋯⋯⋯⋯⋯⋯⋯⋯⋯ 解答 ➡ 別冊 *p.57*

220 表はガの一
種アメリカシロヒトリ個体群
の生命表である。各問いに答
えよ。

□ (1) 最大の死亡要因を選べ。

　ア　生理死

　イ　事故死

　ウ　病死

　エ　天敵による捕食

□ (2) 死亡率の最も高い死亡要
　因は何か。また，その死亡
　率を求めよ。

□ (3) 幼虫終了時までの死亡率
　を求めよ。

発育段階	生存数	死亡要因（天敵ほか）	死亡数
卵	4290	ふ化せず	130
ふ化幼虫	4160	クモAなど	744
1齢幼虫	3416	生理死A	108
		クモBなど	1093
2齢幼虫	2215	生理死B	11
		クモCなど	322
3齢幼虫	1882	クモDなど	463
4～6齢幼虫	1419	シジュウカラのひな	640
		シジュウカラ成鳥	736
7齢幼虫	43	アシナガバチなど	29
蛹	14	ブランコヤドリバエ	4
		病気	1
成虫	9		0

（成虫は産卵を終えるまで死ななかったものとする）

□ (4) この昆虫は春にふ化するものと秋にふ化する（蛹で越冬する）ものとがあるが，
　この表はどちらのものか。理由も述べよ。

📖 **ガイド** (1)最大の死亡要因は死亡数の多い要因，(2)死亡率の高い要因は，死亡数をもとの
　　　　　　個体数（生存数）で割って比較する。

221 ある種のカメの個体群において，ある時
期に生まれた個体数が1000で，その後の年齢
ごとの個体数が $N(t) = 1000 \times 0.7^t$ だとする。
ただし，t は年齢を，$N(t)$ は年齢 t での個体数
を示す。

□ (1) すべての年齢範囲で生息条件が同一とし
　て，このカメの生存曲線を描け。

□ (2) このカメについて，この時期に生まれた
　群れの個体数が5未満になるのは生まれて
　から何年後か。ただし，$\log_{10}2 = 0.301$，$\log_{10}7 = 0.845$ として計算せよ。

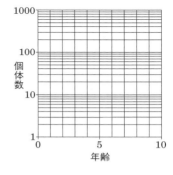

📖 **ガイド** (2)1000個体が5未満まで減るのだから，$1000 \times 0.7^t < 5$。

44 個体群内の相互作用

▶ **群れ**…動物の**個体群**で，**個体どうし**が**集合**して行動するときの集団。

　① **利点**…危険の分散・外敵に対する防衛(警戒や反撃)・採食の容易化
　　　(食物を発見)・生殖の機会増加。

　② **欠点**…食物や生活の場所などの資
　　　源をめぐる**個体間の競争**が生じる。

　③ **最適な群れの大きさ**…警戒時間や
　　　群れ内で争う時間により決定。

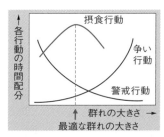

▶ **縄張り**…個体や群れが**食物**や**繁殖**
　(機会・場所)などの確保のため一定
　の生活空間(縄張り)を占有し，同種
　の他個体を排除。例 食物…アユ，繁
　殖…トンボ，トゲウオ，シジュウカラ

▶ **順位制**…群れの中の個体間に優劣関
　係(順位)ができ，群れ内の争いが減
　る。例 ニワトリ，ニホンザル

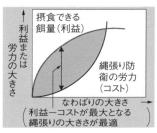

▶ **社会性昆虫**…血縁関係にある個体が
　コロニーと呼ばれる群れをつくる。極端に**個体間の分業**が進み，生殖
　個体や働き個体(ワーカー)など，**形態までもが分化**することが多い。
　例 ミツバチ，シロアリ，アリ

基本問題 ••• 解答 ⇒ 別冊p.58

222 群れ ◀テスト必出

□ 次の空欄に適する語句を，下のア～オから選べ。

　動物が群れで生活する利点としては，①(　　)能力や防衛能力が向上したり，
②(　　)が分散することがあげられる。また，群れることにより③(　　)の機会
が増加したり，えさをとりやすくなることもある。一方，群れることにより，群
れを構成する個体間で④(　　)や休息場所を求めての争いが発生するという欠点
もある。群れの最適の大きさは，この両者の関係によって決まる。

　ア 食物　　イ 危険　　ウ 繁殖　　エ 警戒　　オ 役割

223 個体群内の相互作用　◀ テスト必出

　次の記述に最も適する用語と生物例をそれぞれア〜クから１つずつ選べ。

□ ①　群れの中の個体間に優劣関係が生じ，無用の争いが未然に防がれる。

□ ②　えさの確保や繁殖のため，個体が一定の空間を占有し，そこに侵入する他の
　　　個体を排除しようとする。

□ ③　多数の個体が集団で生活しており，そこでは分業が進み，役割に応じて形態
　　　までも分化している。

　ア　縄張り　　　　イ　順位制　　　ウ　社会性昆虫　　　エ　競争
　オ　シロアリ　　　カ　アユ　　　　キ　カブトムシ　　　ク　ニワトリ

応用問題 ··· 解答 ➡ 別冊 *p.58*

224　◀ 差がつく　えさ場にさまざまな大きさのハトの群れをつくる場所に，タカ
を放して攻撃させたところ，その成功と失敗に関して図１と図２のような結果が
得られた。また，冬のえさ場に集まる小鳥では，摂食行動・警戒行動・えさをめ
ぐる争いの各行動の時間配分と群れの大きさの関係は図３のようであった。次の
各問いに答えよ。

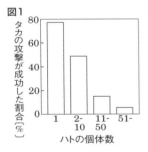

図1

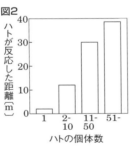

図2

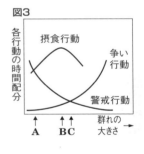

図3

できたらチェック。

□ (1)　次の空欄に適語を入れよ。

　　　図１より，群れの大きさ（ハトの個体数）が大きいほど，タカの攻撃が成功し
　　た割合は①（　　　）なった。大きな群れほどタカに早く気づき，ハトが逃げ出し
　　たときの群れからタカまでの距離は②（　　　）なった。一方，小鳥の群れでは，
　　群れが大きくなるほどえさをめぐる争い行動に費やす時間が③（　　　）なり，逆
　　に捕食者への警戒行動に費やす時間は④（　　　）なった。この小鳥の群れの最適
　　の大きさは，図３の記号⑤（　　　）である。また，この小鳥の群れは，捕食者の
　　攻撃頻度が低下した場合，最適な群れの大きさは⑥（　　　）くなると考えられる。

□ (2)　(1)の⑥について，そのように考えた理由を答えよ。

45 個体群間の相互作用

テストに出る重要ポイント

◉ **捕食-被食(食べる-食べられる)の関係**…食うもの(捕食者)と食われるもの(被食者)との関係。両者の個体数は互いに影響して変動。隠れる場所やえさの種類が豊富にある自然界では，両者の個体数はある範囲内を周期的に変動。

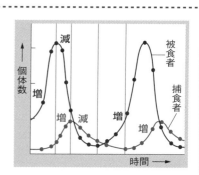

◉ **競争**…食物・生活空間・生活時間などをめぐる争い。種間競争では生活様式の近い個体群間ほど激しい。
生態的地位(→*p.157*)

種間競争の程度が {
　激しく，一方の種が全滅(**競争的排除**)。例 ゾウリムシ(下図B種)とヒメゾウリムシ(下図A種)
　軽くてすみ，両種が共存。例 ゾウリムシ(下図B種)とミドリゾウリムシ(下図C種)

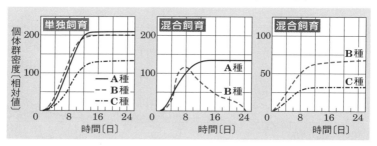

◉ **共生**…異種の個体群とともに生活して利益を得る関係。
　相利共生…互いに利益を得る。例 マメ科植物と根粒菌，アリ(外敵から守る)とアブラムシ(食物を提供)，地衣類(藻類と菌類)
　片利共生…一方は利益を得るが他方は利益も不利益もない。
　　例 サメとコバンザメ(サメに付着して移動)

◉ **寄生**…一方が利益を得て，他方が害を受ける関係。利益を得る側を寄生者，害を受ける側を**宿主**という。例 カイチュウとヒト

◉ **中立**…個体群間の要求がほとんど重ならない。例 キリンとシマウマ

基本問題 •• 解答 ➡ 別冊*p.58*

225 個体群間の相互作用 ◀テスト必出

できたらチェック◎

次の①～⑥の生物現象を適切に表している用語を語群Ⅰから選び，そのような
生活をしている生物例を語群Ⅱから選べ。

- □ ①　同じ場所のよく似た生活環境にすむ動物が，種によって生活の場をずらして
共存する。
- □ ②　同じ場所のよく似た生活環境にすむ動物が，種によっておもに食べる食物を
違えることで共存する。
- □ ③　生活様式の類似した2種の生物が，食物や生活場所をめぐって争う。
- □ ④　異種の生物がいっしょに生活し，一方は利益を得るが他方は不利益を受ける。
- □ ⑤　異種の生物がいっしょに生活をし，互いに利益を受ける。
- □ ⑥　異種の動物間で，一方が他方をえさとしている。

〔語群Ⅰ〕　ア　競争　　　イ　すみわけ　　　　ウ　相利共生

　　エ　食いわけ　　　オ　捕食－被食関係　　カ　寄生

〔語群Ⅱ〕　**a**　ヒメウとカワウ　　**b**　ネコとノミ　　**c**　ダイズと根粒菌

　d　ヤマメとイワナ　　　　　**e**　ノウサギとキツネ

　f　カントウタンポポとセイヨウタンポポ

226 異種個体群の混合飼育実験

A，B 2種類のゾウリムシを同数ず
つとって，1つの容器の中で培養した
ところ，図1のような結果が得られた。
また，ゾウリムシ**A**を単独で培養した
容器の中にミズケムシを入れたところ，
図2の結果が得られた。これらについ
て，次の(1)～(4)の問いに答えよ。

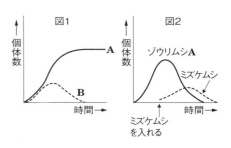

- □ (1)　図1のような異種個体群間の関係を何というか。
- □ (2)　図2のような異種個体群間の関係を何というか。
- □ (3)　ゾウリムシ**A**は隠れることができるが，ミズケムシが入り込めない場所をつ
くって両者を混合培養すると，両種の個体数はどう変化するか，図示せよ。
- □ (4)　(3)の実験で，ゾウリムシ**A**に隠れる場所を与えず，定期的に少量を補給する
と，両種の個体数はどう変化するか，図示せよ。

応用問題 •• 解答 ⇒ 別冊 *p.59*

227 複数の容器に水生昆虫マツモムシのえさとなるカゲロウの幼虫とミズムシ計20匹をさまざまな個体数比で放した。これらの容器にマツモムシを1匹ずつ入れ，それぞれのえさ動物の密度がつねに一定になるように食べられた分を補充しながら1日間自由に摂食させた。この実験結果は，図の曲線Aで表せた。

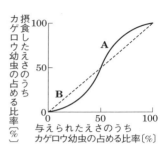

摂食したえさのうちカゲロウ幼虫の占める比率〔%〕（縦軸）
与えられたえさのうちカゲロウ幼虫の占める比率〔%〕（横軸）

（できたらチェック。）

□ (1) 次のうち，マツモムシと同様な生態的地位を占めるものはどれか。

　　ア　イトミミズ　　　イ　ミジンコ　　　ウ　トンボの幼虫　　　エ　タニシ

□ (2) 仮にマツモムシが図の破線Bのような食べ方をしたとすれば，それはどのようなことを意味するか。

□ (3) ある池に，マツモムシと2種のえさ動物からなる生物群集が見られた。いま，少ないほうのえさ動物の10％を人為的に取り除いた。この後，マツモムシがえさ動物種の密度にどのような作用を及ぼすと考えられるか。

228 〈 差がつく 〉右の図は，ある2種類の動物AとBの個体数を約40年間観察した結果から，横軸にAの個体数，縦軸にBの個体数を示している。

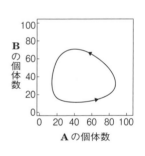

B の個体数（縦軸）
A の個体数（横軸）

　ある時点での両者の関係は点であるが，時間を追って調べていくと，図のような軌跡が描かれる。図中の矢印は，時間の経過する方向を表す。観察期間中，環境の変化はほとんどなかった。

□ (1) AとBの個体数の経年変化を図示すると，下のどのグラフのようになるか。

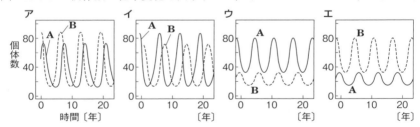

□ (2) 2種の種間関係は次のア～オのどれか。

　　ア　AがBを捕食　　イ　BがAを捕食　　ウ　競争　　エ　相利共生　　オ　中立

46 生物群集と種の共存

- **生物群集**…一定地域で生活する生物の個体群のまとまり。
- **生物群集を構成する栄養段階**
  ① **生産者**…無機物から有機物を合成する生物。光合成を行う植物など。
  ② **消費者**…他の生物が合成した有機物を利用して生活する生物。

  生産者 $\xrightarrow{\text{捕食}}$ 一次消費者 $\xrightarrow{\text{捕食}}$ 二次消費者 $\xrightarrow{\text{捕食}}$ 三次消費者

  ③ **分解者**…消費者のうち有機物を CO_2 や H_2O，NH_3 などの無機物に分解する生物。菌類や細菌など。
- **生態的地位(ニッチ)**…各生物が生態系の中で占める位置。どのような資源をどのように利用するか，つまり生活様式で決まる。
  〔生態的同位種〕 異なる生物群集において同じ生態的地位を占める種。
  〔生態的地位と共存〕 1つの生物群集の中で生態的同位種どうしは共存できない。➡生態的地位をずらすと共存可能(すみわけ・食いわけ)。
- **キーストーン種**…その種が存在することで被食者どうしの競争を緩和し，多様な種の共存を可能にする食物網の上位の捕食者。

基本問題 •• 解答 ➡ 別冊 *p.59*

229 生態的地位

☐ 生態的地位に関する記述について，正しいものを次のア〜オから3つ選べ。

ア 生態的地位とは，ある生物種が食物連鎖の中で占める位置のことである。

イ 日本の本州でニホンジカが占める生態的地位と，北海道でエゾシカが占める生態的地位はよく似ている。

ウ タカとフクロウは食物連鎖の中で占める位置は似ているが，活動時間が違うため，同じ生態的地位にあるとはいわない。

エ オーストラリアのフクロアリクイと南アメリカのオオアリクイは同じ生態的地位を占める。

オ 生態的地位が似た生物種は，同じ地域にいっしょに見られることが多い。

230 さまざまな種間関係と生態的地位

生物群集内の個体群間にはさまざまな種間関係が見られる。下の(1)～(3)の文章を読み，空欄①～③にあてはまる最も適切な語句を記せ。

□ (1) 水田では稲の害虫であるウンカやヨコバイをクモやカエルが捕食する。カエルはクモも捕食する。さらにヘビがカエルを捕食するというように，食べる・食べられるの関係が複雑に組み合わさった全体を①(　　　　)という。

□ (2) ゾウリムシと近縁種のヒメゾウリムシを混合飼育する実験を行った。その結果，片方の種だけが残り，もう一方の種はやがて絶滅してしまった。これは，両種の②(　　　　)が類似していたためである。

□ (3) 河川の上流域にすむイワナとヤマメは，両種が生息する川では，それぞれ一方の種のみが生息する川と異なり，夏期の水温が13～15℃付近を境にして上流域と下流域に分かれてすむことが多い。このように，近縁種が同じ場所に生息可能な場合に，生息場所を分けて共存する現象を③(　　　　)という。

応用問題 •••••••••••••••••••••••••••••••••••• 解答 ➡ 別冊*p.60*

231 ◀ 差がつく 次の文を読み，問いに答えよ。

ある潮間帯の生物種の種間関係について調査を行ったところ，ヒトデ，カメノテ，フジツボ，レイシガイ，ムラサキイガイ，カサガイ，ヒザラガイ，紅藻など17種が生息していた。このフィールドで最大の捕食者であるヒトデは，おもにフジツボ，ムラサキイガイを捕食する。フィールド内に実験区画を設置し，その区画からヒトデをすべて取り除いて種数の変化を調べたところ，右の図のようになった。実線は実験区画内を，点線はヒトデを取り除かなかった区画外で実験区画と同じ面積について調べた種数である。

□ (1) ヒトデを取り除いた実験区画内で最後まで生き残ったと考えられる2種の生物を答えよ。

□ (2) どうして(1)のような現象が起こったと考えられるか。50字程度で説明せよ。

□ (3) この実験結果から，ヒトデはこの地域でどのような役目をもっていたと考えられるか。50字程度で説明せよ。

47 生態系の物質生産・物質収支

- 生態系…生物群集と非生物的環境のまとまり。
  ① 水圏生態系…海洋生態系は地球表面の70%。
  ② 陸上生態系…陸地面積の約30%は森林生態系。生物量は非常に多い。

- 物質生産…生産者が行う有機物生産の過程や，生産された有機物の量。

- 生産者の生産量
  ① 総生産量…生産者が光合成で生産した有機物の総量
  ② 純生産量＝総生産量－呼吸量
  ③ 成長量＝純生産量－（被食量＋枯死量）

- 消費者の同化量
  ① 同化量（二次生産量）＝捕食量（摂食量）－不消化排出量
  ② 消費者の成長量＝同化量－（呼吸量＋死滅量＋被食量）
  └ 老廃物排出量・死亡量

- 生産構造図…植物群集を一定の高さごとに区分し，同化器官（葉）と非同化器官（茎など）の重量を図に示したもの。

- 水圏生態系の階層構造…深いほど光が弱まり，植物プランクトンによる物質生産が減少する。光合成量と呼吸量がつりあう深さを補償深度という。補償深度より浅い層を生産層，深い層を分解層という。

- 生態ピラミッド…生物群集の個体数，生物量（現存量・生体量とも），生産力（エネルギー）などを栄養段階ごとにそれぞれ積み重ねたもの。

- エネルギー利用効率

$$\text{エネルギー効率}＝\frac{\overset{\text{生産者では総生産量}}{\text{その栄養段階の同化量}}}{1\text{つ前の栄養段階の同化量}}\times100〔\%〕$$

生産者の場合は生態系に入射した光エネルギー量
一次消費者の場合は生産者の総生産量

基本問題 ••• 解答 ➡ 別冊 *p.60*

できたら
チェック

232 物質生産 ◀テスト必出▶

☐ ヨモギと植物食性昆虫の物質の流れについて，図の空欄①〜③に入る適語を選べ。

ア　総生産量　　イ　純生産量

ウ　呼吸量　　　エ　同化量

オ　成長量　　　カ　枯死量

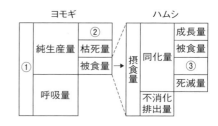

233 生態系

地球上の複数生態系に関するデータをまとめた下の表を見て，問いに答えよ。

☐ (1)　次の記述に該当する生態系を表の生態系から選べ。

  a　温度や湿度が生物の生息に適し，環境が多様なので生物種は多い。

  b　一般に降水量が少なく，生活地の環境は単調で，生物の種数は少ない。

  c　栄養塩類が少なく，単位面積あたりの生物量，純生産量ともに小さい。

☐ (2)　(1)の**a**〜**c**のおもな生産者を次から選べ。

  草本植物　　　落葉高木　　　常緑高木　　　植物プランクトン　　　海藻

生態系	陸上					海洋		
	森林	草原	湖沼と河川	農耕地	全体	沿岸	外洋	全体
面積(10^6 km²)	56.5	32.0	2.0	14.0	149.0	34.6	332.0	366.6
生物量(乾重量 kg/m²)	30.1	2.5	0.02	1.1	12.5	0.09	0.003	0.009
純生産量 (乾重量 kg/(m²・年))	1.31	0.52	0.50	0.65	0.73	0.46	0.13	0.16

📖 **ガイド**　降水量が影響を与えるのは陸上生態系。

234 水圏生態系の構造と物質生産

☐ 次ページの図は，ある湖沼での夏の光合成量と呼吸量の垂直分布を示したものである。これと次の文に関する以下の問いに答えよ。

湖沼でのおもな生産者は植物プランクトンで，これが有機物を生産できる深さは限られている。光合成量から呼吸量を引いたものを①(　　)という。光合成量と呼吸量が等しくなる深さを②(　　)といい，このときの①は③(　　)である。②より上部を④(　　)層，下部は⑤(　　)層に区別される。

植物プランクトンによって生産された有機物は，動物プランクトンや魚類などの⑥(　　)によって直接あるいは間接的に利用される。動物プランクトンの同化量は，摂食量から⑦(　　)量を引いたものである。動物プランクトンはさらに魚類に捕食されていく。魚類の同化量は，動物プランクトンの同化量よりも⑧(　　)。

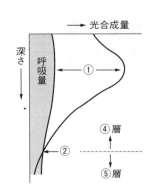

〔問い〕　文中の空欄①〜⑧に適切な語句を答えよ。

　　　ただし，①，②，④，⑤は図中の記号と一致している。また⑧については「大きい」または「小さい」のいずれかを答えよ。

📖 **ガイド**　光合成量が呼吸量を上回っている深度は差し引き物質生産が行われる層。呼吸量のほうが上回っている深度は有機物が分解される層。同化量は栄養段階が上位になるほど減少する。

応用問題 •• 解答 ➡ 別冊*p.60*

235　◀差がつく　図は，生態系の各栄養段階間におけるエネルギーの移動を示したものである。次の問いに答えよ。

☐ (1)　①〜⑥の記号は何を意味しているか，ア〜クから選べ。ただし，$B(B_0 \sim B_2)$は各栄養段階での成長量を，$D(D_0 \sim D_2)$は枯死・死滅量を示す。

　　①A　②C　③E　④F　⑤G　⑥H

　ア　摂食量　イ　被食量
　ウ　呼吸量
　エ　不消化排出量
　オ　最初の現存量
　カ　純生産量
　キ　総生産量
　ク　吸収されたエネルギー量

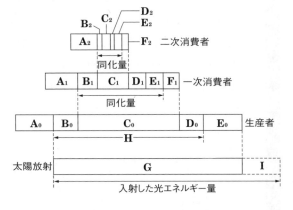

☐ (2)　分解者にわたるエネルギー量を求める計算式を答えよ。

☐ (3)　生産者と一次消費者のエネルギー効率を，図中のできるだけ少ない記号を使って表せ。

48 生態系の物質循環

テストに出る重要ポイント

◉ **物質の循環**…物質は生態系内で非生物的環境と生物の集団の間を循環。

◉ **炭素の循環**

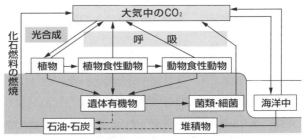

◉ **窒素の循環**

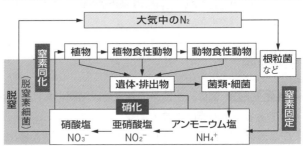

◉ **窒素同化**…有機窒素化合物(タンパク質，ATP，核酸など)の合成。

① **植物**…無機窒素化合物→アミノ酸→高分子の有機窒素化合物

② **動物**…食物中のアミノ酸→高分子の有機窒素化合物

◉ **硝化**…土壌中の硝化菌(亜硝酸菌と硝酸菌)の作用。

アンモニウムイオン(NH_4^+)➡亜硝酸イオン(NO_2^-)➡硝酸イオン(NO_3^-)

◉ **窒素固定**…空気中の窒素N_2⟶NH_4^+　逆の反応は脱窒(脱窒素作用)。

根粒菌，アゾトバクター，クロストリジウム，ネンジュモが行う。

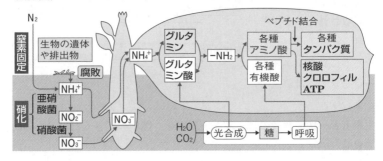

- ● 植物の窒素同化
  ① 植物は吸収したNO_3^-をNH_4^+に**還元**してから窒素同化に利用する。
  ② NH_4^+とグルタミン酸から**グルタミン**をつくり，この**アミノ基**$(-NH_2)$を利用して各種アミノ酸を合成する。
- ● **生態系のエネルギーの流れ**…エネルギーの流れは**一方向で循環しない**。呼吸時の熱エネルギーとして生態系外へ放出。

基本問題 ●●●●●●●●●●●●●●●●●●●●●●●●●●●●●●●● 解答 ➡ 別冊*p.61*

236 物質の循環とエネルギー

□ 次の文の空欄に適語を入れよ。

物質は非生物的環境と生物の集団の間を①（　　）している。炭素は大気中に約②（　　）％含まれる③（　　）から植物の④（　　）によって取り込まれ，⑤（　　）を通じて生物の間を移動し，やがて無機物となって無機的環境にもどっていく。太陽からの光エネルギーは④によって有機物の⑥（　　）エネルギーとなり，最終的には⑦（　　）となって生態系外へ放出され，①しない。

237 炭素の循環 ◀テスト必出

□ 図は生態系における炭素の循環を示したものである。①〜⑦に入る適語を選べ。

ア　呼吸　　　イ　光合成　　ウ　摂食
エ　燃焼　　　オ　化石燃料
カ　菌類・細菌　キ　緑色植物

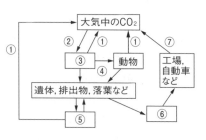

238 窒素の循環

図は，生態系における窒素循環を模式的に示している。以下の問いに答えよ。

□ (1) 空欄ア〜エに適する語を答えよ。

□ (2) **A**に適切な作用名を入れよ。

□ (3) **B**は何という現象か。

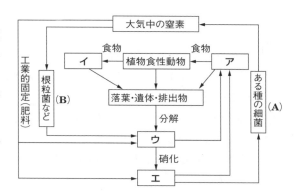

239 植物と動物の窒素同化 ◀テスト必出

□　次の文中の空欄に，最も適切な語句を記せ。

　　植物は根から水に溶けた状態で吸収したアンモニウムイオンや①(　　)から有
機窒素化合物の②(　　)を合成し，さらに高分子の③(　　)や核酸，ATPなど
の有機窒素化合物を合成することができる。硝酸イオンは植物体内で④(　　)さ
れ，亜硝酸イオンを経て⑤(　　)イオンになり，さらにグルタミン酸と結合して
⑥(　　)がつくられる。⑦(　　)転移酵素のはたらきにより，グルタミンのもつ
⑦がさまざまな有機酸に渡されて各種の②がつくられる。

　　植物に対して動物は，無機窒素化合物から②などの有機窒素化合物の合成がで
きないので，他の生物を⑧(　　)し消化することで②を得て，そこから生体を構
成する重要な物質となる高分子の窒素化合物を合成する。

📖 **ガイド**　植物は無機物であるアンモニウムイオンから有機物であるアミノ酸を合成する。ア
ミノ基の受け渡しによって各種のアミノ酸が合成される。

240 空気中の窒素の利用と硝化

　　生物のからだを構成する主要物質の1つである窒素は，空気中に80%近く含
まれるが，植物はこの窒素を直接利用することはできない。次の各問いに答えよ。

□ (1)　空気中の窒素から窒素化合物を合成するはたらきを何というか。
□ (2)　このとき最初に合成されるイオンは何か。
□ (3)　(1)を行う生物のうち，マメ科植物と共生しているものは何か。
□ (4)　(3)のほかに空気中の窒素を取り込んで利用する細菌を2種類あげよ。
□ (5)　(1)を行う独立栄養生物を答えよ。
□ (6)　土壌中に含まれる(2)は，土壌中の化学合成細菌のはたらきによって硝酸イオ
　　　ンに変えられるが，この作用を何というか。
□ (7)　(6)を行う化学合成細菌を2種類答えよ。

241 生態系のエネルギーの流れ

□　生態系におけるエネルギーの流れに関する記述として適当なものを次のなかか
ら2つ選び，記号で答えよ。

　ア　無機物から有機物をつくる生産者が，呼吸を行うことで光エネルギーを化学
　　　エネルギーに変換している。
　イ　有機物を無機物に分解する分解者は，他の生物からエネルギーを受け取るこ
　　　とができない。

ウ 生物の生命活動を支える化学エネルギーの源は，太陽からの光エネルギーである。

エ すべての生物は，熱エネルギーを化学エネルギーに変換して生命活動を行っている。

オ 生態系におけるエネルギーは，最終的にはすべて熱エネルギーとなって生態系外へと出ていく。

カ 生態系におけるエネルギーは，炭素や窒素と同じように生態系のなかを循環している。

📖 ガイド　生態系内のエネルギーは有機物として食物連鎖を通じ移動している。

応用問題 ●●●●●●●●●●●●●●●●●●●●●●●●●●● 解答 ➡ 別冊 *p.62*

242 窒素同化に関する次の文を読み，以下の問いに答えよ。

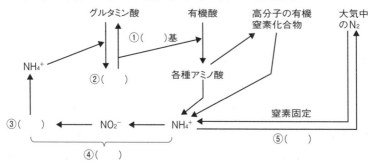

　窒素同化の過程では，⑥(　　)や光合成の過程で生じた中間産物の有機酸に，①基が結合して有機窒素化合物である各種のアミノ酸が合成される。アミノ酸から a タンパク質などの高分子の有機窒素化合物が合成される。有機窒素化合物の分解や空気中の N_2 からの b 窒素固定で得られる無機物のアンモニウムイオンは c 土壌中の化学合成細菌のはたらきによって硝酸イオンとなり，植物に吸収されて再び窒素同化の材料として使われる。

□ (1)　文中および図中の空欄に，最も適切な語句を記せ。

□ (2)　下線部 a に関して，タンパク質以外の有機窒素化合物を 2 つ記せ。

□ (3)　下線部 b の窒素固定を行う細菌を 3 種類あげよ。

□ (4)　下線部 c の細菌を 2 種類あげよ。また，これらを合わせて何というか。

📖 ガイド　(3)窒素固定とは，大気中の N_2 を体内に取り込み，ATP を利用することで NH_4^+ をつくり出すはたらきである。

49 生態系と生物多様性

- ● **生物多様性**…生物多様性は大きく 3 つの視点(階層)で評価される。
  - ① **種多様性**…ある生態系における生物種の多様性。種数が多く，各種が占める割合(優占度)にかたよりが少ないほど種多様性が高い。
  - ② **遺伝的多様性**…ある生物種内における遺伝子の多様性。
  - ③ **生態系多様性**…地球上にはさまざまな環境に応じて多様な生態系が成立している。例 森林，草原，砂漠，河川，湖沼，遠洋，沿岸

- ● **多様性の減少をもたらす原因**…生息域の縮小や分断化・孤立化(局所個体群)，外来生物，地球温暖化などの気候変動。

- ● **絶滅**…ある生物種または個体群が子孫を残すことなく消失すること。

- ● **「絶滅の渦」**…局所個体群➡遺伝的多様性の低下➡有害な遺伝子や環境変動の影響を受けやすくなる➡個体数の減少が急速に進む

- ● **攪乱**…生態系やその一部を破壊するような外的要因。
  - **自然攪乱**…火山噴火，山火事，台風，河川の氾濫，土砂崩れなど
  - **人為攪乱**…森林伐採，河川改修や土地開発，外来生物の持ち込みなど

- ● **中規模攪乱説**…一定頻度で中規模な攪乱が起こることで種多様性が増大・維持されるという考え。

- ● **生態系サービス**…人間生活が生態系から受けているさまざまな恩恵➡生物多様性と生態系を保全する理由　例 食料，薬品の原料，生活環境・レクリエーションの場の提供，森林による酸素供給，貯水効果

- ● **保全のための対策**…ワシントン条約，レッドデータブック(絶滅危惧種)，ラムサール条約，生物多様性条約，外来生物法(特定外来生物)
  - └ 希少種の貿易規制
  - └ 湿地(水鳥の生息地)の保護

基本問題 ●●●●●●●●●●●●●●●●●●●●●●●●●●●●●●●●●● 解答 ➡ 別冊 *p.62*

243 種多様性

□　種多様性について述べた次のア〜エの文のうち正しいものを 1 つ選べ。

ア　一般に，緯度が高く高度が高いほど，種多様性は高い。

イ　種数が同じであれば，そのうちの一種の割合が大きいほど，種多様性は高い。

ウ　陸上よりも海のほうが種多様性は高い。

エ　一般に，地形が複雑なほど種多様性は高い。

244 生物多様性 ◀テスト必出▶

□ 生物多様性に関する次の文を読み，空欄に適する語を下の語群から選べ。

　生物多様性には，種多様性のほかに，種内の①（　　）多様性や，環境に応じた②（　　）多様性と，さまざまな階層が含まれる。人類が③（　　）を持続的に利用していくためにも生物多様性の保全は必要で，その重要性が世界的に認識されるようになっているが，生物多様性の急激な消失スピードを抑えることはできていない。生物多様性消失のおもな原因は④（　　）であり，人や物の移動に伴い持ち込まれた⑤（　　）の問題も含まれる。

〔語群〕 生態系　　生態系のバランス　　生態系サービス　　遺伝的

　エネルギー　　外来生物　　人間活動　　化石燃料　　自然災害

245 生物多様性に影響を与える要因

　生物多様性に関する以下の問いに答えよ。

□ (1) 生態系またはその一部を破壊するような自然現象や人間活動を何というか。

□ (2) 生物多様性を維持することと(1)について適当なものを次のア～ウから選べ。

　　ア　(1)は起こらないほうがよい。

　　イ　大規模な(1)が頻繁に起こるとよい。

　　ウ　アとイのどちらでもない。

□ (3) 森林や宅地開発などによってある生物種の生息域が小さく分かれることと，それぞれの生息域の個体が互いに行き来できなくなることを，それぞれ何というか。また，そのような状態になった個体群を何というか。

□ (4) (3)のようになった個体群で，遺伝子の多様性の低下や偶発的な要因による死滅や出生率の低下などによって急速に個体数が減少していく現象を何というか。

応用問題 •• 解答 ➡ 別冊 *p.62*

246 ◀差がつく▶ 生物多様性とその保護に関する以下の問いに答えよ。

□ (1) レッドデータブックとは何か，簡単に説明せよ。

□ (2) 外来生物法で特定外来生物に指定されている動物と植物を1種ずつあげよ。

□ (3) 人間によって継続的に加えられていた一定規模の攪乱がなくなることで，生物多様性が低下する現象が報告されている。このような例を1つあげよ。

□ 執筆協力　㈱オルタナプロ
□ 編集協力　㈱オルタナプロ　南昌宏
□ 図版作成　㈱オルタナプロ　藤立育弘

シグマベスト
**シグマ基本問題集
生物**

編　者　文英堂編集部
発行者　益井英郎
印刷所　中村印刷株式会社
発行所　株式会社文英堂
　　　　〒601-8121　京都市南区上鳥羽大物町28
　　　　〒162-0832　東京都新宿区岩戸町17
　　　　（代表）03-3269-4231

シグマ基本問題集

生 物

正解答集

◎『検討』で問題の解き方が完璧にわかる

◎『テスト対策』で定期テスト対策も万全

文英堂

1　生命の起源

基本問題 •••••••••••••••••••••• 本冊 *p.5*

❶

答　① 46　　② 有機物　　③ 化学進化
④ 熱水噴出孔　　⑤ 膜　　⑥ 代謝
⑦ 自己複製

検討　生命は海底からメタンやアンモニアなど
を多く含む熱水の湧き出る**熱水噴出孔**付近で
誕生したと考えられている。膜の内部に有機
物が貯まっていき，濃度が高くなったことで
化学反応が促進され，初期の生命が生まれた
と考えられている。

┌─ **テスト対策** ─────────────┐
▶生命の誕生までの過程(化学進化)
　　無機物
　　　↓
　低分子の有機物(アミノ酸，単糖など)
　　　↓
　高分子の有機物(タンパク質，核酸など)
└──────────────────────┘

❷

答　(1) ミラー　　(2) ウ

検討　現在では原始大気はミラーの実験で用い
た混合気体とは異なり，二酸化炭素，二酸化
窒素，窒素，水蒸気を主体とするガスであっ
たと考えられているが，これらのガスでも同
様の実験結果が得られている。

❸

答　(1) RNAワールド
(2) DNAワールド

検討　初期の生命では，遺伝情報はDNAでは
なくRNAに保持されていたと考えられてい
る。また，RNAにはリボザイム(リボ核酸と
酵素を意味するエンザイムを合わせた用語)
と呼ばれる触媒作用をもつものがある。そし

て，遺伝情報の保持と触媒作用の両方に関わ
りをもっていた**RNA**ワールドから，RNA・
タンパク質ワールドを経て，2本鎖で安定し
ているDNAが遺伝情報の保持を担う**DNA**
ワールドとなった。RNAは変化しやすいた
め，進化の初期においては，さまざまな生物
が誕生しやすいが，遺伝情報の保持には向い
ていない。

応用問題 •••••••••••••••••••••• 本冊 *p.5*

❹

答　アミノ酸や核酸の塩基は窒素を含むのに，
この実験ではアンモニアなど窒素源となる物
質を入れてなかったため。

検討　有機物はすべて炭素・水素・酸素を含む
が，アミノ酸はすべてアミノ基($-NH_2$)をもつ
ため，さらに窒素が含まれる。

┌─ **テスト対策** ─────────────┐
　アミノ酸やタンパク質が窒素を含むこと，
核酸にリンが含まれるのに対してタンパク
質が硫黄を含む(S-S結合)ことなど，生物
をつくる分子の構造とはたらきはこの章で
も重要。
└──────────────────────┘

2　生物の変遷

基本問題 •••••••••••••••••••••• 本冊 *p.7*

❺

答　① 35　　② 独立　　③ 細菌
④ クロロフィル　　⑤ 水
⑥ シアノバクテリア　　⑦ 酸素　　⑧ 鉄
⑨ オゾン　　⑩ 好気

検討　**シアノバクテリア**による光合成は，水を
分解して酸素を生じ，好気性生物の出現のほ
か，**縞状鉄鉱床やオゾン層**が形成される原因
ともなった。

6

答 (1) 原核生物

(2) 共生説

(3) ① イ　② ウ

検討 (2)原核生物の細菌は真核生物のミトコンドリアと同じくらいの大きさしかない。ミトコンドリアと葉緑体は独自のDNAをもち，二重の膜構造をもっている(内膜が好気性細菌やシアノバクテリアだったときの細胞膜で，外膜が共生する際に包んできた宿主細胞の細胞膜とする考え方もある)ことも共生説の裏づけとなっている。

7

答 (1) ① エ　② ウ

(2) A…イ　B…エ

検討 約27億年前以降の地層からストロマトライト(酸素発生型光合成を行うシアノバクテリアがつくった独特の層状構造をもつ岩石)が大量に発見された。これにより，この時代ではシアノバクテリアが繁栄しており，しだいに大量の酸素が水中や大気中に蓄積されていったことが推測される。その後，大気中に高濃度に蓄積された酸素によって，オゾンが生じ，約5億年前までには，成層圏(地表から10〜50 kmの空気の層)にオゾン層が形成されたとされている。

　一方，大気中に多く存在していた二酸化炭素は，石灰岩の形成や光合成を行う生物による有機物への固定などによって減少していった。

応用問題 ●●●●●●●●●●●●●●● 本冊*p.8*

8

答 (1) ① 新生代　② 中生代　③ 古生代

④ 先カンブリア時代

(2) ア…d　イ…e　ウ…a　エ…b　オ…h

カ…g　キ…j　ク…i　ケ…c　コ…f

(3) ① 2.5億年前[2.51億年前，2.52億年前]

② 6600万年前

(4) ① エディアカラ生物群，先カンブリア時代　② バージェス動物群，古生代

(5) ①はやわらかいからだをもち海底の有機物を食べて生活していたのに対し，②では他の動物を捕食するものが現れ，かたい表皮をもつものが見られるようになった。

検討 (2)キ・ケ…古生代を代表する動物の三葉虫と中生代を代表するアンモナイト・恐竜類はそれぞれの代の末期に絶滅した。

コ…カンブリア紀に出現した最初の脊椎動物は，現生の魚類とは異なる生物(無顎類)。

(3)①教科書会社により若干値が異なる。

📝 テスト対策

　代表的な地質時代については名称とできごとをきちんと覚えておこう。

(1)先カンブリア時代…化学進化，単細胞生物からエディアカラ生物群，藻類の時代。

(2)古生代…脊椎動物出現，オゾン層形成，昆虫・両生類が陸上進化，三葉虫。

カンブリア紀…先カンブリア時代のすぐ後。バージェス動物群。

石炭紀…シダ植物の大森林(＝石炭の原料)。

(3)中生代…ハ虫類(恐竜類)・アンモナイト・裸子植物の時代。

ジュラ紀…鳥類が出現。

白亜紀…恐竜・アンモナイトが絶滅。

(4)新生代…哺乳類(人類を含む)・被子植物の時代。

❾

答 (1) シアノバクテリア，ストロマトライト

(2) 鉄鉱石

(3) オゾン層の形成

(4) 維管束

(5) 被子植物は胚珠が子房に包まれているのに対し，裸子植物は胚珠がむき出し。(35字)

(6) 胚膜

検討 (1)「酸素を発生する光合成」であることに注意。

(2)酸化鉄が海底に沈殿し縞状鉄鉱床が形成された。

(4)維管束のないコケには根もない。

(5)胚珠が子房に包まれた被子植物は乾燥と寒冷化した新生代に適応した植物である。

(6)陸上に産卵するハ虫類・鳥類では**胚膜**が胚を乾燥から守っている。胚膜は哺乳類の発生過程でも形成される。羊膜・尿のう・卵黄のう・しょう膜の４つがある。

3　遺伝情報の変化

基本問題 ●●●●●●●●●●●●●●●●●●● 本冊*p.11*

❿

答 ① イ　② ウ　③ ア

検討 ①と正常のDNAの塩基配列を比較すると，①は正常の塩基配列の左から６番目のC（シトシン）が失われている（**欠失**）。

②と正常のDNAの塩基配列を比較すると，②は正常の塩基配列の左から２番目のG（グアニン）と３番目のA（アデニン）の間に新たにCが加わっている（**挿入**）。

③と正常のDNAの塩基配列を比較すると，③は正常の塩基配列の左から４番目のCがAに置き変わっている（**置換**）。

⓫

答 (1) ① アフリカ　② ヘモグロビン

③ アミノ酸

(2) GAG

(3) GUG

検討 (2)DNAの塩基配列CTCに相補的なmRNAの塩基配列はGAG。

(3)１塩基の違いでGAGから変わるバリンのコドンはGUGのみに絞られる。

　鎌状赤血球貧血症は生存に不利な形質であるが，遺伝子をヘテロにもつ場合には貧血は軽度で，マラリア原虫の感染を受けにくい性質ももつため，マラリアの流行地では，この遺伝子をもつ人が高い割合で存在する。

⓬

答 ① 遺伝的多型

② 一塩基多型[SNP]

検討 遺伝子多型には，１塩基のみの違い（**一塩基多型：SNP**）や特定の塩基配列のくり返し回数の違いが見られる。SNPはゲノムに多様性をもたらしており，ヒトのゲノムでは全体で約30億の塩基対に対し数千万のSNPが存在する。SNPの多くは直接的に形質に影響しないが，鎌状赤血球貧血症のように健康に影響を与えるものもある。

　また，SNPには薬のききやすさと関連のあるものも見つかっており，個人にあった医療を行うオーダーメイド医療の実現の一端を担うと期待されている。

応用問題 ●●●●●●●●●●●●●● 本冊 p.12

13

答 (1) メチオニン・チロシン・セリン・システイン

(2) ア…変化なし　イ…ポリペプチドの合成終止　ウ…アミノ酸置換[システイン→トリプトファン]

(3) ☆₁のGがTまたはCになる。

検討 DNAの塩基配列は相補的なmRNAの塩基配列に置き換えてから遺伝暗号表を参照する。

　1塩基の置換が合成されるタンパク質に及ぼす影響は，次のように整理される。①アミノ酸の置換が起こらない。②アミノ酸の置換が起こるが，タンパク質の性質には大きな変化が起こらない。③アミノ酸の置換が起こり，タンパク質の性質にも影響する。④終止コドンにより，ポリペプチドの合成が止まる((3)の場合)。

┌─────────────────────────┐
✎ **テスト対策**
1塩基の変化がタンパク質に重大な影響を及ぼす場合もあれば全く影響しない場合もある。
└─────────────────────────┘

4 染色体と減数分裂

基本問題 ●●●●●●●●●●●●●● 本冊 p.14

14

答 ア，エ，カ

検討 エ…受精は卵(卵細胞)と精子(精細胞)が合体して新しい個体をつくるので，有性生殖である。

15

答 ① DNA　② タンパク質

③ 相同染色体　④ 遺伝子座

⑤ ホモ接合体　⑥ ヘテロ接合体

検討 ②ヒトの場合は，同じ大きさで同じ形の染色体を2本ずつもつ。これが**相同染色体**で，1本は卵(母親)由来，もう1本は精子(父親)由来。⑤*AA*や*aa*のように同じ遺伝子をもつ個体のこと。⑥*Aa*のように異なる遺伝子をもつ個体のこと。

16

答 (1) ① 減数分裂　② 体細胞分裂

③ 2　④ 4　⑤ 2

(2) ① 娘細胞は母細胞の半分

② 母細胞と娘細胞は同数

(3) イ　　(4) B

検討 (1)(2)減数分裂は，第一と第二の2回の分裂からなり，第一分裂で，対合した相同染色体が別々の細胞に入るため**染色体数が半減**する。第二分裂では，体細胞分裂と同様に，染色体が縦裂面から分離して娘細胞に入るため，染色体数は半減したまま**変わらない**。

(4)相同染色体どうしが対合して**二価染色体**をつくっている**B**が，減数分裂の第一分裂前期のものである。

17

答 (1) ア…紡錘糸

(2) A→E→B→D→C　　(3) E

(4) D　　(5) E

(6) 2本　　(7) イ

検討 (5)二価染色体は，第一分裂前期に，相同染色体が対合してつくられる。

(6)この動物の染色体数は，図Aより $2n = 4$ なので，$n = 2$ である。

┌─────────────────────────┐
✎ **テスト対策**
　体細胞分裂の過程を確実に理解し，減数分裂の特徴をそれと比較しながら理解しておくとよい。特に，**第一分裂における染色体の動きと数の変化に注意する。**
└─────────────────────────┘

⑱
| 答 | ① 常染色体 ② 性染色体 ③ X
④ Y ⑤ ヘテロ ⑥ XY ⑦ 雌ヘテロ
⑧ ZO

応用問題 •••••••••••••••• 本冊*p.16*

⑲
答 (1) 配偶子
(2) 多様な遺伝子の型の配偶子の接合により，遺伝的に多様な新個体が生じるので，さまざまな環境に適応できる。(50字)
検討 (2)無性生殖によって生まれる個体はすべて同じ遺伝子の組み合わせになっているので，環境の変化などによって絶滅しやすいが，有性生殖によって生まれる個体は**遺伝子の組み合わせが異なっている**ので，環境が変化しても，どれかが生き残る可能性がある。

⑳
答 (1) ウ (2) イ (3) 精巣
(4) ア (5) 右図
検討 (1)アの胞子やイの花粉は，すでに減数分裂が終わっている。
(4)バッタの性染色体はXO型で(⇨本冊p.14)，雄の体細胞の染色体の構成は2A＋Xと表現できる。X染色体には相同染色体がなく，減数分裂の第一分裂で，X染色体をもつ細胞ともたない細胞に分かれる。そのため，1個の一次精母細胞からX染色体をもつ精子($n=$10)とX染色体をもたない精子($n=9$)が2個ずつつくられる。

㉑
答 (1) C (2) A (3) B, D, F
検討 分裂の順序は，F→C→E→A→B→D。Fは間期で，C・E・Aは第一分裂，B・Dは第二分裂である。
(3)体細胞分裂にも見られるのは，間期と，第二分裂と同じ染色体のようす。

5 遺伝子の組み合わせの変化

基本問題 •••••••••••••••• 本冊*p.20*

㉒
答 ① 遺伝子型 ② 表現型 ③ ホモ
④ ヘテロ ⑤ ヘテロ ⑥ 顕性 ⑦ 潜性
検討 遺伝用語については正しく理解しておくこと。これらのほかに，P(交配する両親)，F_1(Pの交配で得られる雑種第一代)，F_2(F_1どうしの交配で得られる雑種第二代)などは，問題文にもよく出てくる。

㉓
答 (1) 黄色，(理由)異なる形質の純系の親から生じたF_1に現れた形質が顕性形質だから。
(2) 黄色…YY，緑色…yy
(3) $Y:y=1:1$
(4) $YY:Yy:yy=1:2:1$
(5) 黄色：緑色＝1：1
検討 (2)純系なので，Pはホモ接合体である。
(3)F_1は両親から遺伝子を1つずつ受け継いでいるので，F_1の遺伝子型はYy。YyのYとyは分離して別々の配偶子に入るので，配偶子は$Y:y=1:1$。
(4)$Yy×Yy→YY$，Yy，Yy，yy。
(5)$Yy×yy→Yy$，yy。よって表現型は，Yyが黄色で，yyが緑色となる。

✐ テスト対策
親のもつ遺伝子対のうち，どちらか一方が子に伝わる。また，遺伝子をヘテロにもった場合，**顕性遺伝子の形質だけが現れる**。

24

答 (1) $AABB \times aabb$

(2) $AaBb$

(3) $AB : Ab : aB : ab = 1 : 1 : 1 : 1$

(4) $AAbb$, $Aabb$

(5) 丸：しわ＝3：1，黄色：緑色＝3：1

(6) **6.25%**

検討 (1)F_1の形質が1種類であるから，Pの遺伝子型はすべてホモ接合体である(Pの遺伝子型がヘテロ接合体であれば，F_1の形質が1種類でない)。

(2)F_1は，両親からABとabを受け継ぐので，$AaBb$。

(3)$AaBb$が2つに分離するとき，AとBが1つの配偶子に入ると，もう1つの配偶子にはaとbが入る。また，Aとbが1つの配偶子に入ると，もう1つの配偶子にはaとBが入る。これらの起こる確率がすべて等しいので，配偶子の遺伝子型は，$AB : Ab : aB : ab = 1 : 1 : 1 : 1$となる。

(4)F_1どうしの交配をゴバン目法で考えると，

	AB	Ab	aB	ab
AB	$AABB$	$AABb$	$AaBB$	$AaBb$
Ab	$AABb$	$AAbb$	$AaBb$	$Aabb$
aB	$AaBB$	$AaBb$	$aaBB$	$aaBb$
ab	$AaBb$	$Aabb$	$aaBb$	$aabb$

このうち$AAbb$と$Aabb$が丸形・緑色になる。

(5)上の表より，丸形：しわ形＝$(AA + Aa)$：$aa = 12 : 4 = 3 : 1$。黄色：緑色も同様に考える。

(6)$aabb$の出現比を求めればよい。

$$\frac{1}{16} \times 100 = 6.25 [\%]$$

📝 テスト対策

　交配結果は，**ゴバン目法**を使って考えられるように練習しておくこと。

 25

答 (1) $AaBb$　　(2) 4種類　　(3) **56.25%**

検討 (1)F_1は，両親からAbとaBを受け継ぐので，$AaBb$。

(2)F_2の表現型は，〔AB〕，〔Ab〕，〔aB〕，〔ab〕，の4種類。

(3)F_2は〔AB〕：〔Ab〕：〔aB〕：〔ab〕＝9：3：3：1に分離するから，

$$\frac{9}{9+3+3+1} \times 100 = 56.25 [\%]$$

 26

答 ① 連鎖　② 連鎖群　③ 4　④ 独立　⑤ 染色体

検討 (1)同じ染色体にあって行動をともにする遺伝子のグループを**連鎖群**という。**連鎖群の数は相同染色体の対の数と同じ**である。体細胞に8本の染色体があるので相同染色体は4対となる。よって，連鎖群も4である。

27

答 ① ア　② ウ　③ イ　④ エ　⑤ オ

検討 検定交雑の結果得られた子の表現型の分離比は，検定個体がつくる配偶子の遺伝子型の分離比を示すことから考える。

①この場合，メンデルの独立の法則が成り立つので，2つの対立遺伝子のすべての組み合わせが同じ割合で生じる。

②完全連鎖なので，BlとbLしか生じない。

③完全連鎖なので，BLとblしか生じない。

④この場合，BlとbLが多く生じ，組換えによってBlとbLが少し生じる。

⑤この場合，BlとbLが多く生じ，組換えによってBLとblが少し生じる。

答 (1)〔*AB*〕:〔*Ab*〕:〔*aB*〕:〔*ab*〕=54:
21:21:4

(2)〔*AB*〕:〔*Ab*〕:〔*aB*〕:〔*ab*〕=14:1:
1:4

検討 (1)配偶子の40%に組換えが起こり，残
りの60%には起こらないのだから，配偶子
の分離比は，*AB*:*Ab*:*aB*:*ab*＝40:60:
60:40＝2:3:3:2となる。交雑の結果
をゴバン目法で考えると次のようになり，

♂＼♀	2 *AB*	3 *Ab*	3 *aB*	2 *ab*
2 *AB*	4〔*AB*〕	6〔*AB*〕	6〔*AB*〕	4〔*AB*〕
3 *Ab*	6〔*AB*〕	9〔*Ab*〕	9〔*AB*〕	6〔*Ab*〕
3 *aB*	6〔*AB*〕	9〔*AB*〕	9〔*aB*〕	6〔*aB*〕
2 *ab*	4〔*AB*〕	6〔*Ab*〕	6〔*aB*〕	4〔*ab*〕

〔*AB*〕:〔*Ab*〕:〔*aB*〕:〔*ab*〕＝54:21:21:4。
(2)雌の配偶子ができるときだけ20%に組換
えが起こるから，雌の配偶子の分離比は，
AB:*Ab*:*aB*:*ab*＝80:20:20:80＝4:
1:1:4となる。雄は完全連鎖なので，配偶
子の分離比は，*AB*:*ab*＝1:1。交雑の結果
をゴバン目法で考えると次のようになり，

♂＼♀	4 *AB*	*Ab*	*aB*	4 *ab*
AB	4〔*AB*〕	〔*AB*〕	〔*AB*〕	4〔*AB*〕
ab	4〔*AB*〕	〔*Ab*〕	〔*aB*〕	4〔*ab*〕

〔*AB*〕:〔*Ab*〕:〔*aB*〕:〔*ab*〕＝14:1:1:4。

29

答 (1) *BbLl*

(2) 12.5%

(3) *BL*:*Bl*:*bL*:*bl*＝7:1:1:7

(4) 紫・長:紫・丸:赤・長:赤・丸＝
177:15:15:49

検討 (2)検定交雑の結果から組換え価を求め
る。組換えで生じた個体は出現数の少ないも
ので，

$$\frac{98+102}{702+98+102+698}\times100=12.5〔\%〕$$

(3)検定交雑の結果から，F_1がつくった配偶
子の遺伝子型と割合を求める。

(4)ゴバン目法で考えると次のようになり，

＼	7 *BL*	*Bl*	*bL*	7 *bl*
7 *BL*	49〔*BL*〕	7〔*BL*〕	7〔*BL*〕	49〔*BL*〕
Bl	7〔*BL*〕	〔*Bl*〕	〔*BL*〕	7〔*Bl*〕
bL	7〔*BL*〕	〔*BL*〕	〔*bL*〕	7〔*bL*〕
7 *bl*	49〔*BL*〕	7〔*Bl*〕	7〔*bL*〕	49〔*bl*〕

〔*BL*〕:〔*Bl*〕:〔*bL*〕:〔*bl*〕＝177:15:15:49。

テスト対策

組換え価は**検定交雑の結果**を利用して求
める。その際，**組換えで生じた個体**は，**数
が少ない**ものであることに注意せよ。

30

答 (1) ① 三点 ② 大き ③ 染色体地図
④ モーガン ⑤ キイロショウジョウバエ
⑥ だ腺[だ液腺] ⑦ だ腺染色体
⑧ 酢酸カーミン溶液[酢酸オルセイン溶液]

(2) 半分になっている

(3) 右図

```
  ┼┼┼┼┼┼┼┼┼┼┼
  B        A C   D
```

検討 (3)*A*-*B*間の組換え価は，

$$\frac{1+1}{19+1+1+19}\times100=5〔\%〕$$

C-*D*間の組換え価は，

$$\frac{1+1}{49+1+1+49}\times100=2〔\%〕$$

である。また，*A*-*C*間の組換え価は1%で，
B-*D*間の組換え価は8%である。これらを
すべて満足する遺伝子の位置関係を考えれば
よい。

テスト対策

染色体地図のつくり方は必ずマスターせ
よ。

応用問題 ●●●●●●●●●●●●● 本冊*p.23*

31

答 (1) *aabb*

(2) ① ア　② イ　③ ウ　④ エ

検討 (2)検定交雑では，潜性のホモ接合体の配偶子の遺伝子型は*ab*なので，**子の形質は検定個体の配偶子の遺伝子型で決まる**。検定交雑の結果現れた形質からそれぞれ考えると，
①〔*AB*〕➡検定個体がつくる配偶子は*AB*だけなので，検定個体の遺伝子型は*AABB*。
②〔*AB*〕と〔*Ab*〕➡検定個体がつくる配偶子は*AB*と*Ab*なので，検定個体は*AABb*。
③〔*AB*〕と〔*aB*〕➡検定個体がつくる配偶子は*AB*と*aB*なので，検定個体は*AaBB*。
④〔*AB*〕と〔*Ab*〕と〔*aB*〕と〔*ab*〕➡検定個体がつくる配偶子は*AB*，*Ab*，*aB*，*ab*なので，検定個体は*AaBb*。

32

答 (1) エ　(2) ウ　(3) **11.1%**

検討 (1)問題文から遺伝子*A*と遺伝子*B*が連鎖しており，遺伝子*a*と遺伝子*b*が連鎖している，つまり同一染色体上にあることがわかる。遺伝子*A*と遺伝子*B*が同一染色体上にあるのは，エのみであり，これが正解となる。
(2)組換えが起こらないことがポイント。F_1の遺伝子型は*AaBb*だが，(1)より遺伝子*A*と遺伝子*B*が同一染色体上にあるので，生じる配偶子は，*AB*か*ab*のみ。そうすると，右表より，表現型の分離比は

	AB	*ab*
AB	*AABB*	*AaBb*
ab	*AaBb*	*aabb*

〔*AB*〕:〔*Ab*〕:〔*aB*〕:〔*ab*〕=3:0:0:1
となる。
(3)**組換え価**は，

$$\frac{組換えが起こった配偶子数}{全配偶子数}\times100$$

で求めるが，配偶子数の代わりに，**検定交雑**をして得られた子の比を使っても求められる。この場合，

$$\frac{組換えが起こった子の比の数の和}{子全体の比の数の和}\times100$$

となる。
この式を使うと，

$$\frac{1+1}{8+1+1+8}\times100=11.1〔\%〕　となる。$$

33

答 (1) 右図

(2) **16.5%**

(3) 連鎖している遺伝子間の距離

検討 (1)連鎖している遺伝子は同じ染色体上に存在する。検定交雑の結果より，遺伝子*A*と遺伝子*B*が連鎖していることがわかる。
(2)組換え価は次の式で求めることができる。

$$\frac{35+33}{180+35+33+165}\times100=16.5〔\%〕$$

(3)連鎖している遺伝子間の距離が大きいほど組換え価も大きくなる。

6　進化のしくみ①

基本問題 ●●●●●●●●●●●●●●● 本冊*p.26*

34

答 ① カ　② ウ　③ エ　④ ア

35

答 ア

検討 イ…ゲノムに含まれるDNAの塩基配列はほとんどタンパク質へと翻訳されない領域なので，個体への影響が現れる確率は低いといえる。
ウ…遺伝的浮動は，生存や生殖上の有利不利には関係のない突然変異に関するもので，環境の変化には影響されない。
エ…進化とは1世代のうちで起こるものではなく，何世代も経ていく間に生物の形質が集団内で変化していくことをいう。

㊱

答　(1) ① 9　② 42　③ 49

④ ハーディ・ワインベルグ平衡

⑤ 16　⑥ 48　⑦ 36

(2) 遺伝的浮動　　(3) ウ　　(4) びん首効果

検討　(1)$A : a = 3 : 7$ より，

$AA = 0.3^2$，$Aa = 2 \times 0.3 \times 0.7$，$aa = 0.7^2$

その後，病気
により aa の
遺伝子をもつ

	0.3 A	0.7 a
0.3 A	0.09 AA	0.21 Aa
0.7 a	0.21 Aa	0.49 aa

個体の半数が種子をつくらなかったため，

$AA : Aa : aa = 0.09 : 0.42 : 0.245$

となる。よって A および a の遺伝子頻度は次
のように求められる。

$A : a = 0.09 + 0.21 : 0.245 + 0.21$

$= 0.30 : 0.455$

遺伝子 A の頻度は，

$30 \div (30 + 45.5) \times 100 = 39.73\cdots$

$\fallingdotseq 39.7\%$

遺伝子 a の頻度は，

$100 - 39.7 = 60.3\%$

これより，各遺伝子型の割合は，

$\begin{cases} AA \cdots 0.397^2 = 0.157 \\ Aa \cdots 2 \times 0.397 \times 0.603 = 0.478 \\ aa \cdots 0.603^2 = 0.364 \end{cases}$

$AA : Aa : aa = 16 : 48 : 36$

 テスト対策

対立遺伝子（T と t）の頻度が $T = p$，$t = q$
の場合，次世代は

$(pT + qt)^2 = p^2 TT : 2pqTt : q^2 tt$

応用問題 •••••••••••••••••• 本冊p.27

㊲

答　(1) イ，カ　　(2) $p = 0.80$，$q = 0.20$

検討　(1)イ…ABO式血液型などの複対立遺伝
子や中立遺伝の場合でも成り立つ。

カ…突然変異が生じたり，対立する遺伝子間
で自然選択が行われたら遺伝子比率に変化が
生じてしまう。

(2)$q^2 = \dfrac{48}{1200} = \dfrac{1}{25} = \left(\dfrac{1}{5}\right)^2$ より $q = \dfrac{1}{5} = 0.20$

$p + q = 1$　より　$p = (1 - q) = 1 - 0.20 = 0.80$

 テスト対策

　ハーディ・ワインベルグの法則について
は，成り立つ条件（遺伝子頻度に変化が起
こらない条件）と計算方法の両方をきちん
と理解しよう。数式は，単純な2次式で，
しかも $p + q = 1$ であることさえしっかり
押さえておけば極めて簡単な式である。

7　進化のしくみ②

基本問題 ••••••••••••••••••• 本冊p.29

㊳

答　(1) 相同器官…①④　　相似器官…②③

(2) 収れん

(3) ① 臼歯は大きく高くなり咬合面が複雑に
なった。指の数は減り，中指1本だけになった。

② 森林から草原に生活の場を移した。

検討　(1)②サツマイモは根（塊根），ジャガイ
モは茎（塊茎）。③鳥類の翼は前肢由来，昆虫
の翅は表皮由来。④サボテンのとげやエンド
ウの巻きひげは葉が変形したもの。

㊴

答　① イ　② ア　③ オ　④ エ　⑤ ウ

検討　進化は，生物が世代を重ねる際に生じた
DNAの塩基配列の変化が蓄積して起こる。
海や山脈などで集団間の交流が断たれ，それ
ぞれの集団内で変化が蓄積していくと，この
2つの集団の生物間では生殖器の変化や繁殖
時期の違いなどによって交配ができなくなり，
互いに別種となり新しい種の誕生となる。

40

答 ア：ツバキシギゾウムシの口吻の長さと，ヤブツバキ果皮の厚さに関連が見られる。イ：スズメガの口器の長さと，ランの花の蜜がある細い管(距)の長さに関連が見られる。

検討 ヤブツバキはツバキシギゾウムシに果肉を食べられないよう，果皮を厚くするように進化した。これに対しツバキシギゾウムシは，ヤブツバキの果肉に届く産卵穴をあけるため，口吻が長くなるように進化したと考えられる。ランの花の蜜を吸うために，スズメガは口器を長くするように進化した。ランは花粉をスズメガのからだにつけて運ばせるために距を長くするように進化した。

応用問題 ●●●●●●●●●●●●●●●●●●●● 本冊 *p.30*

41

答 ① 変化させない ② 遺伝子突然変異 ③ 異数体 ④ 転座 ⑤ 自然選択[淘汰] ⑥ ○ ⑦ ○

検討 ①生殖細胞に生じた遺伝子の変化(突然変異)が遺伝する。

②**遺伝子突然変異**は塩基配列レベルの変異で，**染色体突然変異**は染色体の数の増減(**異数体・倍数体**)および染色体の構造異常(**欠失・重複・逆位・転座**)がある。

正常 (ABCD) 重複 (ABCCD)
欠失 (ABC) 転座 (ABCDN)
逆位 (ABDC)

8 生物の分類法と系統

基本問題 ●●●●●●●●●●●●●●●●●● 本冊 *p.32*

42

答 ① イ ② オ ③ カ ④ ウ ⑤ ク ⑥ ア

検討 分類の基本単位は種で(さらに亜種を設けて細かく分ける場合もある)，その上位の区分が，順に属—科—目—綱—門—界となり，最も大きな分類単位が**ドメイン**である。身近な生物には，地方や成長段階などによって同じ種でもさまざまな名前で呼ばれることがあるが，日本での正式な生物種名(**標準和名**)は1つに決められている。さらに世界で共通の生物種名が**学名**で，リンネが考案した方式にもとづき，ラテン語またはラテン語化した言葉を用いて，**属名＋種小名**の**二名法**で表記する。

📝 テスト対策

〔分類のヒエラルキー(階層構造)〕
　種＜属＜科＜目＜綱＜門＜界＜ドメイン

43

答 ①

検討 ②いずれも植物界被子植物門に属し，生活形を見るとエンドウとノアザミは同じ草本植物で類似しているが，キク科のノアザミよりもエンドウと同じマメ科のネムノキのほうが近縁。

③二界説では細胞壁を有することが植物界の生物の重要な特徴の1つとしてあげられていた。しかし，原核生物の細菌やシアノバクテリア，菌界に属するキノコやカビの仲間などの細胞にも細胞壁は存在する。

④イソギンチャクは多細胞の真核生物ではあるが，他の動物などを捕食する動物である(刺胞動物門に属す)。

⑤シマヘビやカナヘビは和名であり，学名とは異なる。両者は同じハ虫綱有鱗目に属するが，シマヘビはヘビ亜目ナミヘビ科，カナヘビ(ニホンカナヘビ)はトカゲ亜目カナヘビ科。

❹❹

答 ① 原生生物界　② 五界

③ 細菌[バクテリア]ドメイン

④ アーキア[古細菌]ドメイン

⑤ 真核生物[ユーカリア]ドメイン

検討 五界説では，**原核生物界**(モネラ界)，**原生生物界**，**菌界**，**植物界**，**動物界**に分ける。**ウーズ**は，界より上位の分類として**三ドメイン説**を提唱した。rRNAの塩基配列を解析し，原核生物を細菌(バクテリア)とアーキア(古細菌)の２つの**ドメイン**に分け，真核生物をまとめて１つのドメインとした。また，アーキアは，細菌よりも真核生物に近縁であることがわかった。

応用問題 ●●●●●●●●●●●●●● 本冊*p.33*

❹❺

答 (1) 学名，二名法　(2) リンネ

(3) *Tradescantia*…属名，*ohiensis*…種小名

(4) ① 門　② 目

検討 **リンネ**は著書「自然の体系」を発表し，その時代に知られていた生物の分類を体系づけただけでなく，生物の命名法(**二名法**)を考案し，それが２世紀以上経った今でも世界共通の生物分類の基本となっている。生物の名前である学名は**属名＋種小名**の二名法で表記されるが，後ろに命名者を書くこともある。使う言語は古代ローマ時代に使用されていた**ラテン語**またはラテン語化したものである。なお，１度つけた学名は変更できない。

❹❻

答 (1) 分子系統樹　(2) ヒトとイモリ

(3) **あ**…ウサギ　**う**…イモリ

(4) 2.2 億年前

検討 (2)**い**はカモノハシ，**え**はコイ。

(3)サメと4.2億年前に分岐した他の５種のアミノ酸の違いは平均81.4個。カモノハシ(**い**)とヒトやウサギ(**あ**)とのアミノ酸の違いの平均は43個。比例計算で，

$$4.2\text{ 億年} \times \frac{43}{81.4} \fallingdotseq 2.2\text{ 億年}$$

9 原核生物・原生生物・菌類

基本問題 ●●●●●●●●●●●●●● 本冊*p.35*

❹❼

答 (1) ① C　② A　③ B　④ A

⑤ B　⑥ C

(2) ① A　② B　③ B　④ A　⑤ A

検討 細菌(バクテリア)の細胞壁にはペプチドグリカンというタンパク質と炭水化物の複合体からなる。アーキア(古細菌)の細胞壁はペプチドグリカンを含まず，細菌のものより薄い。また，細胞膜の脂質については，細菌はエステル脂質であるのに対し，アーキアはエーテル脂質である。

❹❽

答 ① ウ　② ア　③ エ　④ イ

検討 原生生物は，真核生物で単細胞生物や簡単な体制の生物の総称である。８つの大きな系統群のうち６群は原生生物のみで構成されており，非常に多種多様である。

応用問題 ●●●●●●●●●●●●●●●● 本冊 *p.35*

❹❾

答　(1) ① ゾウリムシ　② ミドリムシ
③ アメーバ　　(2) ②

検討　①体表に短い毛(繊毛)が密生している
のが**繊毛虫類**でゾウリムシ以外にツリガネム
シやラッパムシなどがいる。
②ミドリムシは**ミドリムシ藻類**(ユーグレナ
藻類)と呼ばれる仲間に属し，葉緑体をもつ
が細胞壁はなく，長い毛(鞭毛)で移動するの
が特徴。
③細胞質基質が部分的にゾル(流動性のある
状態)とゲルの変換を行い仮足で移動するア
メーバは**アメーバ類**と呼ばれている。
　　原生生物界にはほかに襟鞭毛虫類(エリベ
ンモウチュウなど)，渦鞭毛藻類(ヤコウチュ
ウなど)，**ケイ藻類**(オビケイソウなど)など
がある。

10　植物の分類

基本問題 ●●●●●●●●●●●●●●●● 本冊 *p.36*

❺⓪

答　① A　② A，B　③ A　④ B，C，D
⑤ D　⑥ C　⑦ D　⑧ C，D

検討　陸上植物は維管束のない**コケ植物**と維管
束のある**シダ植物・種子植物**に分けられる。
コケ植物の本体は配偶体(配偶子をつくる体
制)で胞子体(胞子をつくる体制)は配偶体に
寄生的である。シダ植物と種子植物の本体は
胞子体である。シダ植物の配偶体(前葉体)は
独立生活をしているが，種子植物の配偶体は
花粉管と胚のう。
　　種子植物のうち，被子植物は重複受精をす
るので胚乳の核相は $3n$，裸子植物の胚乳の
核相は n である。また，シダ植物と裸子植物
は仮道管をもつ。

❺❶

答　① イ　② ア　③ ウ　④ エ
⑤ キ　⑥ オ　⑦ カ

検討　①②維管束をもち，根・茎・葉の分化
が見られるのはシダ植物以上で，維管束をも
たないコケ植物は植物体全体で水分や生育に
必要な物質の吸収を行っている。
　③④コケ植物・シダ植物の受精は配偶体の
造卵器内で，種子植物の受精は胚珠の中で行
われる。コケ植物やシダ植物も，受精には水
の媒介が必要で，造精器で生成された精子が，
造卵器まで泳いでいって受精が行われる。

応用問題 ●●●●●●●●●●●●●●●● 本冊 *p.37*

❺❷

答　(1) ③ 緑藻類[シャジクモ類]
④ 褐藻類[渦鞭毛藻類]　⑥ コケ植物
⑧ 裸子植物
(2) ①
(3) a…⑤　b…①　c…⑦　d…②　e…⑧
(4) ⑦，⑧

検討　光合成細菌以外の光合成を行うすべての
生物に共通の光合成色素は**クロロフィルa**。
これに加えて**イ**褐藻類やケイ藻類は**クロロフ
ィルc**をもち，**ウ**種子植物の系統には**クロロ
フィルb**が存在する。
(1)③はクロロフィルaとbをもつ生物のなか
で最も体制の単純な多細胞生物であり，緑藻
類を答えればよい。または直接の陸上植物の
祖先と考えられているシャジクモ類でも誤り
ではない。⑥に関しては，シダ植物により類
縁関係の近い種ということでコケ植物が適当
である。
(2)光合成を行う生物のうち，原核生物は光
合成細菌だけである。
(4)仮道管は被子植物にも存在するが，シダ
植物と裸子植物で特に発達している。

11　動物の分類

基本問題 ●●●●●●●●●●●●●●●●●●●●● 本冊 *p.38*

53

答　① a，e　② b，d　③ b，e

検討　①ナマコは**棘皮動物**，イソギンチャクは
刺胞動物でいずれも放射相称のからだをもつ。
軟体動物はイカやタコなどの頭足類，貝類や
ウミウシなどの腹足類である。

②節足動物は体節があり外骨格が発達して
いる動物群で，昆虫綱，エビやカニ・ミジン
コ・フジツボ・ダンゴムシなどの甲殻亜門，
ムカデやクモ，サソリなど。サナダムシは**扁
形動物**で脊椎動物の消化器などに寄生する。
ミミズは体節はあるが外骨格のない**環形動物**
である。

③原口の位置に肛門ができる**新口動物**は，棘
皮動物のウニとヒトデ，脊椎動物のメダカで，
節足動物のヤドカリと軟体動物のハマグリは
旧口動物である。

54

答　a…ア　b…ウ　c…コ　d…ケ　e…ク
f…キ　g…イ，カ　h…オ　i…エ

検討　動物の系統分類は発生の過程が重視され
る。海綿動物(胚葉が未分化)→刺胞動物(二
胚葉性)→扁形動物以上(三胚葉性)。

　三胚葉性の動物は**旧口動物**(原口の位置に
口ができる)と**新口動物**(原口が肛門となる)
に区分される。旧口動物の代表は節足動物で，
体には体節と外骨格が発達する。新口動物の
代表が，発生の過程で脊索ができる原索動物
と脊椎動物で，両者をまとめて**脊索動物**と呼
ぶこともある。

応用問題 ●●●●●●●●●●●●●●●●●● 本冊 *p.39*

55

答　(1) A…エ　B…オ　C…イ　D…ア
E…ウ

(2) ① c　② e　③ a　④ d　⑤ i　⑥ g
⑦ f　⑧ b　⑨ h　⑩ j

検討　(2)**d**…ヤマビルやチスイビルなどのヒル
類は**環形動物**であるが，コウガイビルは**扁形
動物**なので注意。

f…ナメクジウオは「ウオ」とあるが魚類(脊
椎動物)ではなく**原索動物**であり，ホヤとは
異なり成体になっても脊索が存在する。

h…ヒドラは淡水に生息する**刺胞動物**。

i…サナダムシは「ムシ」とあるが昆虫では
なく，ヒトなどに寄生する**扁形動物**。

j…カイロウドウケツは**海綿動物**で，珪酸質
の微細な骨格をもつことからガラス海綿とも
ガラスウールで編んだ筒形のかごのような形
状から「ヴィーナスの花かご」とも呼ばれる。
内部にドウケツエビの雌雄がペアで生息して
いることがあり，「ガラスの城の中で夫婦仲
むつまじく」ということで「偕老同穴」の字
があてられ，結婚式の祝いものに用いる国も
ある。

12　人類の進化と系統

基本問題 ●●●●●●●●●●●●●●●●●●●●● 本冊 *p.40*

56

答　(1) 霊長類　　(2) 拇指対向性[親指が他
の4本の指と向き合う]

(3) 両眼視することで距離感がつかめ，見え
る物の位置関係を立体的に把握できる。

(4) 樹上生活

検討　霊長類は，樹上生活に適応して，発達し
た視覚や手・腕の器用さを手に入れた。

57

答 (1) ① 6600　　② 哺乳

③ 霊長　　④ 植物　　⑤ アフリカ

⑥ サヘラントロプス

⑦ アウストラロピテクス

⑧ ホモ・エレクトス[原人]など

⑨ アフリカ　　⑩ 単一

(2) ゴリラ，オランウータン，チンパンジー，ボノボ，テナガザルから4つ

(3) ① S字状，垂直　　② 広く，短い

③ 短い

検討 (1)①中生代と新生代の境となる約6600万年前の年代は重要。

③樹上生活のサルの特徴が同じ霊長類であるヒトにも残っている。

⑨〜⑪世界各地で化石が発見されている原人がそれぞれ旧人を経て新人になったのではなく，アフリカから出た新人が世界に広がり現生のヒトになったとする**単一起源説**が現在有力である。

(2)**類人猿**はヒト上科のヒト以外の霊長類を指す名称。テナガザルも含まれる。ボノボはチンパンジーに近縁の類人猿の一種。

(3)①**大後頭孔**は頭骨から脊髄の出る穴で，直立二足歩行のヒトは頭骨の下方に位置する。

②直立にともない，**骨盤**が内臓を支える形になっている。

③ゴリラやチンパンジーは後肢よりも前肢(腕)のほうが長く，地上生活にもどり直立二足歩行をするようになったヒトは下肢のほうが太く長くなった。

応用問題 ・・・・・・・・・・・・・・・・・・・ 本冊*p.41*

58

答 ヒトは類人猿にくらべて，

① 眼窩上隆起が低い。

② おとがいが発達している。

③ 大後頭孔が真下に開いている。

④ 脳容量が大きい。

⑤ 歯列は類人猿のU字形に対しV字形(または放物線，半円)に近い。

⑥ 犬歯が小さい。

⑦ 歯やあごは退化して小さくなっている。

などから3つ

検討 直立二足歩行に適応して頭骨を脊柱が下から支えるようになったため，頭を支える首の筋肉を発達させなくても脳を大きくすることができるようになった。

13 細胞の構造とはたらき

基本問題 •••••••••••••••••• 本冊 *p.43*

❺❾

答 (1) A…小胞体　B…ゴルジ体
C…細胞膜　D…ミトコンドリア
E…葉緑体　F…細胞壁　G…液胞

(2) ① B　② C　③ A　④ D

(3) ア

検討 (1)(2)真核細胞は，内部にさまざまな細
胞小器官をもつ。このうち，核，小胞体，ゴ
ルジ体，細胞膜，リソソーム，ミトコンドリ
ア，葉緑体，液胞は生体膜で形成されている。
ミトコンドリアは好気性細菌，葉緑体はシア
ノバクテリア(いずれも原核生物)が細胞内共
生して細胞の一部となったものと考えられて
いる。
(3)**リボソーム**は，タンパク質とrRNAから
なる粒子(膜構造でできていない)で，遺伝情
報の翻訳(本冊 *p.81*)を担い，原核細胞にも存
在する。

❻⓪

答 (1) ① C　② B　③ D　④ A

(2) ア

検討 (1)生体分子には構成単位となる低分子
の物質が多数結合してできている物質が数多
く存在する。**タンパク質**は20種類の**アミノ
酸**が結合してできている。**核酸**はDNAや
RNAのことで，**ヌクレオチド**が結合してで
きている。**糖**のうち，炭水化物とも呼ばれる
多糖類は単糖が多数結合してできている。例
えば，グリコーゲンやデンプンはグルコース
が多数結合している多糖類である。**脂質**はさ
まざまな種類のものがあるが，脂肪(トリグ
リセリド)はグリセリン1分子に脂肪酸が3
つ結合してできている。
(2)水は，分子にわずかな電気的なかたより
をもつ極性分子であり，これが水のもつさま

ざまな性質に深く関わっている。例えば，水
は比熱が大きく，生体内での急激な温度変化
をやわらげている。細胞内では，構成成分と
して最も多量に含まれる。水は細胞膜を構成
するリン脂質二重層をわずかに透過すること
ができるが，実際の細胞膜を通しての水の移
動は大部分が**アクアポリン**というタンパク質
を通路として起こっている。

❻❶

答 (1) ① H, C, O (順不同。以下同)

② H, C, O, P　③ H, C, N, O, S

④ H, C, N, O, P

(2) イ

検討 (1)生体を構成する有機物の基本的な構
成元素は，C(炭素)，H(水素)，O(酸素)であ
り，グルコースなどの単糖はこの3つの元
素のみで構成される。これに加えて脂質には
P(リン)が含まれ，DNAやタンパク質にはN
(窒素)が含まれる。また，DNAは主要な構
成要素の1つとしてリン酸をもつため，さ
らにP(リン)も含む。タンパク質は，システ
インなどのアミノ酸にS(硫黄)を含む。
(2)生体内では，無機物も重要な役割を担っ
ている。ア…骨の主要な構成成分リン酸カル
シウムにPやCa(カルシウム)が含まれる。ウ
…Cl(塩素)などがある。エ…神経の興奮はお
もにNa(ナトリウム)とK(カリウム)の出入り
による細胞膜の電位変化によって起こる。

❻❷

答 (1) A…水　B…タンパク質

(2) 脂質　(3) イ

検討 (1)(2)細胞内に最も多量に含まれる成分
は水H_2Oであり，重量の約70%を占める。
水以外の物質では，生命現象で中心的な役割
を担うタンパク質や，生体膜の構成成分であ
る脂質(リン脂質)が多いが，細菌は原核生物
であり，細胞内に生体膜があまりないためリ
ン脂質の割合は少なくなっている。その他，

核酸(DNAやRNA)なども多い。

(3)動物細胞と植物細胞の比較では，植物細胞には細胞壁があり，細胞壁の主要な構成成分はセルロースという多糖(炭水化物)であるため，動物細胞にくらべて糖の割合が多い。

応用問題 ●●●●●●●●●●●●●●●●●● 本冊*p.45*

63

答 (1) ① 核　② DNA　③ RNA
④ 小胞体　⑤ リボソーム　⑥ ゴルジ体

(2) 右図

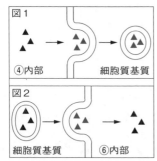

図1
④内部　細胞質基質

図2
細胞質基質　⑥内部

検討 (1)タンパク質は，**リボソーム**で合成される。リボソームには小胞体に付着しているものと，細胞質基質に遊離しているものがあり，細胞外に分泌されるタンパク質は小胞体に付着しているリボソームによって合成される。リボソームが付着している小胞体を**粗面小胞体**，リボソームが付着していない小胞体を**滑面小胞体**という。

(2)粗面小胞体のリボソームで合成されたタンパク質は，小胞体内から，小胞体膜がふくらんでできた小胞に包み込まれた状態でゴルジ体まで運ばれるようすを描く。ゴルジ体に到達すると，小胞体から小胞ができたときと逆に，小胞の膜とゴルジ体の膜が融合して小胞内のタンパク質がゴルジ内部に移動する。

64

答 (1) ① 遺伝物質としてDNAをもつ。

② タンパク質合成は，まずDNAの遺伝情報をもとにmRNAが合成され(転写)，このmRNAの情報をもとにリボソームでタンパク質が合成される(翻訳)。

③ 細胞内での生命活動はATPをADPとリン酸に分解する際に放出されるエネルギーを利用している。

(2) エ

検討 (2)ア…原核細胞には，生体膜でできた細胞小器官はない。真核細胞では生体膜をもつ細胞小器官によって空間を仕切り，効率よく酵素反応を進めることができる。イ…原核細胞である大腸菌は細胞壁をもつ。ウ…細胞の大きさはいずれもさまざまだが，原核細胞(数μm)は，真核細胞(数十μm)の細胞小器官(ミトコンドリアや葉緑体など)くらいの大小関係にある。

14 細胞膜のはたらき①

基本問題 ●●●●●●●●●●●●●●●●●● 本冊*p.47*

65

答 (1) A…リン脂質　B…タンパク質

(2) a…親水性　b…疎水性　c…親水性

(3) B　(4) 流動モザイクモデル

検討 (2)細胞膜などの生体膜は，リン脂質の疎水性の部分どうしを内側に向き合わせ，親水性の部分を細胞の内部と外部に向けた二重層となっている。

(4)細胞膜ではリン脂質の二重層をタンパク質は水平方向に容易に移動することができる。一方で，膜の反対側に回転するような運動は起こりにくい。これは，膜に埋め込まれた部分は疎水性のアミノ酸が多く，露出している部分には親水性のアミノ酸を多くもつためである。

❻❻

答　① 浸透　② 低い　③ 高い　④ 浸透圧
　　⑤ 大きい　⑥ 半透性　⑦ 選択的透過性
　　⑧ 能動輸送　⑨ 受動輸送　⑩ K⁺

検討　細胞膜は**半透性を示す膜**であるが，セロ
ハン膜のような単純な半透性ではない。セロ
ハン膜はある大きさ以上の分子を通さず，そ
れ以下の分子を通すが，細胞膜は水と細胞に
必要な物質のみを選んで通す**選択的透過性**を
示す。さらに，必要な物質であれば，拡散の
方向にさからってエネルギーを使って取り入
れる。これを**能動輸送**という。

❻❼

答　(1) チャネル
　　(2) アクアポリン
　　(3) ポンプ
　　(4) ナトリウムポンプ[ナトリウム-カリウム
　　　　ATPアーゼ]

検討　(1)(2)**チャネル**は，イオンの受動輸送な
どを行うタンパク質で，神経細胞の軸索では，
興奮が伝わると細胞膜のナトリウムチャネル
が開き，細胞外から細胞内にナトリウムイオ
ンが流入する。また，水は細胞膜を透過しに
くいため，水の移動が必要な場合は**アクアポ
リン**という水を通すチャネルを使っている。
(3)(4)イオンの能動輸送は**ポンプ**によって行
われ，ATPによるエネルギーの供給を必要
とする。ナトリウムポンプはATP分解酵素
でもあるためナトリウム-カリウムATPアー
ゼとも呼ばれ，1回のはたらきでNa⁺ 3つを
細胞外に移動させ，K⁺ 2つを細胞内に取り入
れることで，Na⁺とK⁺の細胞内外での濃度差
を維持している。

❻❽

答　(1) ① イ　② ウ　③ ア
　　(2) 原形質分離
　　(3) 溶血
　　(4) 植物細胞の外側はじょうぶな細胞壁で包
　　　　まれているため，吸水しても細胞は破裂しな
　　　　いから。
　　(5) 半透性のため，溶媒である水分子は通す
　　　　が，溶質は通さないから。
　　(6) 高張液

検討　(1)図のアは細胞が水を吸ってふくれた
状態，イは細胞が水を出して，容積が小さく
なり，**原形質分離**を起こした状態を示してい
る。ウはアとイの中間である。スクロース水
溶液の濃度の高いほうから順に並べると，イ，
ウ，アの順になる。

　テスト対策

　細胞膜の性質と浸透圧との関係について，
しっかりとまとめておくこと。
▶**細胞膜**…選択的透過性をもつ半透性の膜。
▶**浸透圧**…半透膜を介して，濃度の低い溶
　　　　　　液から高い溶液に水が移動する力。
　また，低張液や高張液に植物細胞，動物
細胞(赤血球)を浸したときの現象をまとめ
ておくこと。

応用問題 •••••••••••••••• 本冊*p.49*

❻❾

答　(1) ウ
　　(2) 細胞膜に存在するチャネルやポンプなど
　　　　のタンパク質がはたらいているため。
　　(3) ア　　(4) ア
　　(5) **10％エチレングリコール溶液**は，細胞内
　　　　にくらべて高張なので，最初に細胞外へ水が
　　　　流出したが，その後再び細胞内に水が流入し
　　　　たことから，エチレングリコールは細胞膜を
　　　　ゆっくりと透過する物質であると考えられる。

検討　(1)細胞膜はリン脂質の二重層であり，小さい分子が透過しやすいが，細胞膜の透過性はそれだけではなく，水への溶けやすさによって大きく異なる。酸素などの小さい無極性分子やステロイドホルモンなどの脂溶性(疎水性)の物質は容易に細胞膜を透過できるが，水や水に溶けやすい物質(極性分子や電荷をもつイオンなど)は透過しにくい。水のような小さくて電荷をもたない極性分子はわずかに脂質二重膜を透過し，Na^+などのイオンはほとんど透過することができない。このため，これらの物質はおもに輸送タンパク質(アクアポリンやイオンチャネル)を通じて細胞膜を透過している。

(4)外液が蒸留水で細胞内のほうが浸透圧が高いため，アクアポリンを通って水が細胞内に流入してくる。

(5)水が流出して原形質分離状態になったあと，ゆっくりとエチレングリコールが細胞膜を透過して細胞内に入ってきたため細胞内の浸透圧が上昇し，再び水が細胞内に入ってきたと考えられる。

15 細胞膜のはたらき②

基本問題 ●●●●●●●●●●●●●●●● 本冊 *p.51*

70

答　(1) エンドサイトーシス
(2) 白血球　　(3) エキソサイトーシス
(4) エ

検討　(2)白血球の好中球のほか単球から分化したマクロファージや樹状細胞は食作用により体外から侵入した異物を取り込み，消化して排除する。

(4)グルコースのように比較的小さい分子は小胞によって細胞外に分泌されるのではなく，生体膜上の担体(運搬体)などのはたらきにより細胞内外へ移動する。ア～ウはいずれもおもにタンパク質。

テスト対策

▶小胞を介した物質の取り込み・放出
　エキソサイトーシス…細胞外へ分泌
　エンドサイトーシス…細胞内へ取り込み
「エキソ」➡「EXIT」(出口)と同じく「外」

71

答　① 密着　② カドヘリン
③ デスモソーム　④ 細胞骨格
⑤ ギャップ　⑥ 原形質連絡

検討　カドヘリンは細胞膜外に突き出た結合タンパク質で，細胞の種類によって構造が異なり，カドヘリンは同じ構造のものどうしで結合するため，同じ種類の細胞どうしが結合して組織を形成する。

応用問題 ●●●●●●●●●●●●●●●●●●●● 本冊 *p.51*

72

答　(1) 同じ種類のカドヘリンどうしが結合することで，細胞どうしが選別されて同じ種類の細胞どうしが結合し，正しく組織を形成することができる。

(2) 隣接する細胞どうしの細胞質がつながっているため，情報伝達物質を直接隣の細胞へ伝えることができる。

16 タンパク質の構造とはたらき

基本問題 •••••••••••••• 本冊 *p.53*

73

答 (1) ① 20 ② ペプチド ③ アミノ
④ カルボキシ ⑤ アミノ酸 ⑥ 四次
(2) ア

検討 タンパク質の構成単位となる**アミノ酸**は、中心の炭素原子がもつ4つの結合のうち**アミノ基・カルボキシ基・水素**の3つが共通で、残りの1か所(側鎖)の違いでさまざまなアミノ酸になる。タンパク質を構成するアミノ酸は**20種類**で、**ペプチド結合**によって鎖状につながり(一次構造)、**ポリペプチド**がつくられ、これが立体的な構造(二次構造〜)をつくってタンパク質分子が完成する。タンパク質分子の立体構造は**熱や酸・アルカリ**によって変化し、それによって性質が変わる。

✐ テスト対策

ここでのキーポイントは「タンパク質の構成単位はアミノ酸」、「タンパク質分子は特定の立体構造をもつ」。

応用問題 ••••••••••••• 本冊 *p.53*

74

答 (1) 右図

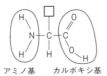

アミノ基　カルボキシ基

(2) 下図

ペプチド結合

(3) 3200000種類[20^5種類]

検討 アミノ基は($-NH_2$)、カルボキシ基は($-COOH$)。**ペプチド結合**はアミノ基のHとカルボキシ基

の$-OH$から水が生じる脱水結合である。
(3)**タンパク質を構成するアミノ酸は20種類**。また、アミノ基側とカルボキシ基側とで方向が決まっているから、同じ組み合わせで逆の順番の場合どうしは別個のものであり1つにまとめて考えない。したがって、n個がつながったポリペプチドの種類は20^n通りが答えとなる。

75

答 C

検討 **A・B**…タンパク質の変性はタンパク質分子の立体構造の変化によるもので、アミノ酸そのものや配列の変化ではない。
D…アクチンとミオシンは筋収縮で互いに滑り込み、筋肉の機械的運動を起こす。受容体は情報伝達などではたらくタンパク質である。
E…抗体は、タンパク質であるが酵素ではない。

17 酵素

基本問題 ••••••••••••••• 本冊 *p.55*

76

答 ① タンパク質 ② 下げる
③ 基質特異 ④ 最適温度 ⑤ 変性
⑥ 失活 ⑦ 最適pH ⑧ ペプシン

検討 化学反応を促進する「触媒」のうち、酵素は**タンパク質**が主成分で、酵素の性質にはタンパク質の分子構造が大きく関係する。基質特異性も、最適温度があることも、最適pHがあることも共通して、酵素のタンパク質分子の構造とその変化によって説明できる。最適温度をこえるとタンパク質分子の立体構造が熱によって変化する(**熱変性**)。変性によって酵素としての本来の性質が失われることを**失活**という。

77

答　(1) 活性あり　　(2) 活性あり

(3) 活性なし　　(4) 活性なし

検討　酵素の主体となるタンパク質は熱などに
よって変性する。**補酵素は一般的に熱に強い
比較的低分子の有機物**である。

補酵素 タンパク質	加熱	非加熱
加熱	×	×
非加熱	○	○

(補酵素の列に、タンパク質・加熱行に×、非加熱行に○が並ぶ)

失活していないタンパク質成分と補酵素を混
ぜ合わせると，再び酵素としての活性を示す。

📝 テスト対策

　補酵素の実験は，**チマーゼ**が代表例。チ
マーゼは酵母がもつ，アルコール発酵ではた
らく酵素群の総称で，酵母をすりつぶして
得た酵素液を**透析**すると補酵素が流出する。

78

答　(1) ④　　(2) 右図

(3) ペプシン…ア

アミラーゼ…イ

検討　(1)酵素濃度を一
定にしておいて，基質
濃度をしだいに上げて
いくと，最初のうちは反応速度がしだいに増
加するが，やがて一定になる。

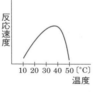

(2)酵素の**最適温度は35～40℃**くらいで，そ
れ以下の温度範囲では，温度が上がるにつれ
て反応速度が増す。最適温度を越すと，酵素
のタンパク質が変性を起こすので，酵素の作
用は急速におとろえる。

79

答　① ア　② イ　③ ア　④ イ

検討　基質と酵素のうち一方の濃度が十分に高
い場合には，他方の濃度が反応速度を決める
ことになる。①④基質濃度が酵素濃度に対
して十分高いなら，基質の増加は反応速度に
は影響しないが，酵素の濃度は時間あたりに
生じる酵素－基質複合体の量および反応速度
に影響する。

②③逆に，酵素濃度に対して基質濃度が低
い場合には，反応速度は基質濃度によって決
まる。

📝 テスト対策

　「酵素－基質複合体の濃度が高いほど反
応速度も高くなる」と考える。

　酵素濃度・基質濃度と反応速度の関係は，
グラフと合わせて理解しておくことが重要。

80

答　エ

検討　ア…酵素の本体となるタンパク質はアポ
酵素ともいう。

イ…結合するのは活性部位以外の部分。

ウ…結合するのは基質以外の物質。

エ…このような現象を**フィードバック**といい，
このようなしくみで反応全体を調節するフ
ィードバック調節にはアロステリック酵素が
関わる場合が多い。

⑧①

答 (1) ア, a・b・d・e　(2) ウ, c・h

(3) イ, g　(4) エ, f

検討 (1)消化は有機物の加水分解反応なので, 消化酵素はいずれも加水分解酵素である。

(2)酸化還元反応は酸素や水素の結合または脱酸素・脱水素反応のことなので, 酸化還元酵素には, 脱水素酵素(デヒドロゲナーゼ)やカタラーゼなどがある。

(3)二酸化炭素の生成は呼吸のクエン酸回路などで起こり, 脱炭酸酵素が関わる(→本冊p.62)。

(4)アミノ酸の合成は, 有機酸にアミノ基が結合することで行われる(→本冊p.163)。このときアミノ基の転移が行われる。

応用問題 ••••••••••••••••••• 本冊p.57

⑧②

答 (1)「酵素を追加する」→「基質を追加する」　(2)「活性化エネルギーが高まる」→「活性化エネルギーが低くなる」

(3)「最適pHはほぼ7で」→「最適pHは酵素により決まっていて, それよりも」

(4)「基質分子の立体構造が変化」→「酵素分子の立体構造が変化」

検討 (1)反応が終わったのは, 反応できる基質を反応させつくしたため。酵素は反応の前後で変化せず, くり返しはたらくので, 新たに基質を加えれば再び反応が起こる。

(2)反応が起こるために必要なエネルギーを活性化エネルギーという。酵素は活性化エネルギーを小さくするはたらきをもち, 小さいエネルギー(例えば低い温度)で反応が起こる。

(3)多くの酵素の最適温度は35～40℃程度であるが, 最適pHは酵素によってさまざまである。デンプン分解酵素のアミラーゼも植物のもの(麦芽などに含まれる)と動物のもの(ヒトのだ液に含まれる)では最適pHが異なる(植物のアミラーゼのほうがやや酸性)。

テスト対策

　誤りを訂正する問題では, キーワードをつかむことが大切。「基質」, 「活性化エネルギー」, 「最適温度」, 「最適pH」, 「酵素タンパク質分子」など。

⑧③

答 酵素タンパク質分子の活性部位の立体構造と基質分子の立体構造が合致すると酵素－基質複合体が形成されて, 反応が起こる。酵素と結合できない物質は基質にはなりえない(下図)。

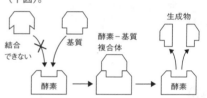

検討 「活性部位」, 「立体構造」, 「酵素－基質複合体」がキーワード。基質特異性を説明するときにはこれらの語を欠かさないこと。

⑧④

答 (1) d　(2) f　(3) f

検討 (1)基質濃度が2倍になれば, 反応速度も最終的な生成物量も高くなる。

(2)最終的な生成物量は同じだが, 酵素濃度が高いとそれに達するまでの時間が短くなる。

(3)低濃度のときには反応速度は基質濃度に比例し, ある濃度以上は一定になる。阻害物質があると, ない場合より反応速度は低くなるが, 基質濃度が高くなると差は小さくなり, ある濃度以上はほぼ同じになる。

18 生命活動にはたらくタンパク質

基本問題 ●●●●●●●●●●●●●●●●●● 本冊 *p.59*

答 (1) ① 受容体　② タンパク質
③ ホルモン　④ 神経伝達物質
(2) ノルアドレナリン，アセチルコリンなど

検討 (2)神経細胞の神経終末から放出される
神経伝達物質には，ノルアドレナリン(交感
神経)，アセチルコリン(運動神経，副交感神
経)が代表的なもので，このほかにドーパミ
ンやセロトニンなどがある。

86

答 (1) ア，エ　(2) ア　(3) オ

検討 (2)**受容体**には，イオンチャネルとして
のはたらきをもつもののほか，酵素としては
たらくものなどもある。タンパク質でできて
いるホルモンにはインスリンなどがある。神
経細胞のシナプスでは，細胞どうしは接して
おらず，軸索側が放出した神経伝達物質を他
方の細胞が受け取る情報伝達を行っている。
(3)受容体がイオンチャネル型の場合には特
定のイオンの細胞への流入が起こる。受容体
が酵素型の場合には，立体構造の変化で酵素
活性をもったり，その後の反応で細胞内で情
報伝達を担う**セカンドメッセンジャー**が産生
されたりする。また，情報伝達の結果，特定
の遺伝子の発現を起こすこともある。

87

答 (1) ① アクチン　② チューブリン
③ 微小管　④ 中間径フィラメント
(2) 細胞分裂
(3) ダイニン，キネシン
(4) ウ　(5) 下図

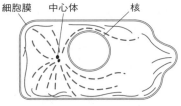

(6) ア

検討 (2)細胞分裂の核分裂の過程で形成され
る紡錘糸は**微小管**でできており，染色体の分
配に重要な役割を果たしている。核分裂後
(核が分かれた後)の細胞質分裂時には，動物
細胞では**アクチンフィラメント**でできた収縮
環と呼ばれる構造によって細胞質がくびれ，
細胞が二分される。
(4)**鞭毛**は微小管の束が基本構造となってお
り，**モータータンパク質**(ダイニン)によって
微小管どうしがずれ込むことでべん毛運動が起こる。
毛運動が起こる。
(5)微小管は中心体を起点に細胞全体に分布
しているが，アクチンフィラメントはおもに
細胞膜直下に存在する。
(6)アクチンフィラメントは，構成単位とな
るタンパク質が重合と脱重合をくり返してい
る。筋肉の収縮はアクチンフィラメントとミ
オシンフィラメントの滑り運動によって起こ
るが，ミオシンもモータータンパク質の一種
である。また，筋肉以外の細胞でもアクチン
フィラメントが存在し，細胞内輸送などに関
わっている。

応用問題 •••••••••••••••••••• 本冊 *p.61*

88

答 (1) ア，エ

(2) 肥満マウスAは食欲が低下し餓死するが，肥満マウスBは肥満のまま変化が見られない。

検討 (1)実験1より，肥満マウスAは正常にレプチンを分泌するマウスとつなぐと食欲が低下したので，レプチンの受容体には問題がなく，レプチンの分泌に異常があると考えられる。実験2より，肥満マウスBは正常マウスとつないでも変化が見られなかったので，受容体に問題があり，肥満マウスBではフィードバック調節により，レプチンが過剰に分泌されていると考えられる。

(2)肥満マウスBがつくっている過剰なレプチンが正常な受容体をもつ肥満マウスAに作用する。

89

答 (1) イ

(2) 紡錘糸が形成されないため，染色体の分配がうまくいかず，細胞分裂が中期で停止する。

検討 **アクチンフィラメント**は，動物細胞の細胞分裂の細胞質分裂時に収縮環と呼ばれる構造をつくり，これが収縮することによって細胞質がくびれ，細胞が二分される。これに対して**微小管**は細胞分裂の核分裂の過程で紡錘糸を形成し，これが染色体につながって，細胞の両極に向かって染色体が移動する(染色体の動原体と結合している部分から脱重合が進み短くなっていく)ことで娘染色体を娘細胞に分配している。

19 呼吸

基本問題 •••••••••••••••••••• 本冊 *p.63*

90

答 (1) A…ピルビン酸 B…二酸化炭素 C…クエン酸 D…酸素

(2) ア…解糖系，細胞質基質[サイトゾル]
イ…クエン酸回路，ミトコンドリアのマトリックス
ウ…電子伝達系，ミトコンドリアの内膜

(3) ウ (4) ① ア，イ ② イ ③ ウ

(5) $C_6H_{12}O_6 + 6O_2 + 6H_2O \longrightarrow 6CO_2 + 12H_2O$ ＋エネルギー

検討 呼吸の反応は，**ピルビン酸**までの反応と以降の反応とで**解糖系**と**クエン酸回路**に分かれ，さらにこの両者で生じた水素を用いた**電子伝達系**で大量のATPを生産する。

 テスト対策

呼吸の各過程で何が起こっているかをしっかり把握しておこう。
①**解糖系**(グルコース→ピルビン酸)，
②**クエン酸回路**(ピルビン酸→二酸化炭素放出)，
③**電子伝達系**(水の生成)…酸素を消費

テスト対策

呼吸の全体での化学反応式も重要。
$C_6H_{12}O_6 + 6O_2 + 6H_2O$
$\longrightarrow 6CO_2 + 12H_2O + エネルギー$
「**6分子の酸素**が入って**6分子の二酸化炭素**が出る」・「**6分子の水**が入って**12分子の水**が出る」の2点に注目して押さえておく。
グルコース1分子を呼吸基質として呼吸したとき最大38分子のATPが合成される(教科書によっては約32分子としている場合もある)。

91

答 ① グルコース ② ピルビン酸 ③ 4 ④ 2 ⑤ 6 ⑥ 2 ⑦ 補酵素 ⑧ ATP ⑨ 酸素 ⑩ 水

検討 グルコース1分子から生じるATPは，**解糖系で2分子，クエン酸回路で2分子，電子伝達系で最大34分子**。解糖系とクエン酸回路の脱水素反応で生じた水素は脱水素酵素の補酵素と結合して電子伝達系に運ばれる。

92

答 (1) ① 1.0 ② 0.7 ③ 0.8 (2) トウゴマ (3) 脂肪とタンパク質 (4) 0.70

検討 呼吸商＝排出する二酸化炭素量／吸収する酸素量。逆にして間違えないよう，呼吸なら1.0をこえないことで確認する。化学反応式から呼吸商を求める場合には，CO_2の係数をO_2の係数で割ればよい。

(4) パルミチン酸の分子式$C_{16}H_{32}O_2$をもとに反応式をつくり，必要な酸素と生じる二酸化炭素の量を求める。①Cが16原子含まれているので，これをすべてCO_2にするには$16O_2$必要。②Hが32原子含まれているので，これをすべてH_2Oにするには$8O_2$必要。③Oが2原子含まれているので，①と②の合計$24O_2$から差し引いて$23O_2$必要。

④ ①より，発生するのは$16CO_2$。したがって，反応式は次の式のようになる。

$$C_{16}H_{32}O_2 + 23O_2 \longrightarrow 16CO_2 + 16H_2O$$

⑤反応式より，呼吸商＝$\frac{16}{23}$≒0.696。パルミチン酸は脂肪酸の1つ。

テスト対策

各呼吸基質の呼吸商の値は覚えておこう。

- **炭水化物…1.0**
- **アミノ酸・タンパク質…0.8**
- **脂肪…0.7**

呼吸商は化学反応式をつくり理論値を求める場合もある。その際には，①呼吸基質中のCをすべてCO_2にするのに必要なO_2の数を考える。②Cを除いた残りのHをすべてH_2OにするにはO_2がいくつ必要かを考える（呼吸基質に含まれるOを差し引く）。こうして①・②から化学反応式をつくり，消費されるO_2と発生するCO_2から，呼吸商を計算する。

複雑な問題になると，③Hの数が奇数の場合，反応式は呼吸基質を2分子，消費するO_2が奇数の式になる。④アミノ酸の場合，Nが含まれるが，これをNH_3にする分のHをアミノ酸から差し引く。

例 ロイシンの場合

$$2C_6H_{13}O_2N + 15O_2 \longrightarrow 12CO_2 + 10H_2O + 2NH_3 + \text{エネルギー}$$

応用問題 本冊 p.64

93

答 (1) 9 g (2) 9.6 g (3) 1.9 mol

検討 1 molの物質の重さはその分子量に等しいから，$O_2 = 16 \times 2 = 32$，

$CO_2 = 12 + 16 \times 2 = 44$，

$C_6H_{12}O_6 = 12 \times 6 + 1 \times 12 + 16 \times 6 = 180$

量的関係は，呼吸の化学反応式の係数から必要な部分を抜き出して考える。

$$C_6H_{12}O_6 + 6O_2 \longrightarrow 6CO_2 + 38\,ATP$$

1 mol	: 6 mol	: 6 mol	: 38 mol
180 g	32 g×6	44 g×6	

(1) 排出された二酸化炭素は，6.72 L＝0.3 molである。反応式の係数より，分解されたグルコースはモル数でその$\frac{1}{6}$であるから0.05 mol。

$180\ g/mol \times 0.05\ mol = 9\ g$

(2) 吸収された酸素のモル数は排出された二酸化炭素と同じで0.3 mol。

$32\ g/mol \times 0.3\ mol = 9.6\ g$

(3) 1 molのグルコースから38 molのATPが生じるとしているので，ここでは，

$38\ mol/mol \times 0.05\ mol = 1.9\ mol$

テスト対策

　呼吸での量的関係を求める問題は，重要。化学反応式から必要な部分を抜き出して比例計算で求めよう。

94

答 (1) クエン酸回路ではたらくコハク酸脱水素酵素の基質

(2) 脱水素酵素[デヒドロゲナーゼ]

(3) ミトコンドリアのマトリックス

(4) 反応で生じた水素によって還元されたため。

(5) 空気中の酸素で酸化されたため。

(6) 基質が残っていれば再び脱水素反応が起こり，生じた水素によってメチレンブルーが還元されて色が消える。

(7) 空気と触れないように表面に油を浮かせる，撹拌をせずに静かに置く　など

検討　呼吸の過程(クエン酸回路)のなかで**脱水素反応が起こる**ことの確認実験である。**メチレンブルーは還元(酸化の逆反応)されると色が消える**物質なので，脱水素反応によって生じた水素がメチレンブルーを還元したことがわかる。メチレンブルーは空気中の酸素によって酸化されると青色を呈するので，内部の空気を除いた後で正室と副室に入れた物質を混ぜ合わせることができる**ツンベルク管**を用いる。

テスト対策

〔メチレンブルーの呈色〕
{ 酸化型(O₂があるとき)…青色
{ 還元型(H₂と結合した状態)…無色

95

答 (1) 光合成の影響を除くため。

(2) 温度変化による気体の体積変化の影響を除くため。

(3) 器内の二酸化炭素を吸収する。

(4) 吸収された酸素の体積

(5) 吸収された酸素の体積と放出された二酸化炭素の体積の差

(6) $\dfrac{二酸化炭素放出量}{酸素吸収量} = \dfrac{a-b}{a}$

検討　この実験装置を**マノメーター**という。

(1)光合成は呼吸と逆のガス交換が行われるので，光合成が起こらない条件で行う。

(2)三角フラスコ内の気体の体積変化で気体の発生量を測定するので，温度変化によって気体の膨張や収縮があると正しい結果が得られない。

(3)(4)水酸化カリウムや水酸化ナトリウムおよびその水溶液は二酸化炭素を吸収するので，このときの体積変化は**酸素の吸収量**に等しい。

(5)強アルカリによる二酸化炭素の吸収を行わない場合には，体積の変化は，**吸収される酸素と排出される二酸化炭素の差**を示している。グルコースが呼吸基質の場合には呼吸商が1なので**b**の値はほぼ0になる。

(6)**a**が酸素の吸収量で，**b**は(酸素の吸収量－二酸化炭素の放出量)なので，二酸化炭素の放出量は**a－b**となる。

20 発酵・解糖

基本問題 ●●●●●●●●●●●●●●●●●●●●● 本冊 *p.66*

96

答 (1) ア…ADP　イ…ピルビン酸
ウ…水素　エ…二酸化炭素

(2) 2分子

(3) ②，解糖

検討 (1)発酵のグルコースからピルビン酸までの過程は，呼吸の**解糖系**と共通。

(3)乳酸発酵は，筋肉で酸素の供給が不足する場合に起こる**解糖**と同じ反応系である。

97

答 (1) ① 発酵　② 酵母　③ 乳酸
④ ピルビン酸　⑤ 二酸化炭素
(2) ア　　(3) ア

検討 発酵ではまず，グルコースから**ピルビン酸**が生じる過程で**脱水素**と**ATP合成**が行われる。アルコール発酵ではピルビン酸がこの後二酸化炭素を放出してアセトアルデヒドになった後，**水素を受け取って**，**エタノール**になる。乳酸発酵では，ピルビン酸が水素を受け取り**乳酸**ができる。呼吸では，水素は酸素と結合して水になる。
(1)②③アルコール発酵を行う**酵母**は，単細胞生物であるが，**菌類**（カビやキノコの仲間）に属する真核生物である。乳酸発酵を行う**乳酸菌**は発酵によって乳酸を生じる多種類の**細菌**の総称。

応用問題 ••••••••••••••••••• 本冊 *p.67*

98

答 (1) **18 mg**　　(2) **9 mg**　　(3) **9.5 倍**

検討 化学反応式の係数から必要な部分を使う。
【呼吸】
$$C_6H_{12}O_6 + 6O_2 \longrightarrow 6CO_2 + 38\,\textbf{ATP}$$
モル比　1　：　6　：　6　：　38
　　　180 mg　32 mg×6　44 mg×6
【アルコール発酵】
$$C_6H_{12}O_6 \longrightarrow 2C_2H_5OH + 2CO_2 + 2\,\textbf{ATP}$$
モル比　1　：　2　：　2　：　2
　　　180 mg　46 mg×2　44 mg×2
　呼吸ではO_2の吸収量とCO_2の排出量は体積では同じであるので，O_2の吸収量が6.72 mL

のとき，呼吸でのCO_2排出量は6.72 mL，アルコール発酵でのCO_2排出量は11.2 − 6.72 = 4.48 mLである。
(1)1 molの気体は22.4 Lより，22.4 mLの気体は1 mmol（ミリモル）。問いのアルコール発酵でのCO_2排出量は$\dfrac{4.48\ \text{mL}}{22.4\ \text{mL}} = 0.2$ mmol
　反応式より，アルコール発酵でのグルコースと生じるCO_2のモル比は1：2。よって，グルコース消費量は0.1 mmol。mgに換算すると
　　180 mg/mmol × 0.1 mmol = 18 mg
(2)問いの呼吸でのCO_2排出量は
　　$\dfrac{6.72\ \text{mL}}{22.4\ \text{mL}} = 0.3$ mmol
　呼吸におけるグルコースとCO_2のモル比は1：6。よって，グルコース消費量は0.05 mmol（180 mg/mmol × 0.05 mmol = 9 mg）である。
(3)アルコール発酵では，グルコース1 molあたり2 molのATPが生成するから
0.1 × 2 = 0.2 mmolのATPが生じる。
　呼吸では，グルコース1 molあたり38 molのATPが生成するから，
0.05 × 38 = 1.9 mmol　のATPが生じる。
よって，$\dfrac{1.9}{0.2} = 9.5$ 倍

21 光合成のしくみ

基本問題 •••••••••••••••••••••• 本冊*p.69*

🔵99

答 ① 炭酸同化　② チラコイド
③ 光化学系Ⅱ　④ 水　⑤ 電子伝達系
⑥ 光化学系Ⅰ　⑦ ストロマ
⑧ 二酸化炭素

検討 二酸化炭素から有機物合成が行われる過程を**炭酸同化**と呼ぶ。光エネルギーを利用した炭酸同化が光合成である。炭酸同化には，光合成以外に化学合成(→本冊p.74)がある。光エネルギーを吸収する**光化学系**にはⅡとⅠがあり，水の分解で生じたHのもつ電子が光化学系Ⅱから光化学系Ⅰに伝えられる**電子伝達**H⁺がチラコイド内に能動輸送され，これがストロマ側に流出する際のエネルギーでATP合成が行われる(**光リン酸化**)。光化学系Ⅰで水素は脱水素酵素の補酵素であるNADPと結合してNADPHとなり，ストロマのカルビン回路に入る。

テスト対策

光合成の過程は，4つに分けて整理できる。
① **光化学反応**
② **水の分解・還元物質(NADPH)の合成**
③ **ATPの合成**
④ **CO₂の固定(カルビン回路)**

重要項目なので，4つの内容とそれぞれのつながりをしっかり押さえよう。

🔵100

答 (1) 右図

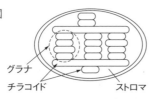
グラナ
チラコイド　ストロマ

(2) $6CO_2 + 12H_2O + 光エネルギー \longrightarrow$
$C_6H_{12}O_6 + 6O_2 + 6H_2O$

(3) ア，イ，ウ

検討 水の分解(酸素の発生)，ATPの生成，還元物質NADPH(+H⁺)の生成は**チラコイド膜**で行われる。二酸化炭素からグルコースがつくられるカルビン回路の反応は**ストロマ**で行われる。

テスト対策

光合成の反応は呼吸と逆の反応。セットで覚えておこう。
【光合成】
$6CO_2 + 12H_2O + 光エネルギー \longrightarrow$
$C_6H_{12}O_6 + 6O_2 + 6H_2O$
【呼吸】
$C_6H_{12}O_6 + 6O_2 + 6H_2O \longrightarrow$
$6CO_2 + 12H_2O + 化学エネルギー$

🔵101

答 ① ウ，エ　② イ，オ　③ ア，カ

検討 ①ヒルは，葉緑体を含む液にシュウ酸鉄(Ⅲ)を加えて光を照射すると，空気を抜いてCO_2がない状態でもO_2が放出される結果を得た。
②ベンソンは，「光なし・CO_2あり」の状態の後で「光あり・CO_2なし」の状態に置かれた植物には光合成が見られないが，逆の順番だとCO_2の吸収が起こり，光合成が起こることを確認した。
③カルビンは，単細胞藻類などに炭素の放射性同位体¹⁴Cを与えて光合成を行わせ，一定時間ごとにその一部を取り出して，¹⁴Cが取り込まれた有機物を調べることで，光合成の過程でどのような物質がどのような順番で合成されていくのかを明らかにした。

🔵102

答 (1) ① 青[青紫]　② 赤　③ 大きく
(2) グラナ　(3) A…クロロフィルa
B…カロテン　(4) D

検討 (1)光合成での光エネルギーの吸収で重要な色素はクロロフィルaである。クロロフィルaがよく吸収する光は青紫色と赤色の2つである。光は青紫色が短波長，赤色が長波長である。

(3)クロロフィルa以外の色素には，**クロロフィルb**，**カロテノイド**(カロテンなどを含む黄・橙・赤などの補助色素)や**キサントフィル類**(ルテイン，ビオラキサンチンなど)がある。**B**のグラフは赤や黄色の光をほとんど吸収せず反射する，橙色のカロテンの光吸収曲線である。

(4)光合成色素が光をよく吸収する波長付近で光合成速度も大きくなる。

103

答 ア…O_2　イ…$NADP^+$

ウ…NADPH

エ…PGA[ホスホグリセリン酸]

オ…GAP[グリセルアルデヒドリン酸]

カ…RuBP[リブロース二リン酸]

キ…カルビン回路

検討 光リン酸化で生成したATPとNADPH(が運ぶ水素原子)を用いて，**カルビン回路**でCO_2を固定する。

テスト対策

カルビン回路での炭素化合物の炭素数の変化や，CO_2・水素・ATPの利用される場所を押さえる。

RuBP(リブロース二リン酸 C_5)
　↓←CO_2
PGA(ホスホグリセリン酸 C_3)
　↓←ATP　　　　ATP→
　↓←NADPH
GAP(グリセルアルデヒドリン酸 C_3)
　↓
有機物

104

答 (1) ア…光化学系

イ…タンパク質複合体

ウ…ATP合成酵素　エ…ストロマ

(2) ① 電子(e^-)の移動　② H^+の移動

③ H^+の移動

(3) 光リン酸化

検討 **光化学系Ⅱ**で生成された電子がタンパク質複合体を順に受け渡される(**電子伝達**)際に，その電子のエネルギーを用いてH^+がチラコイドの中にくみ入れられる。これによりチラコイド内のH^+濃度が高くなり(pHが低くなり)，濃度勾配に従ってH^+は**ATP合成酵素**を通ってストロマ側へ流出し，その際にATPが生成される。このようにしてATPが合成される(ADPがリン酸化される)しくみを**光リン酸化**という。

105

答 (1) 11.2 L　(2) 15 g

検討 光合成で吸収されるCO_2と，放出されるO_2のモル数(分子の数)は同じであるため，体積は等しくなる。6 molのCO_2($6×44$ g)が吸収されたときに1 molの$C_6H_{12}O_6$(180 g)が合成される。よって22 gのCO_2が吸収される場合は，$6×44:180=22:x$から求められる。

テスト対策

光合成での，量的関係を求める問題は重要。化学反応式から必要な部分を抜き出して計算で求めよう。

応用問題 ●●●●●●●●●●●●●● 本冊 *p.72*

答 (1) ペーパークロマトグラフィー

(2) アントシアニンなどは水溶性の色素で有機溶媒の抽出液には溶け出さないため。

(3) Rf値 = $\dfrac{原点から色素までの距離}{原点から溶媒前線までの距離}$

(4) カロテン

検討 (1)溶媒への溶けやすさとろ紙への吸着性が物質ごとに異なることを利用した、ろ紙や、表面にシリカゲルの薄層をもつプラスチックシート（TLCシート）などを使った物質の分離・分析方法を**クロマトグラフィー**という。ろ紙を使う場合ペーパークロマトグラフィー，TLCシートを使う場合には**薄層クロマトグラフィー**という。

(2)クロロフィルaなどの光合成色素は有機溶媒には溶けやすいのでこの方法で分析を行う。有機溶媒に溶けにくいアントシアニンなどの水溶性色素はこの方法では抽出・分析できない。

(3)Rf値が最も高い**カロテン**が答え。ろ紙でもTLCシートでもカロテンのRf値が最も高いが，薄層クロマトグラフィーではキサントフィル類のRf値がクロロフィル類より小さくなるなど一部順番が異なる。また，各物質のRf値は溶媒の組成や温度などの条件が異なると変動する。

107

答 (1) 光を必要とする反応

(2) 直前の光照射の際に生じた物質を利用して二酸化炭素を固定する反応が行われるため。

検討 (1)最初の「暗・CO₂あり」で二酸化炭素の吸収が起こらないのだから，先に光を当ててからでないとCO₂の取り込みは起こらない。

(2)光合成の反応では，光エネルギーを利用してATPやNADPHをつくり，これらを用いてカルビン回路を進める。「明・CO₂あり」の状態が続けば，ATPの合成と消費が同時

に進み二酸化炭素の吸収も持続的になる。

108

答 (1) ヒル反応　　(2) 水素受容体

(3) 水　　(4) カルビン

(5) クロマトグラフィー
　　［二次元クロマトグラフィー］

(6) 二酸化炭素の固定反応の経路［回路反応］

検討 **A.** ヒルは，酸素の発生では光エネルギーによる水の分解が起こることを明らかにした。ここで生じた水素を受け取る物質（水素受容体）がないと反応は進まない。

B. ルーベンの実験は，再現性の問題から，現在は重視されていない。

C. カルビンは，¹⁴CO₂を与えて光照射をしてから，時間ごとにクロレラの溶液を一部取り出してクロマトグラフィーにかけた。クロマトグラフィーで展開したものに感光フィルムを当てると放射性の¹⁴Cを取り込んだ物質に感光するので，CO₂が取り込まれてできる物質が何かわかる。

この結果，最初に現れた物質は**PGA**で，その後，グリセルアルデヒドリン酸（**GAP**），リブロースリン酸などが順番に合成され，最終的にリブロース二リン酸となり，再びCO₂と結合する回路反応が起こっていることが明らかになった。**グルコースはこの回路の GAP**の一部から，フルクトース二リン酸を経て合成される。

22 細菌の炭酸同化

基本問題 ●●●●●●●●●●●●●●●●● 本冊 *p.74*

答 ① 光エネルギー　　② なし

③ バクテリオクロロフィル

④ 化学エネルギー　　⑤ なし　　⑥ なし

検討 光合成は光エネルギーを用いた炭酸同化，化学合成は酸化反応で生じる化学エネルギーを用いた炭酸同化。陸上植物の光合成はCO_2の還元に必要な水素を水の分解で得るため酸素が発生するが，細菌の光合成では酸素を生じない。

📝 **テスト対策**
　炭酸同化には光合成と化学合成があること，細菌の光合成と陸上植物の光合成の違いは色素と水素源であることを押さえておこう。

⑩
答 (1) ① バクテリオクロロフィル
② 硫化水素[H_2S]
③ ④ 紅色硫黄細菌，緑色硫黄細菌(順不同)
⑤ 硫黄[S]　⑥ クロロフィルa
⑦ シアノバクテリア
(2) ア…12H_2S　　イ…12S

検討 ③，④の細菌が行う光合成は，光合成色素が**バクテリオクロロフィル**であることと，水素源が**硫化水素**である点で緑色植物の光合成とは異なる。

📝 **テスト対策**
　光合成を行う細菌の種類は覚えておく。
緑色硫黄細菌
紅色硫黄細菌 }光合成細菌
シアノバクテリア←緑色植物と同じしくみの光合成を行う
硫黄細菌←光合成細菌ではない(化学合成細菌)

⑪
答 (1) ① 光エネルギー　② 酸化
③ 化学エネルギー
(2) ア…亜硝酸菌　イ…NH_3　ウ…土中
エ…HNO_3　オ…H_2S　カ…鉄細菌

検討 化学合成細菌は，無機物を酸化することで得られた化学エネルギーを用いて炭酸同化を行っている。

📝 **テスト対策**
　化学合成を行う細菌の名称は，その細菌が生成するものに由来するものが多い。
$NH_3 \rightarrow HNO_2$ …亜硝酸菌
$HNO_2 \rightarrow HNO_3$ …硝酸菌
$H_2S \rightarrow S$ …硫黄細菌

応用問題 ・・・・・・・・・・・・・・・・・・ 本冊 *p.75*

⑫
答 (1) ① 二酸化炭素　② 水　③ 硫化水素
④ 水素　⑤ 酸素　⑥ 硫黄　⑦ 化学合成
⑧ 硫黄　⑨ 酸化
(2) 紅色硫黄細菌，緑色硫黄細菌

📝 **テスト対策**
〔化学合成の化学式〕
$$6CO_2 + 24[H] + エネルギー \longrightarrow$$
$$C_6H_{12}O_6 + 6H_2O$$
　化学合成と光合成は，炭酸同化の反応は基本的には同じ。光合成の場合は水素源がH_2Oで，有機物と水のほかに酸素を生じる。化学合成の場合には，この式の反応とは別に物質の酸化を行って，得られた化学エネルギーを同化に用いる。

23 DNAの構造と複製

基本問題 ●●●●●●●●●●●●●●●●●●●● 本冊 *p.78*

⑬

答 (1) 26%　　(2) 23%

検討 AとT，CとGはそれぞれ同数含まれる。
(1)あるDNAの2本鎖に含まれるAとTが合計48%のとき，CとGは合計100 − 48 = 52%。
(2)①鎖のAの数と①鎖の対となるDNA鎖のTの数および①鎖から合成されるRNA鎖のUの数が等しくなる。

 テスト対策

DNAに含まれる塩基は，
A＝T，C＝G
(A＋T)＋(C＋G)＝100〔%〕
例えばAの割合が*x*〔%〕のとき，
T＝*x*〔%〕，C＝G＝$\dfrac{100-2x}{2}$〔%〕

⑭

答 エ

検討 DNAは**リン酸・デオキシリボース(糖)・塩基**からなる**ヌクレオチド**が多数つながって構成される。ヌクレオチドの3つの成分のうち，糖はもう1か所別のリン酸と結合できる部位(炭素原子と結合した-OH基)があり，ここで次のヌクレオチドとつながるため，ヌクレオチド鎖はリン酸と糖が交互につながり，糖から塩基が枝のように出ている構造となる。

⑮

答 (1) ① ア　② オ　③ カ
(2) ア　　(3) ア

検討 DNAの複製は，細胞分裂の前の間期に核の中で行われる。DNAの複製では，DNAの2本鎖が1本ずつに分かれ，それぞれをもとにして，新しい2つの2本鎖DNA

がつくられる。この複製方法を**半保存的複製**という。**メセルソンとスタール**の実験(118番の問題で扱う)によって証明された。

 テスト対策

DNAの複製は半保存的複製。

⑯

答 ① DNAポリメラーゼ　② 5′末端
③ 3′末端　④ リーディング鎖
⑤ 岡崎フラグメント　⑥ DNAリガーゼ
⑦ ラギング鎖

検討 DNAが複製されるときに，2本のヌクレオチド鎖で複製のされ方が異なる。**DNAポリメラーゼ**は，すでに存在する鎖の**3′末端側に新しいヌクレオチドをつなぐことはできる(5′→3′方向の合成)**が，5′末端側へはヌクレオチドをつなぐことができない。そのため，もとのDNAがほどけた2本のDNA鎖のうち，一方のDNA鎖については新しいヌクレオチド鎖が連続的に合成される(**リーディング鎖**)が，もう一方のDNA鎖ではほどける箇所に向かって新しいDNA鎖を合成することができない。そこで，新しくほどけた部分から前にほどけていた部分へ向かって短いDNA断片(**岡崎フラグメント**)が不連続に合成され，**DNAリガーゼ**のはたらきでつながれていく。こうして合成される新しい鎖は**ラギング鎖**と呼ばれる。

📝 **テスト対策**

DNAを複製するときに方向性があることに注意する。

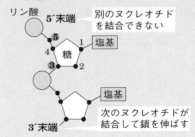

117

答　(1) A　　(2) イ，エ　　(3) 45分

検討　(3)複製は複製開始点から両方向へ進行するため，1つのDNAポリメラーゼが合成するDNAの長さは全長の半分となる。よって，複製開始から終了までにかかる時間は以下のようになる。

$$\frac{4.6 \times 10^6}{2} \times \frac{1}{850} \times \frac{1}{60} \fallingdotseq 45分$$

テスト対策

〔メセルソンとスタールの実験〕

n回複製を行った大腸菌のDNAにおける「中間の重さ」DNA：「軽い」DNA

$$= 1 : 2^{n-1} - 1$$

24　タンパク質の合成

基本問題 ・・・・・・・・・・・・・・・・・・・・・ 本冊p.82

119

答　① リボソーム　② mRNA
③ アミノ酸　④ tRNA　⑤ タンパク質

検討　**mRNA**は messenger RNAの略，**tRNA**は**転移**(transfer)RNAの略，**rRNA**は**リボソーム**(ribosome)RNAの略。それぞれ異なる機能をもったこれらのRNAのはたらきによってタンパク質合成が行われる。

応用問題 ・・・・・・・・・・・・・・・・・・・ 本冊p.80

118

答　(1) 右図

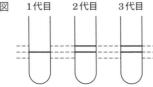

1代目　　2代目　　3代目

(2) 1代目…すべて ----- ，

2代目…--- と -----

(3) ④　　(4) $1 : 2^{n-1} - 1$　　(5) ア

検討　0代目は^{15}Nを含む1本鎖が2重になった「重い」DNAをもつのに対し，1代目は^{15}Nを含む2本の鎖がそれぞれ^{14}Nを含む鎖との2重鎖をつくった「中間の重さ」のDNAをもつ。

2代目以降は，「中間の重さ」のDNAをもつもののほかに，^{14}Nを含む鎖が2重になった「軽い」DNA鎖をもつものが現れ，代を重ねるごとに，「軽い」DNAの割合がふえる。

〔分裂前〕　〔1代目〕　〔2代目〕　〔3代目〕

^{14}N

^{15}N

軽いDNA

重いDNA　中間のDNA

120

答　(1) ウ→イ→エ→ア

(2) ウ

(3) ペプチド結合

(4) RNAポリメラーゼ

(5) mRNAがもつコドンとtRNAがもつアンチコドンの相補的な結合

検討　タンパク質合成の過程は次の順で進む。

①**転写**…核内でDNAからmRNAがつくられる。

②mRNAが核から細胞質へ移動。

③**翻訳**…リボソームにて，mRNAの塩基配列(コドン)に対して相補的な塩基配列(アンチコドン)をもったtRNAが遺伝暗号に応じたアミノ酸を運んでくる。tRNAが運んできたアミノ酸どうしがペプチド結合によって結合し，ポリペプチドが合成される。

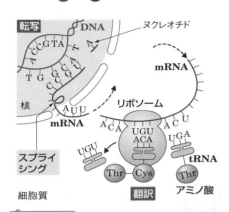

転写　DNA　ヌクレオチド

mRNA

核　リボソーム

mRNA

スプライシング

細胞質

翻訳　アミノ酸

Thr　Cys　Thr　tRNA

✎ テスト対策

　転写と翻訳において塩基配列のもつ遺伝情報がどのように伝えられてタンパク質が合成されていくのか，きちんと理解する。

🄬

答　(1) ① 転写　② コドン　③ リボソーム
④ アンチコドン　⑤ UCA
(2) TCA　(3) 翻訳

検討　mRNAの塩基配列が，アミノ酸の配列に置き換わる過程を翻訳という。3つの塩基の並びが1つのアミノ酸を指定する遺伝暗号となり，mRNAの暗号をコドン，それと相補的なtRNAの暗号をアンチコドンという。

🄬

答　(1) ① 20　② 3　③ エキソン
④ イントロン　⑤ RNAポリメラーゼ
⑥ スプライシング
(2) アデニン，チミン，グアニン，シトシン
(3) 64通り，1種類のアミノ酸を指定するコドンが複数存在する。

検討　(1)③～⑥スプライシングは真核細胞でのみ起こる現象である。
(3) 3つの塩基の並びの組み合わせは，4×4×4=64通り。

🄬

答　(1) 原核細胞　(2) リボソーム1
(3) 2個

検討　原核細胞では，翻訳と転写が同時に起こる。合成中のmRNAにリボソームがつき，リボソームはmRNA上を移動しながらタンパク質を合成する。タンパク質合成が終了すると，リボソームはmRNAから離れる。
これに対して真核細胞では，転写は核内，翻訳は細胞質で行われ，転写と翻訳の間には核内でスプライシングが行われる。
(2)リボソーム1はリボソーム2の位置から現在の位置までのmRNAを翻訳している分ポリペプチドの分子量が大きい。
(3)A点からC点までのDNAを転写したmRNAからは途中の1か所とC点でリボソームが解離している。

応用問題 •••••••••••••••••••• 本冊p.84

🄬

答　(1) CAAUGUCGUGCGAA　(2) ウ
(3) メチオニン・セリン・システイン・グルタミン酸
(4) UAC　(5) 23通り

検討　(2)開始コドンAUGに対するもとのDNAの相補的な塩基配列はTACである。この配列を3塩基の区切りとして考える。
(5)メチオニンを指定するコドンは1種類，セリン6，システイン2，グルタミン酸は2種類。よって，1×6×2×2-1=23通り。

✎ テスト対策

　遺伝暗号表は64種類のコドンと20種類のアミノ酸との対応を示したもの。これを参照して，mRNAの塩基配列からどのようなアミノ酸配列に置き換わるのかを読めるようにしよう。

答 (1) ア，ウ，エ　　(2) スプライシング

検討 ヒトの免疫細胞などでは，多数の塩基配列の領域から，一部を抜き出したものを数個組み合わせることで膨大な組み合わせのアミノ酸配列の抗体タンパク質をつくることができ，さまざまな分子構造をもつ抗原に対応している。

25 形質発現の調節

基本問題 ••••••••••••••••••••• 本冊*p.87*

126

答 (1) ① リプレッサー
② RNAポリメラーゼ　③ 転写
④ ラクトース分解酵素
⑤ オペロン
(2) 下図

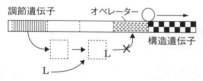

検討 ラクトース分解酵素の合成では，基質であるラクトース（L）がリプレッサー（□）と結合することで抑制が解除されてRNAポリメラーゼ（○）が構造遺伝子を転写できるようになり，遺伝子発現が起こる。

127

答 ① RNA　　② 基本転写因子
③ 調節タンパク質　　④ プロモーター

検討 真核生物の遺伝子発現の調節では，複数の調節タンパク質が基本転写因子やRNAポリメラーゼに作用することによって転写が促進されたり抑制されたりする。

128

答 ① 脂溶性　　② 水溶性　　③ 受容体
④ 調節タンパク質

検討 脂溶性ホルモンは細胞膜のリン脂質二重層に溶け込むため，細胞膜を通り抜けて**細胞内にある受容体と結合する**。それに対し，水溶性ホルモンは一般に細胞膜を通り抜けることができず，**細胞膜上にある受容体と結合する**。

応用問題 •••••••••••••••••••• 本冊*p.88*

129

答 基本転写因子へ作用する調節タンパク質がA-B領域に結合することで，遺伝子のmRNA合成が促進されると考えられる。

検討 真核生物では，転写の調節を行うタンパク質（調節タンパク質，転写因子）が存在し，促進にはたらくものをエンハンサー，抑制にはたらくものをサイレンサーという。この調節タンパク質が結合する領域はプロモーターから少し離れた場所にあることが多い。実験では，B-C領域（A-B領域は含まれていない）をつないだプラスミドを入れた酵母ではmRNAをほとんど合成できなかったことから，A-B領域は，遺伝子発現を促進する役割をもつことがわかる。

26 動物の生殖細胞の形成と受精

基本問題 •••••••••••••••••• 本冊 *p.90*

130

答 (1) A…始原生殖細胞　B…卵原細胞
　C…一次卵母細胞　D…二次卵母細胞
　E…第一極体　F…卵　G…第二極体
(2) イ
(3) 精子形成では1個の一次精母細胞から4
個の精子がつくられるが，卵形成では1個
の一次卵母細胞から1個の卵と3個の極体
がつくられる。

検討 卵形成における減数分裂は，第一分裂も
第二分裂も**不等分裂**で，細胞質のほとんどが
卵に入ってしまう。これは，卵に受精後の胚
の成長に必要な養分を蓄えるためである。一
方，精子形成における減数分裂は**均等な分裂**
で，1個の一次精母細胞から**4個の精細胞**が
でき，精細胞が変形して**精子**になる。

┌─ 📝 テスト対策 ─────────────┐
　精子・卵のでき方をしっかりと理解して
おくこと。特に，1個の一次精母細胞から
できる二次精母細胞・精子の数，および1
個の一次卵母細胞からできる二次卵母細
胞・卵・第一極体・第二極体の数をよく覚
えておくこと。
└──────────────────────┘

131

答 (1) A…エ　B…ウ　C…ア　D…イ
(2) 体外受精
(3) 他の精子の侵入を防ぐ。

検討 (2)体外受精に対して体内で行われる受
精を**体内受精**という。精子は泳いで卵の所ま
で行くため，受精には水が必要であり，陸上
で生活する動物は，ふつう体内受精を行う。
(3)Bの受精膜は，卵黄膜が細胞膜から離れて
変化したもので他の精子の侵入を防ぐ（多精
拒否）。

132

答 ① 精巣　② 体細胞　③ 減数
　④ 50万　⑤ 卵巣　⑥ 減数　⑦ 卵
　⑧ 極体　⑨ 100　⑩ 300　A…2n
　B…2n　C…n　D…2n　E…n　F…n

検討 染色体数は，減数分裂の前まで，すなわ
ち一次精母細胞や一次卵母細胞までが2n，
減数分裂で生じた細胞はすべてnになる。

応用問題 •••••••••••••••••• 本冊 *p.91*

133

答 (1)① タ　② ス　③ シ　④ セ　⑤ イ
　⑥ エ　⑦ キ　⑧ ク　⑨ カ　⑩ ケ　⑪ サ
(2) A…ウ　B…イ　C…ア　D…エ
(3) B，C

検討 ヒトの女子の場合，始原生殖細胞は受精
後1か月でできるといわれている。出生時
には，大部分の一次卵母細胞が減数分裂第一
分裂前期で停止しており，思春期になると次
の分裂が生じる。
(3)ミトコンドリアも独自のDNAをもつ。

27 卵割と動物の発生

基本問題 •••••••••••••••••• 本冊 *p.93*

134

答 (1)① イ　② キ　③ ウ　④ ク　⑤ カ
(2) ウニ…ウ　カエル…イ
(3) ウニ…キ　カエル…キ
(4) カエル

検討 卵黄は卵割を妨げるため，卵割の様式は
卵黄の量と分布で決まる。ウニの卵黄は少な
く，均一に分布しており，3回目の卵割までは
等割である。それに対し，カエルの卵黄は植
物極側に多く，3回目の卵割は不等割である。

135

答 (1) E→B→D→C→A

(2) A…プルテウス幼生　B…胞胚
C…原腸胚
(3) ① 胞胚腔　② 原腸　③ 原口
④ 内胚葉　⑤ 外胚葉　　(4) イ
(5) 動物極側と植物極側で割球の大きさが異なる。

検討　(1)ウニの胞胚(B)は，1層の細胞層でできている。原腸胚になると，植物極の細胞層が内部へと陥入して**原腸**を形成する(D→C)。
(5)カエルの卵は，植物極側に卵黄が多く分布しているので，植物極側は卵割しにくく，不等割になる。

テスト対策
　ウニの発生については，初期の卵割から原腸胚期くらいまで，図が描けて，各部の名称が記入できるようにしておこう。

136
答　(1) B→D→A→C
(2) A…原腸胚　B…胞胚　C…神経胚
(3) ア…神経板　イ…胞胚腔　ウ…外胚葉
エ…原腸　オ…中胚葉　カ…原口
キ…卵黄栓(せん)　ク…内胚葉
(4) ① C　② B

検討　カエルの胚は，胞胚期までは動物極側の半分が黒っぽく，植物極側の半分が白っぽい。図Dのように原口ができて陥入が始まると，動物極側の黒っぽい細胞群が下へ広がり，原口から内側にまくれ込んで行く。原口は円弧を描くように広がって行き，最後には円になる。この頃，植物極側の白っぽい細胞群は原口の円の中に見られるだけになり，**卵黄栓**になる。卵黄栓はしだいに小さくなって見えなくなる。

テスト対策
　カエルの発生についても初期の卵割から原腸胚期くらいまで，外観図，断面図が描けて各部の名称が示せるようにしておこう。

137
答　(1) A…神経管　B…脊索
D…腸管[消化管]
(2) ① A　② D　③ E　④ C　　(3) X
(4) A…外胚葉　B…中胚葉　C…中胚葉
D…内胚葉　E…中胚葉　F…外胚葉
(5) ア，イ

検討　(3)Aの神経管やDの腸管は頭部から尾部まで管状になっており，これらが輪になって見えることから横断面(X)であることがわかる。
(4)Aの神経管とFの表皮は外胚葉由来で，Dの腸管は内胚葉由来，他は中胚葉由来である。
(5)Cの体節からは骨格や骨格筋などができるのでウは間違い。また，血管はEの側板からできるので，エも間違い。

テスト対策
　カエルの神経胚・尾芽胚については，横断面図や縦断面図が描けるようにするとともに，各部がどの胚葉から分化するか，各部が将来どんな器官になるか，まとめておくこと。

応用問題 ・・・・・・・・・・・・・・・・・・・・ 本冊p.95
138
答　(1) ウ　(2) ① 卵割腔　② 胞胚腔
③ 原腸胚　④ 肛門
(3) 4回目の分裂からは不等割になるから。
(4) A…外胚葉　B…内胚葉　C…中胚葉

検討　(2)ウニでは，原口は肛門になり，原腸の先に新しく口ができる。
(3)8細胞期の後，動物極側は縦に分裂し，植物極側は水平方向に分裂する。動物極側は等分されるが，植物極側は不等分裂をする。

139

答 (1) 塩化カリウム水溶液 　(2) イ

(3) 胚が透明なので，内部のようすが観察し
やすい。体外[海水中]で発生が進むので，発
生の過程が観察しやすい。

(4) ムラサキウニ[バフンウニ]

(5) 精子は白い液状で，卵は黄色い粒状をし
ている。

(6) ウ

(7) 受精卵には，卵の外側に受精膜が見られる。

(8) 多精受精を防ぐため。

検討 (1)塩化カリウム水溶液(4%)が刺激とな
って，放精や放卵が起こる。

(3)ウニは種類によって産卵期が異なるので，
1年を通して材料が比較的入手しやすいとい
う利点もある。

(8)精液は，そのままでは精子の濃度が濃く，
1つの卵に複数の精子が受精する多精受精が
起こり，正常に発生しなくなる。

140

答 (1) ウ 　(2) 胚内部へと陥入する。

(3) X

検討 (2)図Bは原腸胚の断面で，Zは卵黄栓で
ある。卵黄栓は発生が進むにつれて小さくな
り，最終的にはすべて内部に陥入する。

(3)図Aの内部の腔所は卵割腔で，胞胚にな
ると胞胚腔となり，原腸胚になるとせばめら
れ，なくなっていく。図BのYは原腸。

28 発生と遺伝子のはたらき

基本問題 •••••••••••• 本冊 *p.98*

141

答 (1) 灰色三日月環

(2) BMP[骨形成因子]

(3) ノギン，コーディン

(4) 神経[脊索]

(5) ビコイド，ナノス

(6) ビコイド

(7) ホメオティック遺伝子

(8) アポトーシス

検討 (1)カエルなどでは受精後に卵の表層が
約30°回転することで灰色三日月環を生じる。
この灰色三日月環は精子の進入点の反対側に
生じる。

(2)表皮を誘導するタンパク質はBMPである。
BMPは胚のほぼ全域に発現している。

(3)(4)ノギンとコーディンの両タンパク質が
BMPを阻害する。このBMP阻害タンパク
質は，おもに原口背唇部で発現し，その周囲
が背側となる。このBMP阻害タンパク質の
濃度によって脊索や体節などが形成される。
阻害タンパク質の濃度が高い部分では脊索が
形成され，その後，中胚葉域に裏打ちされた
背側の外胚葉域で神経が誘導される。

(5)キイロショウジョウバエで前後軸を決定
するのは，ビコイド遺伝子とナノス遺伝子で
ある。両遺伝子のmRNAは，卵形成時にす
でに転写され，卵の中に蓄えられている。こ
のように受精前から卵内に存在して受精後の
個体形成に関わる物質を母性因子という。

(6)ビコイド遺伝子から翻訳されたビコイド
タンパク質の多い部域が頭部となる。逆に，
ナノス遺伝子から翻訳されたナノスタンパク
質の多い部域は尾部となる。

(7)体節それぞれに特有の形態を形成させる
遺伝子をホメオティック遺伝子という。ホメ
オティック遺伝子によって，頭部には触角が，

胸部には翅や脚が形成される。

(8)発生の過程で，特定の時期に特定の部位であらかじめプログラムされている細胞死が起こることがあり，これを**アポトーシス**という。物理的，化学的に細胞が壊れてしまうことは**壊死(ネクローシス)**といわれる。

142

答 (1) 灰色三日月環…C　原口…C

(2) ウ

検討 (1)灰色三日月環と原口は，ともに精子の進入点の反対側に形成される。

(2)灰色三日月環を移植した場所に二次胚が形成されたことから，灰色三日月環の細胞質には，二次胚を誘導するはたらきがあることが推測される。

応用問題 •••••••••••••••••••••• 本冊*p.99*

143

答 (1) ウ　　(2) ア

検討 (1)灰色三日月環の少し植物極側(下側)に原口を生じ，ここから陥入が始まる。したがって，**灰色三日月環自体は原口背唇部となる**。

(2)(1)より，灰色三日月環自体が原口背唇部になる。原口背唇部は後に胚を誘導する形成体としての役割をもつことから，原口背唇部を含む割球のみが胚となる。

144

答 イ，エ

検討 ア…ヒトの手足の指の形成は，1本1本の指が伸長してできるのではなく，5本の指がくっついたような形で形成し，指と指の間の細胞がアポトーシスによって死んでいくことで5本の指が形成される。

イ…血流障害により酸素や栄養が不足することによる細胞死で壊死(ネクローシス)という。壊死では細胞内の物質が放出され，周囲に炎症などを起こすことがある。

ウ…オタマジャクシの尾はカエルになるときには無くなってしまうが，これは，オタマジャクシの尾を形成していた細胞がアポトーシスによって消失していくためである。

エ…火傷(高温)によるタンパク質や細胞膜の破壊による細胞死で，壊死である。

オ…老化によって細胞が死んでいくのもアポトーシスである。小腸上皮だけでなく，皮膚なども同じである。

29 形成体と誘導

基本問題 •••••••••••••••••••••• 本冊*p.101*

145

答 (1) 胞胚[初期原腸胚]

(2) 局所生体染色(法)

(3) A…予定神経　D…予定体節

　　F…予定内胚葉　(4) C, D, E

(5) ア…C　イ…F　ウ…D　エ…A

(6) 肛門

検討 (2)これはフォークトの行った実験で，その方法は**局所生体染色(法)**と呼ばれる。各部分の細胞を殺さないように染め分けて，それぞれの部分からどの器官が形成されるかを調べた。その結果できた分布図を**原基分布図(予定運命図)**という。

(4)上から外胚葉(**A, B**)，中胚葉(**C, D, E**)，内胚葉(**F**)の順になっている。

┌─ テスト対策 ──────────────┐
　フォークトのイモリの胞胚の原基分布図は，よく覚えておかなければいけない。また，どの部分からどの器官が形成されるのかもあわせて確認しておくこと。
└──────────────────────┘

(146)

答 ① 原口背唇部 ② 脊索 ③ 誘導
④ 形成体[オーガナイザー]

(147)

答 (1) A…表皮　B…眼胞　C…眼杯
D…水晶体
(2) 表皮にはたらきかけて角膜を誘導する。
(3) 形成体[オーガナイザー]

検討 眼は網膜・水晶体・角膜などからできて
いるが，これらは同時に形成されるのではな
く，①脳の一部がふくらんで**眼胞**をつくる→
②眼胞(眼杯)が**表皮**にはたらきかけて**水晶体**
を陥入させる→③水晶体が**表皮**にはたらきか
けて透明な**角膜**にする，というように，一連
の**誘導**によって形成される。

┌─── ✐ テスト対策 ──────────
│　形成体と誘導に関しては，何が何に
│　誘導するかについて，知られている実験結
│　果をまとめておくこと。特に，**眼の形成は**
│　**誘導の連鎖**の例としてよく出題される。
└──────────────────────

応用問題 •••••••••••••••••• 本冊 *p.102*

(148)

答 (1) 桑実胚では，脊索や体節への分化は
未決定だが，胞胚では決定している。
(2) ① エ　② ア　③ イ　④ オ

検討 (1)実験1から，脊索や体節への分化の
決定は，桑実胚から胞胚にかけて行われるこ
とがわかる。
(2)AとCを合わせると，将来外胚葉になる
はずのAが中胚葉性器官に分化することか
ら，内胚葉になる部分(C)が外胚葉から中胚
葉を誘導したことがわかる。この現象を**中胚**
葉誘導といい，ニューコープが明らかにした。

(149)

答 (1) ① 眼胞　② 眼杯　③ 角膜
④ 水晶体
(2) 左右に1つずつある①のうちの片方を表
皮に接する前に切除する。その結果，切除し
た側に④の構造が生じないことを確かめる。
(58字)

検討 (2)必要不可欠であることを示すので，
①が無いことで④が生じないことを確認すれ
ばよい。

(150)

答 (1) 13日目～15日目
(2) 5日目の胚ではあしの真皮による誘導を
受けるが，8日目の胚では羽毛が分化する予
定運命が決定している。

検討 (1)あしの真皮の影響を受けて背中の表
皮の分化が変更されたのは，13日目胚以降。
したがって，13日目以降に誘導能力が高ま
っていると考えられる。
(2)5日目胚は一部分化の方向が変更されて
いるが，8日目胚は，どの時期でも羽毛を生
じている。したがって，分化が決定されてお
り変更できないことを示している。

30 細胞の分化能

基本問題 •••••••••••••••••• 本冊 *p.104*

(151)

答 ① 受精卵　② 分化
③ 多能性[多分化能]　④ 遺伝子

検討 ①動物のなかには分裂などの無性生殖
でふえるイソギンチャクの一種などもある。
しかし，そのイソギンチャクも，卵と精子を
つくり，受精して生じた受精卵からもとの個
体が生まれている。その個体が分裂してふえ
ている。したがって，動物の細胞はもとをた

どれば受精卵に行きつく。

② 受精卵は1個の細胞であり，細胞分裂をくり返し発生が進むと，例えば，表皮細胞や神経細胞を生じる。このように特定の機能と形態をもつ細胞になることを**分化**という。

③ 動物では基本的にいったん分化した細胞は，他の細胞に分化することはできない。例えば，表皮細胞は神経細胞に分化することはできない。それに対して，受精卵は分化する前の状態であり，後に表皮細胞や神経細胞，そのほかすべての細胞に分化することが可能である。このようにさまざまな細胞に分化できる能力を**多能性**(多分化能)という。

④ すべての細胞は，受精卵が細胞分裂によって分かれたものであり，同じ遺伝子をもっている(リンパ球では遺伝子再構成が行われる。→125番の問題)。しかし，分化によって異なる機能と形態をもつようになる。これは，それぞれの細胞がもっている遺伝子は同じだが，発現している遺伝子が異なるためである。

答 イ，オ

検討 ア…これは，クローン動物を作製するときの手順であり，ES細胞とは異なる。

イ…哺乳類の受精卵を発生させると初期段階で**胚盤胞**という時期がある。このときの**内部細胞塊**を取り出し培養したものが**ES細胞**で，胎盤以外のあらゆる組織に分化することができる。

ウ…これは，iPS細胞を作製するときの手順であり，ES細胞を作製する手順とは異なる。

エ…ES細胞は受精卵由来の細胞でありさまざまな細胞や組織に分化できる**多能性**(多分化性)をもっているが，遺伝子が異なる他人に移植すると拒絶反応が起こってしまうため，×。

オ…ES細胞とは，embryonic stem cellの略で，日本語では**胚性幹細胞**と呼ぶ。iPS細胞

はinduced pluripotent stem cellの略で，日本語では人工多能性幹細胞と呼ばれる。

答 ウ，オ

検討 ア・イ…これは，ES細胞のことである。

ウ…皮膚などのすでに分化した細胞に対して4種類の遺伝子を導入することで多能性をもたせた細胞をiPS細胞といい，○。現在では，導入する遺伝子の数を減らしたり，遺伝子を導入しないでiPS細胞をつくる研究が進められている。

エ…iPS細胞は基本的にどのような細胞にも分化できると考えられている。

オ…iPS細胞はES細胞とは異なり，誰の細胞からもつくりだすことができる。したがって，患者の細胞を使ってiPS細胞をつくれば，患者と同じ遺伝子の細胞ができるので拒絶反応は起きないと考えられており，○。

答 (1) ① 多能性[多分化能]　② ES
③ iPS
(2) イ　　(3) ア

検討 (2)**分化**とは特定の形態や機能をもつ状態に変化することだが，それは発生の過程で周囲の細胞との関係によって少しずつ変化していく。アは，分化していたものが受精卵に似た状態にもどっているので，**初期化**と呼ばれる。ウは，人為的に外部から遺伝子を導入して形質転換させた例で，分化が起きたわけではない。

(3)スプライシングで除去されるのは遺伝子から転写されたRNAの一部。必要のない遺伝子を除去してしまうとすると，その細胞がもつ遺伝情報が受精卵とは異なるものになってしまう。受精卵も分化した細胞も基本的に全く同じ遺伝子をもっている。

155

答 ① 核 ② クローン ③ 遺伝子
④ ES細胞 ⑤ 胚盤胞 ⑥ 再生医療

検討 ③iPS細胞とは，分化した細胞に4種類の遺伝子を導入して初期化した細胞。ES細胞にとてもよく似た多能性をもつ。2006年に山中伸弥が成功した。この業績によって，2012年にノーベル医学・生理学賞を受賞している。
④⑤哺乳類の発生初期の胚盤胞(カエルでは胞胚期に相当する)と呼ばれる段階の胚から得たものがES細胞。胚盤胞は，栄養外胚葉(後に胎盤を形成する)と内部細胞塊(後に胚になる)に分けられるが，ES細胞は内部細胞塊からつくられる。
⑥ES細胞は，理論的には1個体を発生させることができる。そのことは，生命倫理とも絡んでくるが，臓器だけ，例えば心臓だけを作製することができれば重度の心臓病患者を救うことができるかもしれない。このような医療を再生医療と呼ぶ。iPS細胞は1個体(1人の人間)を発生させることができる受精卵を使わないため，ES細胞にくらべて倫理的な問題が少ないといわれている。

応用問題 ●●●●●●●●●●●●●●●●●●● 本冊p.107

156

答 (1) ① 除核 ② 白 ③ 分化
(2) ウ   (3) イ，ウ，オ
(4) クローン   (5) ウ

検討 (1)②正常に発生した個体は，白いアフリカツメガエルの小腸上皮細胞の核の遺伝情報をもとにして発生している。したがって，生まれる子も白いアフリカツメガエルとなる。
(2)この実験では，同じ遺伝子をもつ個体をつくりだしているが，その遺伝子提供個体(ドナー)には性別は関係ない。
(3)発生が進んだ小腸上皮細胞の核の情報から正常な個体が発生しているので，アが×でイが○。発生が進むと正常な個体が発生する割合が下がっているので，ウが○でエが×。分化した細胞の核から正常な個体が発生しているので，オが○でカが×。
(4)全く同じ遺伝子構成をもつ個体や細胞どうしを，クローンという。
(5)有性生殖(受精)で生まれているので異なる遺伝子をもつためアは×。ヒトの男女一組の双生児は，未受精卵が2個排卵され，それぞれが異なる精子と受精したものである。したがって，イもクローンではない。

31 遺伝子を扱う技術

基本問題 ●●●●●●●●●●●●●●●●●●●● 本冊p.109

157

答 (1) ① 遺伝子組換え ② DNAリガーゼ
(2) 制限酵素 (理由)特定の塩基配列部分でDNAを切断するので，同じ制限酵素で切断したDNA切片どうしを結合させることができるから。
(3) プラスミド   (4) ベクター

検討 (1)(2)目的の遺伝子を切り出すはさみの役割を果たすのが制限酵素，DNA断片をつなぐのりの役割をするのがDNAリガーゼ。
(3)プラスミドは細菌の染色体DNAとは別に独自に複製や遺伝子発現をする環状DNA。

 テスト対策

　遺伝子組換えにおける，目的の遺伝子を含むDNAを切り取ってベクターにつなげ，細菌(あるいは細胞)に導入するまでの個々の手順についてきちんと理解しておこう。

答 (1) ① 塩基　② 遺伝子組換え　③ 水素
④ DNAポリメラーゼ　⑤ 複製
(2) 高温で失活せずはたらく。

検討 **PCR法**は，最初に複製するDNAと材料
（ヌクレオチド，プライマー），そしてDNA
ポリメラーゼを入れておけば温度の上昇と下
降を行うだけでDNA複製をくり返すことが
できる方法である。

答 (1) カ　(2) カ　(3) オ　(4) エ
(5) ア　(6) イ　(7) ウ

検討 **カ…トランスジェニック生物（遺伝子組
換え生物）**は，人為的操作によってもともと
もっていなかった遺伝子を導入されて1個
体まで成長した生物。
(2)オワンクラゲの発光器から見つかり特定
されたGFP（緑色蛍光タンパク質）の遺伝子
は，**遺伝子組換え**の際に目的の遺伝子と一緒
に導入することで，目的遺伝子が導入された
細胞や個体を判別するのに役立てられている。
(5)近年，DNAの塩基配列を読む機器（DNA
シーケンサー）の性能が向上し，個人のDNA
配列を決定することが容易になってきた。あ
らかじめ，DNAの塩基配列を調べることで，
その人に合った薬の使用など，医療の効率化
が期待されている（**テーラーメイド医療，
オーダーメイド医療**）。

160

答 (1) 電気泳動
(2) ア
(3) 短いDNA
(4) TCATGTAC

検討 このようにDNA合成を止める特殊なヌ
クレオチドを用いてDNAの塩基配列を決定
する方法を**サンガー法**という。この際に使用
される特殊なヌクレオチドは，デオキシリ

ボースの3番目の炭素に-OHの代わりに-H
がついている。通常はこの-OHにリン酸が結
合するが，-Hではリン酸が結合できず，こ
のヌクレオチドが取り込まれたところでその
DNA鎖の合成が停止する。こうしてさまざ
まな長さで合成が停止したDNA断片ができ
るが，これらを電気泳動にかけると，短い
DNA断片ほど移動距離が大きいため，塩基
配列の最初のほう（5′末端側）で合成が止まっ
たDNA断片から順に並ぶことになる。移動
距離の長いバンドから順番に4種類のどの
塩基かを読んでいけば，最後まで完全に合成
されたDNA鎖の塩基配列となる。これは
DNA合成の鋳型に使われた1本鎖の塩基配
列に対しては相補的な配列であり，もとの
DNAのもう一方の鎖とは同じ配列というこ
とになる。

🖊テスト対策

〔DNAの電気泳動法〕
うすい板状に固めた寒天ゲルの端近くに小
さな溝を空け，制限酵素で切断したDNA
断片を流し込んで緩衝液に浸した状態で直
流電流を流すと，DNAが陽極（＋）側へ移
動する。この際，**短いDNAほど移動速度
が速い**。

応用問題 ･･････････････ 本冊p.111

答 ① 遺伝子組換え　（内容）制限酵素を用
いて目的の遺伝子を含むDNA断片を切り出
し，**DNAリガーゼ**を用いてこの断片を**プラ
スミド**に組み込み，細胞に導入する。
② PCR法　（内容）高温によるDNA2本鎖
の解離と**DNAポリメラーゼ**によるDNAの
複製をくり返すDNAの増幅法。DNA複製
の起点として，短い1本鎖DNAである**プラ
イマー**も反応系に入れる必要がある。

(162)

答 (1) 0.6ユニット　(2) 1.2ユニット

(3) 右図

```
        15.6   イ    ア    ウ   18.0
        |──┬──┬──┬──┬──|
          0.4  0.6  0.6   0.8
```

検討 領域Tの長さは18.0 − 15.6 = 2.4ユニット。図2より，制限酵素**ア**はこの領域を1.0と1.4ユニット，**イ**は2.0と0.4ユニット，**ウ**は1.6と0.8ユニットの長さの断片にそれぞれ切断したことがわかる。

アイウすべての制限酵素で切断したときに得られた断片はいずれも**ア**の断片より短い（**ア**の2つの断片がそれぞれ**イ**と**ウ**に切断されている）ことや，**イ**の2断片と**ウ**の2断片のそれぞれ短いほうがほかの制限酵素で切断されていないことから，**ア**の切断点は**イ**と**ウ**の切断点の間に位置することがわかる。ここから，(2)の**イ**と**ウ**の切断点が領域Tの一方の端から0.4ユニットと他方の端から0.8ユニットであることがわかるため，両者の距離は1.2ユニットとなる。

(1)**イ**の切断点は，**ア**によって1.0と1.4ユニットに分割される領域のどちら側にあるか。1.0のほうであれば0.4，0.6に分割され，1.4のほうは**ウ**によって0.6と0.8に分割されることになり，0.6の断片2つと0.4，0.8の断片になるので与えられた結果に合う。**イ**の切断点が1.4のほうだとすると0.2，0.4，0.8，1.0の4断片になるので題意に合わない。

(3)**イ**が領域内の左寄りに与えられていることから，左から**イ**，**ア**，**ウ**の順で並べる。

基本問題 ●●●●●●●●●●●●●●●● 本冊*p.112*

(163)

答 ① イ　② ウ　③ オ　④ エ　⑤ カ
⑥ ア

検討 刺激を受けて反応するまでの大まかな流れは覚えておくこと。〔刺激〕→受容器（感覚器）→感覚神経→中枢（大脳）〔情報処理〕→運動神経→効果器→〔反応〕

(164)

答 ① c，ア　② b，ウ　③ d，イ
④ a，エ

検討 ④傾き感覚は，耳の**前庭**の中にある**平衡石（耳石）**が重力によって動くことが刺激となって生じる感覚である。

(165)

答 (1) a…虹彩　b…毛様体
c…水晶体［レンズ］　d…盲斑　e…視神経
f…角膜　g…網膜

(2) ① d　② a　③ g　④ e

(3) 右眼　　(4) 錐体細胞

(5) ① 収縮　② 厚　③ 網膜

検討 (2)①盲斑は，網膜全体の視神経が集まって束になり網膜をつらぬいている部分で，視細胞がないので，ここに結ばれた像は見えない。

②虹彩のはたらきによって瞳孔の大きさを変化させて，眼に入る光の量を調節する。

(3)盲斑が黄斑よりも鼻よりのほうにあることから右眼とわかる。

(4)視細胞には，**錐体細胞**と**桿体細胞**の2種類があるが，色を識別できるのは錐体細胞である。

眼の各部の名称とはたらき，遠近調節の
しくみについてまとめておくこと。

	毛様筋	チン小帯	水晶体
近くを見る	収縮	ゆるむ	厚くなる
遠くを見る	弛緩	緊張	薄くなる

166

答 (1) a…鼓膜　b…耳小骨　c…半規管
d…前庭　e…聴神経　f…うずまき管
g…耳管

(2) a，b，g

(3) ① g　② b　③ d　④ c

(4) ① オ　② ウ　③ キ　④ イ

検討 (2)耳は，**外耳・中耳・内耳**に分かれる。
外耳に含まれるのは耳殻・外耳道，中耳に含
まれるのは耳小骨・耳管，内耳に含まれるの
はうずまき管・半規管・前庭・聴神経である。
(3)①鼓膜の両側の圧力を同じにしておかな
いと，鼓膜が正しく振動しない。この調節を
するのが**耳管**である。

応用問題 •••••••••••••••••••• 本冊 *p.114*

167

答 (1) A…桿体細胞　B…錐体細胞

(2) ① ロドプシン[視紅]　② 明順応

(3) ア

(4) 左

検討 (3)光は，色素上皮層(図の下にある細胞
層)とは反対側から入ってくる。
(4)視神経の伸びている方向に盲斑がある。

168

答 0.125 cm

検討 右の図のよう
に，紙から眼球ま
での距離を80 cm，
眼球の直径を2 cm，
紙の中で見えない
部分の直径を5 cm，
盲斑の直径を$x$cm
とすると，

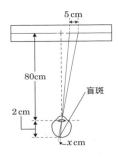

$$80 : 5 = 2 : x$$

という式が成り立ち，$x = 0.125$ cm となる。

33 神経系による興奮の伝達

基本問題 ••••••••••••••••••••• 本冊 *p.116*

169

答 (1) A…細胞体　B…神経繊維
C…樹状突起　D…軸索　E…神経鞘
F…核　G…髄鞘　H…ランビエ絞輪

(2) ウ　(3) ア　(4) イ

(5) シナプス

検討 (2)筋肉につながっているから，筋肉に
命令を伝える運動ニューロンである。
(3)軸索が**髄鞘**で包まれているから**有髄神経**。
(4)無脊椎動物の神経繊維は髄鞘のない**無髄
神経繊維**である。脊椎動物の神経繊維は，交
感神経を除いて**有髄神経繊維**である。

170

答 (1) ① 負[−]　② 静止電位　③ 正[+]
④ 活動電位　⑤ 髄鞘　⑥ ランビエ絞輪
⑦ 速い　⑧ 跳躍伝導

(2) ② −70 mV　④ 100 mV

(3) B

検討 (2)静止電位はグラフをそのまま読んで
−70 mV。活動電位は，静止電位を基準と
した大きさなので，70 + 30 = 100 mV。

(3)ニューロンは，刺激がある一定の強さ(閾値(いき))に達しないと興奮しない。しかし，閾値以上であれば，どんな強さの刺激を与えても興奮の大きさは大きくなることなく一定である。これを**全か無かの法則**という。

171

答 (1) ア (2) ウ (3) シナプス

(4) 伝達物質が神経終末からだけ分泌されて，次のニューロンを興奮させるから。

(5) アセチルコリン[ノルアドレナリン]

(6) γ(ガンマ)-アミノ酪酸[GABA]

検討 (4)神経終末は少しふくらんで，次のニューロンの細胞体または樹状突起に接している。この部分を**シナプス**という。神経終末には，**アセチルコリンやノルアドレナリン**，**GABA**などの神経伝達物質を含んだ**シナプス小胞**があり，軸索から興奮が伝わってくると，伝達物質を放出して次のニューロンに興奮を起こさせる。シナプス小胞は樹状突起や細胞体内にはないので，神経終末での興奮の伝達は，**神経終末→隣のニューロンの樹状突起または細胞体の向きにしか伝わらない**。ただし，1つのニューロンの中では，興奮は刺激を受けた点の両側に伝わっていく。このことを混同しないようにしよう。

応用問題 ●●●●●●●●●●●●●●●●●●**本冊 p.117**

172

答 A→C→E→B→D

検討 ナトリウムイオンが細胞内に流入することにより，細胞内の陽イオンの割合が多くなって細胞内が正(+)になる。そして，カリウムイオンが細胞外に流出することにより，細胞内の陽イオンの割合が少なくなって細胞内が負(-)にもどる。

173

答 (1) イ (2) ① (3) ① (4) ウ (5) ④

検討 (3)刺激を加える場所を変えても，興奮は両方向に伝わるので，通常の活動電位のグラフになる。

(4)基準電極と同じ所を測ることになるので電位差は見られない。

(5)最初は電位差はない(0)が，Cで発生した興奮がAに伝わると，Aでは電位が逆転して負(-)になり，このときBは正(+)のままなので両者の間に電位差が生じて，オシロスコープに－の波形が現れる。そして，興奮がBに伝わると，Bが負(-)になり，このときAは正(+)にもどっているので，＋の波形が現れる。その後またBが正(+)にもどり電位差がなくなる。

174

答 30 m/s

検討 AB間の距離は 50－5＝45 mm

＝$45×10^{-3}$ m。この距離を伝わるのにかかった時間は 5－3.5＝1.5 ミリ秒＝$1.5×10^{-3}$ s。

したがって，興奮の伝導速度は，

$$\frac{45×10^{-3}}{1.5×10^{-3}} = 30 〔m/s〕$$

34 中枢神経系と末梢神経系

基本問題 ●●●●●●●●●●●●●●● 本冊 *p.119*

175

答 ① 脊髄 ② 延髄 ③ 脳幹
④ 体性神経 ⑤ 自律神経

検討 脊椎動物の中枢神経系は脳と脊髄からな
り，脳は大脳・中脳・小脳・間脳のほか延髄
も含まれることに注意。

176

答 a…大脳 b…間脳 c…中脳 d…小脳
e…延髄
① b ② e ③ a ④ c ⑤ d

 テスト対策

中枢神経系には脳と脊髄があり，それぞ
れ機能が異なる。脳については，各部の名
称と位置，はたらきについてまとめておく
こと。
大脳…記憶や思考などの精神活動
中脳…眼球運動，虹彩の調節，姿勢保持
小脳…からだの平衡，筋肉運動の調節
間脳…体温・血糖濃度などの恒常性の維持
延髄…呼吸，心臓の拍動などの調節

177

答 (1) 反応…反射 反応経路…反射弓
(2) A…灰白質[脊髄髄質]
B…白質[脊髄皮質] C…運動神経
D…感覚神経
(3) ① 感覚 ② 背 ③ 腹 ④ 運動

検討 (2)CとDについては，興奮の方向を示す
矢印の向きから，Dが運動神経でCが感覚神
経だとわかる。また，矢印がなくても，脊髄内
でCが腹根，Dが背根をそれぞれ通ること
からも読み取れる。

 テスト対策

脊髄のつくりと反射についてはテストに
よく出る。白質，灰白質，背根，腹根の位
置，通っている神経の種類，反射弓の経路
をしっかりと覚えておくこと。

応用問題 ●●●●●●●●●●●●●●● 本冊 *p.120*

178

答 (1) a, e (2) 延髄 (3) d
(4) d…感覚神経 g…介在神経
h…運動神経 (5) d→g→h (6) d→k→j

検討 (1)**灰白質**はニューロンの**細胞体**が集ま
っている部分である。**大脳**は外層(**皮質**)が灰
白質，内部(**髄質**)が白質(**軸索**が集まってい
る部分)であるが，脊髄では反対に，**皮質が
白質**で，**髄質が灰白質**である。
(3)**背根**は感覚神経，**腹根**は運動神経が通る。
(5)これは反射であるから，反射弓を伝わる。
(6)熱いと感じるのは大脳のはたらきである。

35 刺激への反応と効果器

基本問題 ●●●●●●●●●●●●●●● 本冊 *p.122*

179

答 ① オ ② エ ③ ク ④ ウ ⑤ イ
⑥ カ ⑦ ア

検討 平滑筋は内臓を構成する筋肉で**内臓筋**と
もいう。骨格筋は随意筋で，心筋と平滑筋は
不随意筋である。

180

答 ① オ ② ウ ③ ア ④ エ

検討 鞭毛と繊毛は基本的なつくりは同じもの
だが，長さと数が違う。鞭毛は1本～数本
で長く，ミドリムシや精子などがもっている。
繊毛は短く無数にあり，ゾウリムシの体表面
や気管上皮などにある。

181

[答] ① カルシウムイオン[Ca^{2+}]
② ミオシン ③ トロポニン
（順番）ウ→イ→カ→オ→ア→エ

[検討] 筋収縮の過程は，神経の興奮が伝わると，①筋細胞の興奮，②筋小胞体からのCa^{2+}放出と進む。③Ca^{2+}がトロポニンと結合することでアクチンフィラメントとミオシンフィラメントが結合可能になる。そして，④ミオシンが**ATP**を分解，⑤ATPのエネルギーでアクチンフィラメントがミオシンフィラメントの間に滑り込むこと（筋収縮）が起こる。収縮後は，能動輸送によりCa^{2+}が筋小胞体に回収され，筋原繊維はもとの状態にもどる（筋肉の弛緩）。

テスト対策

筋小胞体から出るCa^{2+}が筋収縮の引き金。ATPを分解するタンパク質は**ミオシン**。

182

[答] (1) a…単収縮 b…強縮[完全強縮]
(2) b
(3) 弛緩（しかん）
(4) ウ

[検討] (4)筋肉は，閾値（いきち）の異なる筋細胞の集まりなので，刺激の強さを強くしていくと収縮する細胞の数が増し，筋肉全体の収縮の強さは徐々に大きくなる。

テスト対策

単収縮と強縮は与えられた刺激の間隔の違い（単収縮は間隔が長く，強縮は短い）と，グラフの形を確認せよ。

応用問題 •••••••••••••••• 本冊**p.124**

183

[答] (1) ① アクチン ② ミオシン ③ Z膜
(2) 明帯…ア 暗帯…イ サルコメア…オ
(3) 明帯とサルコメア
(4) クレアチンリン酸
(5) 右図
(6) ① 1.0μm
② 1.6μm

[検討] (1)(2)電子顕微鏡で暗く見える**暗帯**はミオシンがある部分で，**明帯**はアクチンのみの部分である。明帯の中央にあるのが**Z膜**で，Z膜とZ膜の間を**サルコメア**（筋節）と呼び，これが筋肉の収縮単位である。

(3)筋収縮時には**暗帯**の長さは変わらず，明帯部分とサルコメアが短縮する。アクチンとミオシンの各フィラメント自体は収縮せず，滑り込みによって収縮が起こると考えられている。

(4)筋収縮の直接のエネルギーはATPから供給されるが，**クレアチンリン酸**は高エネルギーリン酸結合をもち，リン酸を転移させることでATPを再生させてエネルギーを供給する物質である。

(5)(6)図2で，サルコメアの長さが2.0μmより短くなると張力が低下している。これは，両側から引き込まれてきたアクチンフィラメントどうしが衝突しているためである。**A**で，サルコメアの長さが2.0μmというのは，両側からのアクチンフィラメントの長さの合計が2.0μmということであるから，一方のアクチンフィラメントの長さは1.0μmである。

Bのサルコメアの長さが，3.6μmのところでは張力が0である。**B**では，アクチンフィラメントとミオシンフィラメントとが重なっていないので，2本のアクチンフィラメン

トの長さとミオシンフィラメントの合計が
3.6μmであることを示している。①よりアクチンフィラメントが1.0μmであることからミオシンフィラメントの長さは，

$$3.6 - 1.0 \times 2 = 1.6 (\mu m)$$

 テスト対策

▶「暗帯＝ミオシン」から覚えると，筋節の構造や収縮のしくみを理解しやすい。
▶グラフを見るときは，傾きが変化するところに注目する。

チンリン酸は減る。

(6)ATPがADPとリン酸に分解されると，クレアチンリン酸のリン酸がADPに供給されATPが合成される。

(7)筋繊維の興奮がおさまるとCa²⁺は能動輸送により筋小胞体に取り込まれ筋肉は弛緩する。

 テスト対策

クレアチンリン酸は筋細胞中にエネルギーを蓄えている。

(184)

答　(1) ① 滑り説　② ミトコンドリア
③ 乳酸発酵　④ 解糖
(2) Ca²⁺[カルシウムイオン]
(3) トロポニン
(4) 単収縮
(5) A…変化なし　B…変化なし　C…減少
(6) クレアチンリン酸からエネルギーが供給されATPが合成されるため。
(7) Ca²⁺は，能動輸送により筋小胞体に回収される。

検討　(1)②細胞(筋繊維)内のミトコンドリアで，呼吸によりATPがつくられる。③激しい活動をしているときは，酸素の供給が不足する。このようなときには**解糖**によりグルコースを乳酸に分解してATPを生成する。
(5)酸素のない状態で，解糖を阻害して行っているので，ATPは，
クレアチンリン酸＋ADP→クレアチン＋ATP
の反応過程で生成されていると考える。呼吸の材料はグルコースである。通常はグルコースが消費されるときにグリコーゲンが分解される。しかし，解糖も呼吸も行われていないので，グリコーゲンも乳酸も変化しない。**クレアチンリン酸**はリン酸をADPに供給するのでクレアチンになる。したがって，クレア

36 動物の行動

基本問題 •••••••••••••••••• 本冊*p.127*

(185)

答　(1) A　(2) B　(3) C　(4) D　(5) A
(6) B

検討　(1)光の発生源に近づく正の走性。
(3)このような学習を**試行錯誤学習**という。
(5)川の流れに向かって進む正の走性。
(6)種族維持のための求愛行動で，種固有の固定的動作パターンによる行動。

(186)

答　(1) ウ　(2) かぎ刺激[信号刺激]

検討　イトヨなどの種固有の配偶行動は型にはまっていて，順序が逆になったり，順番をとばしたりすることはない(**固定的動作パターン**)。これは，1つのかぎ刺激によって決まった反応が起こると，それが刺激となって，次の反応が起こるというように，一連の反応がプログラム化されているからである。

187

答 ① c ② g ③ a ④ h ⑤ b
⑥ i ⑦ j ⑧ d ⑨ f ⑩ k

検討 学習と生得的行動は経験の有無によって
区別する。**学習**は，生まれつき決まっていて
変化することのない生得的行動と違って，経
験の内容によって変わるものである。

188

答 ① 眼〔視覚〕 ② 触角 ③ フェロモン
④ かぎ刺激 ⑤ 化学走性

検討 ①②実験1では，視界がふさがれてい
ても触角があれば雌に接近できるが，触角が
なければ近くに雌がいても接近できない。実
験2では，雌を密閉容器の中に入れると中
が見えても雌に接近できない。したがって，
カイコの雄は**雌の出す化学物質（フェロモン）**
を触角で受容し感知していると考えられる。
③生得的な特定の行動を引き起こす刺激を
かぎ刺激という。
④この場合は，**正の化学走性**である。

189

答 (1)① 慣れ ② 鋭敏化
③ EPSP〔興奮性シナプス後電位〕
(2) A…ア B…ア C…ウ
(3) a…下がり b…しにくく c…上がり
d…しやすく

検討 **慣れや鋭敏化**は，神経系における情報の
流れに変化が起こることによって生じる。慣
れでは，水管の感覚ニューロンとえらの運動
ニューロンとのシナプスで，感覚ニューロン
から放出される神経伝達物質の量が減るため
に，伝達効率が下がり興奮しにくくなる。こ
れは刺激を止めると時間とともに回復するが，
長い間刺激を与え続けると**長期の慣れ**に移行
する。また，鋭敏化では，神経伝達物質の量
がふえるため，伝達効率が上がり興奮しやす
くなる。

190

答 (1)① フェロモン ② 道しるべフェロ
モン ③ 性フェロモン ④ 円形
⑤ 8の字 ⑥ 固定的 (2) 遅くなる

検討 (2)8の字ダンスの直進区間にかける時
間の長さが花までの距離と関係があり，花が
遠くにあると8の字ダンスの直進区間に要
する時間が長くなる。すると，単位時間あた
りの8の字ダンスの回数が減る（つまり，ダ
ンスの速度が遅くなる）。

応用問題 •••••••••••••••••• 本冊p.130

191

答 (1)① 脱慣れ ② 鋭敏化
(2) シナプス小胞…減少する
神経伝達物質…減少する
(3) セロトニン
(4) セロトニンを受け取った水管の感覚ニ
ューロンの神経終末では，Ca^+の流入量が増
加し，シナプス小胞からの神経伝達物質の放
出量が増加する。このため，えらの運動ニ
ューロンに発生する**EPSP**も増加し，鋭敏化
が起こる。

192

答 (1) 8の字ダンス
(2) 太陽コンパス
(3) A…⑥ B…③
(4) 右図

検討 (1)ミツバチのしり振りダンスにはえさ
場が遠くにあるとき行う8の字ダンスと，え
さ場が近くにあるとき行う円形ダンスがある。
(3)8の字ダンスでは，鉛直線の上向きの方
向とダンスの直線部分の方向のつくる角度が，
太陽の方向と巣箱とえさ場の方向のつくる角
度に等しい。したがって，図Aの場合，太
陽を右に見ながら，太陽とは60°の方向に飛
んでいけばえさ場に着くことがわかる。図B
も同様に考える。

37　植物の生殖

基本問題 •••••••••••••• 本冊 p.131

193

答　(1) ア

(2) A…花粉母細胞　B…花粉四分子　C…花粉

(3) (a) 雄原細胞　(b) 花粉管核　(c) 精細胞

(d) 花粉管核

検討　被子植物の花粉形成に関する問題である。
(1)減数分裂が起こるのは，Aの**花粉母細胞**
からBの**花粉四分子**がつくられるとき。花粉
四分子は未熟花粉で，核分裂を1回行って，
その内部に**雄原細胞**と**花粉管核**をもつ成熟花
粉になる。

(3)(c)は雄原細胞が分裂してできた**精細胞**。

194

答　(1) ア…精細胞　イ…花粉管　ウ…極核

エ…助細胞　オ…柱頭　カ…胚珠

キ…卵細胞　　(2) A

(3) 胚…アとキ　胚乳…アとウ　重複受精

(4) 胚…2 n　胚乳…3 n　(5) n = 6

(6) (a) 5個

(b) 胚のう母細胞…5個　胚のう細胞…5個

検討　**胚**とは発生途中の植物体のことで，**精細
胞と卵細胞の受精**で生じる。**胚乳**は胚が成長
するための養分を蓄える部分で，**精細胞と2
つの極核をもつ中央細胞の受精**で生じる。

$$\begin{cases} 精細胞(n) + 卵細胞(n) \longrightarrow 胚(2\,n) \\ 精細胞(n) + 中央細胞(n+n) \longrightarrow 胚乳(3\,n) \end{cases}$$

🖉テスト対策

花粉母細胞や胚のう母細胞から何回の分
裂で，花粉や胚のうがつくられるか，その
できかたや両者の違いをよく確認しておく
こと。花粉は1個の花粉母細胞から4個
生じるが，胚のうは1個の胚のう母細胞
から1個しか生じない。また，**重複受精**の
しくみについてもよく理解しておくこと。

195

答　(1) ア…種皮　イ…胚乳　ウ…子葉

エ…子葉　　(2) 有胚乳種子

(3) 無胚乳種子　　(4) イ，エ

検討　種子の発芽に必要な養分を，有胚乳種子
では**胚乳**に蓄え，無胚乳種子では**子葉**に蓄え
る。

応用問題 •••••••••••••• 本冊 p.133

196

答　(1) ① 8 %　② 0 %　③ 16 %

(2) 16 %スクロースは高張なため浸透圧が高
く，脱水され，花粉管の伸長が妨げられるた
め。

検討　グラフ①は，スクロースを栄養源として
順調に育った例である。8 %スクロースは等
張液に近いため，細胞からの脱水も生じず伸
長が妨げられない。②はスクロースを含まな
いため最初は花粉内の養分で育つが，やがて
栄養源がなくなり，伸長が止まる。

197

答　(1) ア…精細胞　イ…胚のう

ウ…卵細胞　エ…中央細胞　オ…胚柄

カ…子葉　キ…胚軸

ク…幼根(キとクは順不同)　ケ…胚乳

(2) 双子葉類

(3) イ，エ

検討　(1)③は胚発生の内容である。**胚球**から
子葉，**幼芽**，**胚軸**，**幼根**などができ，胚柄は
退化する。

(3)重複受精が見られるのは**被子植物**だけで
ある。裸子植物では，胚のうが多数の単相の
細胞からなり，卵細胞だけが精細胞(イチョ
ウとソテツでは精子)と受精するため，単相
(n)の胚乳ができる。

38　種子発芽の調節

基本問題 ●●●●●●●●●●●●●●●●●● 本冊 p.134

198

答　① ② 温度，水（順不同）
　③ 休眠　④ アブシシン酸　⑤ 光発芽種子
　⑥ ジベレリン　⑦ アミラーゼ

応用問題 ●●●●●●●●●●●●●●●●●● 本冊 p.135

199

答　(1) A…胚乳　B…ジベレリン
C…アミラーゼ　D…デンプン
　(2) 適度な温度，水，酸素
　(3) ① 光発芽種子　② フィトクロム
　③ ア，エ

検討　(1)オオムギは有胚乳種子である。
(3)**フィトクロム**は，赤色光を照射すると P_{FR}
型（Pfr型とも書く）になり，遠赤色光を照射
すると P_R 型（Pr型とも書く）になる（Pはフ
ィトクロムの頭文字，RとFRは，それぞれ
吸収する光の色の頭文字である。P_R 型は赤
色光red lightを吸収すると P_{FR} 型に変化す
る。P_{FR} 型は遠赤色光far-red lightを吸収す
ると P_R 型に変化する）。したがって，P_{FR} 型
に変化させる光であるアが正しい。

39　植物の発生と器官分化

基本問題 ●●●●●●●●●●●●●●●●●● 本冊 p.136

200

答　① 頂端分裂組織　② 肥大　③ 形成層
　④ ⑤ 道管，師管（順不同）

検討　植物の成長は，基部から先端部までの長
さを伸ばす伸長成長と，茎の径を増す肥大成
長とに分けられる。伸長成長は頂端分裂組織
（茎頂分裂組織と根端分裂組織）が生み出す細
胞によって，肥大成長は形成層が生み出す細
胞によってもたらされる。形成層は被子植物
の双子葉類と一部の大形シダ植物のみに存在
する。

201

答　(1)① 頂芽　② 茎頂分裂　③ 側芽
　(2) B

検討　植物体のくり返し構造に関する問題。く
り返し構造は，茎の節から出る葉と側芽，そ
して茎の次の節までの「節間」を1つの単
位とする。栄養成長とは，このくり返し構造
をふやしていくことで，理論上は無限に続け
ることができる。しかし，くり返し構造をつ
くる代わりに「花芽」を形成すると，その先
に再びくり返し構造をつくることはできなく
なる。栄養成長から生殖成長への転換の決定
は植物にとって大きな意味をもつ。

応用問題 ●●●●●●●●●●●●●●●●●● 本冊 p.137

202

答　(1) がく片…遺伝子A
花弁…遺伝子AとB
おしべ…遺伝子BとC
めしべ…遺伝子C
　(2) **B遺伝子が機能しない個体**…がく片，が
く片，めしべ，めしべ
C遺伝子が機能しない個体…がく片，花弁，
花弁，がく片

検討　(1)図をしっかり読み取ること。
(2)問題文のただし書きに留意すること。B遺
伝子が機能しない個体では外側からA，A，
C，Cの順で遺伝子が発現する。C遺伝子が
機能しない個体ではA，A＋B，A＋B，Aと
なる。C遺伝子が発現しない場合は最内側を
含むすべての領域でAが発現することを見
落とさないようにする。

40 環境要因の受容と植物の応答

基本問題 •••••••••••••••• 本冊p.139

203

答 (1) ① イ ② カ ③ ア ④ オ ⑤ キ

⑥ ウ

(2) ① 負　③ 正　⑥ 正

(3) ②, ⑤

検討 (1)刺激の方向に対して決まった方向に屈曲して成長する運動を**屈性**といい，刺激の方向とは無関係に刺激の強さだけに反応して屈曲する運動を**傾性**という。①〜⑥について，まず屈性か傾性かを見分け，刺激の種類によって**ア〜オ**のどれにあたるのかを決める。なお，⑤は光傾性による就眠運動である。

(2)①は刺激(重力)の方向とは逆に曲がるので負の重力屈性。③は刺激(光)の方向に曲がるので正の光屈性。⑥も刺激(接触)の方向に曲がって巻きつくので正の接触屈性。

(3)接触傾性や就眠運動で葉が閉じる運動は，葉のつけねの**葉枕**の細胞内の膨圧が変化して起こる**膨圧運動**である。①②⑥の屈性と④のチューリップの花の開閉は成長運動。

 テスト対策
> 刺激の種類による屈性の名称の違いと，正負の区別がつくようにしておくこと。

204

答 ① サ ② イ ③ コ ④ オ ⑤ シ

⑥ ク ⑦ ソ

検討 (2)気孔の開閉は，**孔辺細胞が吸水する**ことによって生じる**膨圧**の変化で調節される。つまり，孔辺細胞が吸水して膨圧が高くなると孔辺細胞が変形して気孔が開き，孔辺細胞内の膨圧が下がると形がもとにもどり，気孔が閉じる。

応用問題 •••••••••••••••• 本冊p.140

205

答 ① フィトクロム　② フォトトロピン

③ クリプトクロム　④ 徒長　⑤ 展開

⑥ 赤色　⑦ 伸長成長　⑧ もやし

検討 ①②③赤色光と遠赤色光の両方に吸収極大をもつ光受容物質は**フィトクロム**である。光発芽種子の研究から発見された。花芽形成の光周性にも関与する。フォトトロピンやクリプトクロムは青色光の受容物質である。

③④土壌中などの暗所で発芽した芽生えは，光を受容できるように胚軸(茎)を伸ばし，その間，葉は展開させない。光を受けられる地上に出るまで葉を広げることはない。光を受容すると，茎をただ長く伸長させるのではなく，葉を支えられる強度をもつ太い茎を形成するようになる。また，葉を素早く広げてクロロフィルを合成し光合成が行えるようにする。フィトクロムが機能喪失すると光を受容できなくなり，明所であっても光を感じないので，暗所中と同じ反応を示し，「もやし」となってしまう。

206

答 (1) アブシシン酸

(2) A…Ⅰ　B…Ⅲ　C…Ⅱ

検討 (2)Ⅰ，Ⅱ，Ⅲが正常な気孔の開閉に必要なしくみであるから，それぞれの変異が起きると気孔の開閉がどのようになるかを考え，変異体A〜Cの結果にあてはめていく。

まず，Ⅰに変異が起こると植物ホルモンアが合成できなくなるが，その受容体や浸透圧変化は正常なので，アを与えれば野生型と同様にふるまう。ここから変異体Aとわかる。暗条件に対して閉鎖するのが正常な反応であることも推定される。

次に，気孔を直接開閉させているのは孔辺細胞の浸透圧変化であるから，Ⅲの変異が起こると気孔は開いたままになり，環境変化が感知されても反応しないと考えられる。よっ

てⅢに変異が起きているのは変異体B。

　最後に，アを正常に合成しているが，それを受容できないのがⅡに変異が起きた場合である。このときはアを与えても孔辺細胞は反応を示さない。しかし，植物ホルモンの受容以外は正常なので暗条件に対する反応は変異体Aと同じになると考えられる。よって変異体C。

41 植物ホルモンによる調節

基本問題 ・・・・・・・・・・・・・・・・・・・ 本冊 p.142

207

答 (1) インドール酢酸　　(2) イ，ウ
(3) 根では高濃度になった下側の成長が抑制され，茎では高濃度になった下側の成長が促進されるため。

検討 (1)インドール酢酸は**IAA**の略称でも表記される。**オーキシン**として作用する物質にはほかに人工的に合成される**ナフタレン酢酸**や**2，4-D**がある。
(2)**エ**は，低濃度のオーキシンで成長が促進される根の感受性のほうが高いので間違い。

208

答 (1)① イ　② エ　③ イ　④ イ　⑤ エ
⑥ ア　⑦ ウ
(2)①と②　　(3) ④と⑤
(4) ⑥と⑦　　(5) オーキシン

検討 (1)オーキシンは幼葉鞘の先端部でつくられ，下方に移動してその部分の成長を促進する。また，光が当たると，光とは反対側に**移動する**。②は先端部を除去したのでオーキシンがつくられず，成長しない。④は，オーキシンが左側に移動するため左側が成長して右に曲がる。⑤は，オーキシンが左側に移動するが，雲母片があるため下降できず，ほとんど成長しない。オーキシンは水溶性の物質なので寒天片は通過でき，⑥はまっすぐ伸び

る。⑦は，寒天片にしみ込んだオーキシンが下降していくので右側が伸び，左に曲がる。
(2)先端部のあるものとないものをくらべる。

 テスト対策
　オーキシンが光の当たらない側に移動するため光屈性が起こることをよく確認しておく。

209

答 ① アブシシン酸　② ジベレリン
③ エチレン　④ ジベレリン
⑤ オーキシン

検討 ②④**ジベレリン**は種子発芽にも重要な役割を果たす。発芽条件が整うと胚の細胞で合成され，胚乳を取り巻く**糊粉層**の細胞に作用して**アミラーゼ**合成を促す。アミラーゼは胚乳のデンプンを糖に分解し，胚の細胞が糖を発芽のエネルギー源として消費する。

応用問題 ・・・・・・・・・・・・・・・・・・・ 本冊 p.143

210

答 ① ウ　② イ　③ イ　④ ウ

検討 ①光の当たらないB側へオーキシンが移動。
②オーキシンは移動しない。
③光が当たっても，雲母片があるのでオーキシンは移動できない。
④雲母片があっても，オーキシンが光の反対側に移動できる。

211

答 (1) b…ジベレリン　c…アブシシン酸
d…エチレン
(2) イ

検討 (1)**a**の**オーキシン**は細胞壁の構成分子どうしの結合を弱め，細胞壁をやわらかくする作用がある。**a**がオーキシンであることから，**b**が大まかに成長促進方向に作用するホルモンであるジベレリンであることがわかる。反

対に，**c**と**d**は老化・休眠方向に作用するエチレンとアブシシン酸のいずれかである。果実の成熟に関わることから**d**が**エチレン**。**c**が種子の休眠にはたらく点から**アブシシン酸**であると判断できる。

(2)果肉がすでに熟しているのでジベレリンではなく，エチレンを用いるのが適切と考えられる。

42 花芽形成の調節

基本問題 •••••••••••••••••• 本冊p.146

212
答 (1)① 短日植物　② 長日植物
③ 中性植物　④ 光周性　⑤ 春化処理
(2) 夜間照明をつけて暗期の長さを短くする。

213
答 (1) B　(2) 限界暗期　(3) 光中断
(4) BとC　(5) イ

検討 (1)連続暗期が9時間以上の**B**で花芽が形成され，開花が見られる。**C**は，暗期の合計は9時間をこえるが，途中で光が当たっており(光中断)，連続暗期は9時間ないので花芽は形成されず，開花は見られない。
(5)ダイコン，アブラナは長日植物，トマトは中性植物である。

テスト対策
　花芽形成(開花)に関する問題では，**連続暗期が限界暗期に達しているかどうか**がかぎになる。**光中断**には注意が必要。

応用問題 ••••••••••••••••••• 本冊p.146

214
答 (1) AとB　(2) 葉，BとC
(3) フロリゲン[花成ホルモン]，師管

検討 (1)**A**と**B**は長日処理と短日処理だけの違いで，短日処理したときだけ花芽を形成することから短日植物だとわかる。
(2)同じ短日処理でも，葉がある**B**では花芽を形成し，葉がない**C**では花芽を形成しないことから，葉で日長を感じ取っていることがわかる。
(3)**D**で花芽が形成されたのは，**E**でつくられたフロリゲンが師管を通って**D**に移動したためである。

215
答 (1) フロリゲンが葉で合成され茎に移動し側芽に作用するのに14時間より長い暗期が必要。(39字)
(2) 2
(3) 暗期終了時点でフロリゲンが側芽に到達しているかどうかを調べるために，暗期終了後にフロリゲンが側芽に移動してくることを防いでいる。

検討 (1)フロリゲンが花芽形成を起こすまでには，葉での明暗の受容→葉でのフロリゲンの合成→フロリゲンの葉から茎への移動→(茎の中を移動)→茎から(側)芽への移動→(側)芽でのフロリゲンの受容→花芽形成，という流れがある(Aグループでは茎の中の移動を考える必要はない)。16時間の暗期があればこの過程が完了するため花芽が形成された。
　14時間の暗期では，この過程が完了せず花芽形成が起こらなかったが，どの段階にあるかは特定できない。したがって，「フロリゲンが合成されなかった」では誤答。

(2)Aグループとグループの違いは，光を受容する葉と花芽を形成する側芽との距離Lである。したがって，フロリゲンが102 cmの茎を移動する時間だけ，Bグループの花芽形成が遅れると考えられる。しかし，実験結果は両グループとも，14時間の暗期では花芽が形成されないが，16時間ならば花芽形成が起こっている。(1)から，茎の中を移動する時間を除いてもフロリゲンの合成から側芽に作用するまでに14時間より長くかかる。102 cmの移動に2時間以上かかる場合(14，16時間はこの条件にあてはまる)，Bグループでは上部が切除される前にフロリゲンが側芽に到達せず花芽形成は起こらないはずである。言い換えれば，102 cm移動に要する時間は2時間以内であるといえる。

(3)ここまで考えてきたことを踏まえ，この実験では「葉での受容から側芽での作用まで」が暗期内に完結するかどうかを調べていることを説明する。この切除処理を行わないと，Aグループで限界暗期を調べることができず，Bグループと比較して茎内の移動時間を考えることもできない。

43 個体群とその成長

基本問題 •••••••••••••••••• 本冊p.149

216

答 ① 個体群 ② 個体数 ③ 成長
④ 環境収容力 ⑤ S[引き伸ばされたS]
⑥ 密度効果

検討 ある一定面積(空間)に生息する同種の生物の個体数を**個体群密度**といい，個体群密度が増加することを**個体群の成長**という。食物や生活環境など生育するための環境条件がよいときは，個体群の成長曲線はS字曲線を描く。個体群密度が高まると，食物の不足や排出物の蓄積，生活空間の不足などの密度効果によって個体群の成長速度は鈍り，個体数はある一定の範囲に収束する。このときの個体数密度を**環境収容力**という。

217

答 雄…88頭，雌…196頭

検討 雄の個体数をxとすると，$x : 55 = 40 : 25$
この式より，$25x = 55 \times 40$，$\therefore x = 88$
本冊p.148の式を使えば

$$総個体数 = 55 \times \frac{40}{25} = 88$$

同様に雌の個体数をyとすると，

$y : 35 = 28 : 5$ $\qquad 5y = 35 \times 28$ $\qquad \therefore y = 196$

テスト対策

　比例式を立てて計算する場合，なるべく計算を簡単にするような工夫をする。
例 $25x = 55 \times 40$ $\qquad x = 11 \times 8 = 88$
　　　5　　11　8

218

答　(1) ア　　(2) ウ

(3) ① ウ　② ア　③ イ　④ ウ

⑤ ア　⑥ イ

検討　(1)親の保育能力が発達している場合は，初期死亡率は低く，**ア**のような成長曲線になる。

(2)卵を産みっぱなしで親の保育がない魚類や多くの昆虫類などでは，環境が悪化したときに環境に適応できない幼若層の個体数が激減するとその後の生殖個体や産卵(子)数も少なくなる。逆に環境に恵まれた場合でも同様で，このタイプは幼齢時の個体数が多いために大量の幼若層が生き残って繁殖を行うと次の世代はさらに多くの卵(子)が生まれ，大発生につながる。

(3)②哺乳類は**ア**，③鳥類・⑥ハ虫類は**イ**，①魚類・④昆虫は**ウ**であるが，⑤ミツバチは成虫(働きバチ)が幼虫の世話をする社会性昆虫で，初期の死亡率は低く，巣の外に出る成虫期のほうが死亡率が高くなる。同じように昆虫の例外として，幼虫期の初期に巣網をつくって集団生活をするアメリカシロヒトリ(ガの一種)なども**ア**に近い生存曲線を形成する。

📝 **テスト対策**

動物と成長曲線の関係は基本的には生物種(脊椎動物ならどの綱の動物か)で判断できるが，決め手となるのは**親の保育能力**。

219

答　① 密度効果　　② 小形化

③ 個体群密度　　④ 最終収量

⑤ 間引き

応用問題 •••••••••••••••••••• 本冊p.151

220

答　(1) エ

(2) シジュウカラによる捕食，死亡率…97%

(3) 99.7%

(4) 春，（理由)4～6齢の幼虫はシジュウカラのひなのえさとなっているが，シジュウカラは春にひなを育てるから。

検討　(2)4～6齢幼虫1419個体のうち7齢幼虫になるのはわずか43個体である。シジュウカラによる捕食で97%にあたる1376個体が死亡したことになり，これが最も死亡率の高い死亡要因である。

(3) $\dfrac{4290-14}{4290} \times 100 = 99.7〔\%〕$

221

答　(1) 右図

(2) 15年後

検討　(1)対数目盛りに注意して，1年後，2年度の個体数をかき入れ，その後はほぼ直線になるようにグラフを描く。

このカメの1年後の個体数は $1000 \times 0.7^1 = 700$，2年後は $1000 \times 0.7^2 = 490$ である。

(2) $5 > 1000 \times 0.7^t$ の両辺の常用対数をとり，計算する。$\log_{10}5 > \log_{10}(1000 \times 0.7^t)$ （式①）これを解いて t を求めればよい。

対数の計算で分数は差に，かけ算は和になるので，式①は次のように変形できる。

$$\log_{10}\left(\dfrac{10}{2}\right) > \log_{10}(1000) + \log_{10}\left(\dfrac{7}{10}\right)t$$

$$\log_{10}10 - \log_{10}2 > \log_{10}10^3 + t\log_{10}7 - t\log_{10}10$$

$$1 - \log_{10}2 > 3 + t\log_{10}7 - t\log_{10}10$$

$$1 - 0.301 > 3 + 0.845\,t - t$$

$$t > 14.8$$

44 個体群内の相互作用

基本問題 •••••••••• 本冊*p.152*

㉒㉒

答 ① エ ② イ ③ ウ ④ ア

検討 ②5匹の群れでいれば天敵に襲われて1匹が捕食されるというときに自分が捕食される可能性は$\frac{1}{5}$であるが，10匹の集団になるとその確率は$\frac{1}{10}$に，20匹だと$\frac{1}{20}$に減少する。このように群れることで危険は分散するが，逆に群れることには天敵の目につきやすくなる欠点もある。しかし，ある程度群れが大きくなると目立ち方は20個体の群れでも30個体の群れでも大差はなくなると考えられている。

㉒㉓

答 ① イ，ク ② ア，カ ③ ウ，オ

検討 ①ニワトリのつつきは順位制の代表的な例であるが，順位制はニホンザルやオオカミ，チンパンジーなどの哺乳類にも見ることができる。
②アユはえさとなるケイ藻などの付着する岩を中心に**縄張り**を形成するが，その大きさは$1\sim2\,m^2$ほどである。縄張りが大きくなると得られるえさの量が多くなるが，逆にその縄張りに侵入する他のアユを追い払うためにより多くの時間とエネルギーを消費することになるため，両者の収支で縄張りの大きさは決まる。また，アユの個体密度が多い流域では，縄張りを形成しても侵入するアユの個体数が多すぎて追い払うコストが過大となり，縄張りはつくられなくなる。

応用問題 •••••••••• 本冊*p.153*

㉒㉔

答 (1) ① 小さく ② 遠く ③ 多く
④ 少なく ⑤ B ⑥ 小さ
(2) 捕食の危険が少なくなると警戒行動の重要性が軽減されるため，群れの中の争いが少ない小さな群れのほうが各個体にとって有利と考えられるから。

検討 (1)⑤摂食行動の時間が最大となる大きさBを選べばよい。警戒行動と争いに配分される時間の合計はC付近でかなり平らなグラフになり，他の要因の影響も考えられるため，ここでは摂食時間を優先してBを選ぶ。
(2)図3でいうと，警戒行動のグラフが左にずれる状態。摂食行動のグラフも左にずれる。

45 個体群間の相互作用

基本問題 •••••••••• 本冊*p.155*

㉒㉕

答 （語群Ⅰ―語群Ⅱの順）① イ―d
② エ―a ③ ア―f ④ カ―b ⑤ ウ―c
⑥ オ―e

検討 c…マメ科植物は根粒菌に光合成産物を提供し，根粒菌は空中窒素を固定したアンモニウムイオンをマメ科植物に提供する。
d…イワナは水温の低い上流域に，ヤマメは水温の高い下流域に分かれてすむことが多い。

㉒㉖

答 (1) (種間)競争
(2) 捕食―被食関係
(3) 下図

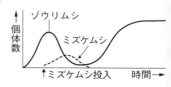

(4) 下図

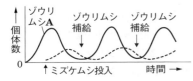

ゾウリムシA　ゾウリムシ補給　ゾウリムシ補給

個体数

0

↑ミズケムシ投入　時間 →

検討 (1)図1ではB種だけが絶滅していることから，A種との競争に敗れたことがわかる。
(2)図2ではゾウリムシが絶滅した後ミズケムシも絶滅しているので，ミズケムシがゾウリムシを食べつくしてしまったことがわかる。

テスト対策

　競争関係の場合は，負けたほうだけ絶滅するが，捕食—被食関係では被食者が絶滅した後，捕食者も食物不足で絶滅する。

応用問題 •••••••••••••• 本冊p.156

227

答 (1) ウ
(2) カゲロウの幼虫とミズムシの両者の密度に比例しており，特に選択を行わずに両者を捕食している。
(3) 個体密度が高いほうを選択的に捕食するため，2種類のえさ動物の密度の差を小さくする作用がはたらくと考えられる。

検討 全く任意で捕食するなら両者の捕食される比率は密度に比例し，Bのグラフになるはず。Aになるということは密度の差以上に多いほうの動物を選んで捕食していることになる。

228

答 (1) イ　　(2) イ

検討 このグラフは，Aだけが増加すると右方向に進み，Bだけが増加すると上方向に進む。与えられた図のグラフ両者の関係を読み取ると，次のように変動している。Aが増加(右)→少し遅れてBが増加(上)→B増加・A減少

(左上)→B減少(下)→A増加(右)→…(以降くり返し)。このような移り変わりはAの増減に遅れてBが増減するイかウにあてはまるが，AとBそれぞれの個体数変動の範囲からイを選ぶ(ふつうはウのように栄養段階の低い被食者のほうが個体数が多い範囲で推移する場合が多いが，与えられたグラフの値をきちんと読むこと)。また，このように両者が相互に影響しあう種間関係は捕食-被食の関係である。その場合，被食者の増加によって捕食者の個体数が増減する(捕食者の増減は被食者の増減に逆方向に作用する)ため，先に変動しているA種が被食者であることがわかる。

46 生物群集と種の共存

基本問題 •••••••••••••• 本冊p.157

229

答 イ, ウ, エ

検討 ア…生態的地位を考える上で，食物連鎖のどの段階を占めるか(栄養段階)は重要だが，それですべてではない。生活場所や生活時間帯など，総合的な「生活のしかた」全体を考える必要がある。
オ…生態的地位が近い生物どうしが同じ地域に生活すると激しい競争が起こるため，異なる地域に分布するようになる。

230

答 ① 食物網　　② 生態的地位[ニッチ]
③ すみわけ

検討 (1)「食べる・食べられる」の関係が，直線的に連続している場合は食物連鎖。この文のように複雑に絡み合っている場合は食物網。
(2)混合飼育により一方が絶滅するのは，要求する資源の共通性が著しく高い場合である。激しい競争が起こり，その結果，一方が排除される。

(3)2種が別々に生活しているときは生活場所をめぐる両種の競争は起こらないが，生活場所が重なると競争が生じる。この例のように生活場所が重ならないように少なくとも一方が要求する資源をずらすことで，競争を避け，共存が可能になる。これをニッチの分割といい，対象となる資源が生活空間ならば**すみわけ**とも呼ばれる。

応用問題 ●●●●●●●●●●●●●●●●●●●●● 本冊*p.158*

㉛

答 (1) フジツボ，ムラサキイガイ

(2) 捕食されなくなったフジツボとムラサキイガイが個体数をふやし，他の貝類を競争排除した。(42字)

(3) 競争に強い2種をおもな食物とすることで，競争に弱い他の貝類が生活する空間を確保し，共存を可能にしていた。(51字)

検討 潮間帯の貝類は，岩場に貝殻を貼りつかせて固着生活を送る種が多い。そのため，岩場が特定の種でおおいつくされると生活空間がなくなり，多種類が生活することはできなくなる。フジツボとムラサキイガイは潮間帯で旺盛な繁殖力を示す有力な種である（なお，両種の間にはすみわけが成立している）。ヒトデは個体数の多いこの2種をおもに捕食することで，他の貝類の生活空間をつくり出していたと考えることができる。

47 生態系の物質生産・物質収支

基本問題 ●●●●●●●●●●●●●●●●●●● 本冊*p.160*

㉜

答 ① ア ② オ ③ ウ

検討 ①総生産量＝純生産量＋呼吸量。
上位の栄養段階に移動しない②は成長量。

㉝

答 (1) a…森林 b…草原 c…外洋

(2) a…常緑高木 b…草本植物
c…植物プランクトン

検討 a…温度や降水量が好条件であれば森林が発達し，複雑な階層構造の中に多様な環境が形成される。
b…農耕地なども生物相は単調だが，降水量の少なさと関連するのは草原。
c…外洋は海底の栄養塩類を上層に運ぶ湧昇流が発生する場所を除いて貧栄養である。

㉞

答 ① 純生産量 ② 補償深度 ③ 0
④ 生産 ⑤ 分解 ⑥ 消費者
⑦ 不消化排出 ⑧ 小さい

応用問題 ●●●●●●●●●●●●●●●●●●●●● 本冊*p.161*

㉟

答 (1)① オ ② イ ③ ウ ④ エ ⑤ キ
⑥ カ (2) $D_0 + D_1 + D_2 + F_1 + F_2$

(3) 生産者… $\dfrac{G}{G+I}$

一次消費者… $\dfrac{B_1 + C_1 + D_1 + E_1}{G}$

検討 Cは次の栄養段階に取り込まれるので**被食量**。Eは次の栄養段階に移動しないので**呼吸量**。Fは摂食したのに同化量に含まれないので**不消化排出量**。Gは光合成で生産者が取り入れたエネルギーの総量なので**総生産量**。総生産量から呼吸量を引いたHは**純生産量**である。

(3)一次消費者のエネルギー効率は同化量（$B_1 + C_1 + D_1 + E_1$）を生産者の同化量すなわち総生産量（$B_0 + C_0 + D_0 + E_0 = G$）で割った値。

48　生態系の物質循環

基本問題 ●●●●●●●●●●●●● 本冊 *p.163*

 236

答　① 循環　　② 0.04　　③ 二酸化炭素
④ 光合成　　⑤ 食物連鎖
⑥ 化学　　⑦ 熱エネルギー

検討　②大気中の二酸化炭素濃度は1970年代
には330 ppm 程度であったが2015年頃には
400 ppm に達しており，百分率で表すと約
0.04％となる。

237

答　① ア　　② イ　　③ キ　　④ ウ
⑤ カ　　⑥ オ　　⑦ エ

検討　①呼吸による二酸化炭素の放出は⑤の
分解者を含めてすべての生物で行われる。
⑥化石燃料は太古の生物（石炭は植物，石油
はプランクトン）の遺体が長い年月を経て変
化したものと考えられている。

 238

答　(1) ア…緑色植物　イ…動物食性動物
ウ…アンモニウムイオン　エ…硝酸イオン
(2) 脱窒〔脱窒素作用〕
(3) 窒素固定

検討　(1)地球上の窒素はほとんどが大気中に
N_2 として存在するが，動植物は根粒菌など
の**窒素固定**を通じてしか利用することができ
ない。**ウとエは硝化**が大きなヒント。アンモ
ニウムイオンや硝酸イオンは緑色植物に取り
込まれ，**窒素同化**により有機窒素化合物とな
り，食物連鎖を通じて生物群集内を移動する。
(2)**脱窒素細菌**は硝酸イオンを窒素ガスとし
て大気中にもどすはたらきをもつ。

239

答　① 硝酸イオン　　② アミノ酸
③ タンパク質　　④ 還元　　⑤ アンモニウム
⑥ グルタミン　　⑦ アミノ基　　⑧ 捕食

検討　植物の窒素同化の大まかな流れは，**硝酸
イオンの吸収→アンモニウムイオンに還元→
グルタミンの合成**→アミノ基の転移によって
各種の**アミノ酸**合成→高分子の有機窒素化合
物（**タンパク質**，核酸，ATP など）を合成。
　動物は食物中の有機窒素化合物から必要な
高分子有機窒素化合物の合成を行う（二次同
化）。

 テスト対策

　土壌中で安定して存在するのは**硝酸イオ
ン**，植物が直接窒素同化に使うのは**アンモ
ニウムイオン**。
〔硝化（土壌）〕$NH_4^+ \longrightarrow NO_2^- \longrightarrow NO_3^-$
〔植物体内〕$NO_3^- \longrightarrow NH_4^+ \longrightarrow$ アミノ酸

240

答　(1) 窒素固定　　(2) アンモニウムイオン
(3) 根粒菌
(4) アゾトバクター，クロストリジウム
(5) シアノバクテリア　　(6) 硝化
(7) 亜硝酸菌，硝酸菌

検討　空気中の窒素 N_2 からアンモニウムイオ
ンを合成するはたらきを**窒素固定**という。**根
粒菌**はマメ科植物の根に共生し，有機酸や炭
水化物の供給を受ける一方で，窒素固定でつ
くられたアンモニアを宿主に供給する。この
ため，マメ科植物は窒素源が少ない土壌中で
も生育できる。
(4)**アゾトバクター**は好気的環境で，**クロス
トリジウム**は嫌気的環境で生きる窒素固定細
菌である。
(5)**シアノバクテリア**は原核生物で光合成を
行う独立栄養生物。
(6)(7)**硝化**および**硝化菌**（**亜硝酸菌，硝酸菌**）
は非常に重要。

241

答 ウ, オ

検討 有機物内のエネルギーは呼吸によって, 熱エネルギーとなって大気中に放出され, 赤外線として生態系外(宇宙空間)に出ていく。そのため, 炭素や窒素とは異なり, **エネルギーは生態系を循環しない。**

応用問題 ●●●●●●●●●●●●●●●● 本冊p.165

242

答 (1) ① アミノ　② グルタミン

③ NO₃⁻　④ 硝化　⑤ 脱窒[脱窒素作用]

⑥ 呼吸

(2) 核酸, ATP, クロロフィルなどから2つ

(3) 根粒菌, クロストリジウム, アゾトバクター

(4) 亜硝酸菌, 硝酸菌　(総称)硝化菌

検討 (3) シアノバクテリアのうちネンジュモも窒素固定を行うので答えに含めてもよい。

49 生態系と生物多様性

基本問題 ●●●●●●●●●●●●●●●● 本冊p.166

243

答 エ

検討 **ア**…高緯度で標高の高い地域は, 一般に低温なので, 生育できる植物とその生育期間が限定され, 広域での種多様性は高くならない。**イ**…種多様性が高くなるのは特定の種の割合が大きく偏らないとき。**ウ**…海はサンゴ礁など一部の環境を除き, 生産者(植物プランクトン)の生育密度が低いため, 種多様性はあまり高くならない。**エ**…地形が複雑になるほど, 狭い範囲に多様な環境条件のスポットが生じるため, 種多様性が高まる。

244

答 ① 遺伝的　② 生態系

③ 生態系サービス　④ 人間活動

⑤ 外来生物

245

答 (1) 攪乱(かくらん)　(2) ウ

(3) 分かれること…分断化, 行き来できなくなること…孤立化, 個体群…局所個体群

(4) 絶滅の渦

検討 (2)攪乱が大きいと生態系が大きく破壊されて種多様性が損なわれ, 攪乱がないと競争に勝った少数の種が優占する多様性の低い生態系となる。中規模の攪乱がある一定の頻度で起きることで多様性が高く保たれる。これを**中規模攪乱説**という。

応用問題 ●●●●●●●●●●●●●●●● 本冊p.167

246

答 (1) 絶滅危惧種をリストアップし, その分布や生態などについてまとめた本

(2) (おもなものをあげる)動物…ヌートリア, タイワンザル, アカゲザル, カニクイザル, タイワンリス, アライグマ, ジャワマングース, ガビチョウ, ソウシチョウ, カミツキガメ, グリーンアノール, タイワンハブ, オオヒキガエル, ウシガエル, ブルーギル, カダヤシ, オオクチバス, コクチバス, ノーザンパイク, セアカゴケグモ, ヒアリ, アルゼンチンアリなどから1種

植物…オオキンケイギク, ミズヒマワリ, アレチウリ, オオハンゴンソウ, ボタンウキクサ, オオフサモ, ナルトサワギクなどから1種

(3) 人間による里山の定期的な伐採, 下草への火入れなどの管理が行われなくなることによって陰樹林へと遷移が進み, 動植物の種が減少する。

検討 (1)絶滅のおそれがある生物種をリストアップしたものが**レッドリスト**, これに分布や生態などの情報を加え, まとめたものが**レッドデータブック**。

(2)オオクチバスとコクチバスはブラックバス, カダヤシはタップミノーとも呼ばれている北米原産の外来の魚類である。